DDD
工程实战

从零构建企业级 DDD 应用

郑天民 ◎ 著

DOMAIN-DRIVEN
DESIGN
IN ACTION

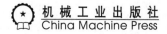
机械工业出版社
China Machine Press

图书在版编目（CIP）数据

DDD 工程实战：从零构建企业级 DDD 应用 / 郑天民著 . —北京：机械工业出版社，2022.11
ISBN 978-7-111-71787-4

I．① D…　Ⅱ．①郑…　Ⅲ．①软件工程　Ⅳ．① TP311.5

中国版本图书馆 CIP 数据核字（2022）第 188580 号

DDD 工程实战：从零构建企业级 DDD 应用

出版发行：机械工业出版社（北京市西城区百万庄大街 22 号　邮政编码：100037）

责任编辑：陈　洁		责任校对：史静怡　张　征	
印　　刷：河北宝昌佳彩印刷有限公司		版　　次：2023 年 1 月第 1 版第 1 次印刷	
开　　本：186mm×240mm　1/16		印　　张：16.25	
书　　号：ISBN 978-7-111-71787-4		定　　价：99.00 元	

客服电话：（010）88361066　68326294

为什么要写这本书

　　对软件开发而言，如何将业务问题转变为系统解决方案一直是困扰开发工程师和架构师的一大难题。针对这个难题诞生了一批系统建模的方法论，其中领域驱动设计（Domain Driven Design，DDD）无疑是当下最热门的建模方法。随着微服务架构的盛行，DDD 成了构建微服务系统的主流设计思想和模式。另外，DDD 是一种比较复杂的建模方式，包含了一系列不易理解的核心概念。想要在现实开发过程中实现这些核心概念，就需要引入专门的开发框架和工程实践。

　　本书专注于 DDD 实战，采用对应的开发框架和工程实践对如何实现 DDD 展开详细的讨论，涵盖限界上下文、聚合、实体、值对象、应用服务、资源库、领域事件等核心概念。在开发框架上，本书将基于 Java 领域最常用的 Spring Boot、Spring Cloud 框架以及专用于 DDD 领域的 Axon 框架来构建面向领域的系统，并且会在实现过程中引入 CQRS、事件溯源等一系列工程实践。在案例实现上，本书将从零开始构建一个完整的系统。关于案例的介绍会逐层递进，后一章将在前一章的基础上添加新的 DDD 概念和实现方式，过程中还会穿插对 Spring 和 Axon 框架的介绍，确保读者能够把握案例实现的每一个步骤和细节。

读者对象

- ❑ 系统架构师和后端开发人员。这部分读者希望在工作中引入或者更好地利用 DDD 来提升自己的系统建模和架构能力。本书作为一本体系化的 DDD 实战类图书，能够为这些读者提供全面、完整的技术体系和实践技巧。
- ❑ 对 DDD 感兴趣的开发人员。这部分读者希望掌握一些优秀的架构设计方法来构建自己的知识体系，而 DDD 目前非常热门，是一个很好的选择。DDD 在微服务架构设计领域得到了广泛的应用，其设计理念大多具备通用性。

IV

❑ 广大高校学生。这部分读者希望系统学习一些软件开发的知识，为后续的深造和工作打好基础。

本书特色

与市面上相关书籍相比，本书从案例实战的角度切入，更具体系化，主要体现在如下 3 个方面。

1）对于 DDD 中的各个核心概念，本书将通过一个完整的案例来阐述其落地方式。无论限界上下文、聚合、实体、值对象，还是领域事件和应用服务，都会一一对应到案例中的业务场景，并有详细的系统建模的实现过程。

2）本书对 DDD 实现技术和开发框架进行了系统梳理，并综合使用 Spring Boot、Spring Cloud 及 Axon 等框架来实现 DDD 中的核心概念，例如使用 Spring Cloud Stream 来实现领域事件，使用 Axon 框架来实现事件溯源等。在 Java 领域中，这些技术体系非常适合实现 DDD 的开发需求。

3）对于各项技术组件，本书会把它们都应用到具体的案例开发过程中。案例实现部分的内容并不是平铺直叙的，而是采用一种递进的方式来呈现。本书将从限界上下文开始，逐步给出 DDD 各个核心概念的实现步骤和详细代码，这些代码都可以直接应用于日常开发中。

如何阅读本书

本书分为 13 章，基于领域驱动设计实现了一个完整案例，让读者全面掌握基于 DDD 的技术背景、技术体系及具体实现。

第 1 章总体介绍领域驱动设计这套主流的系统建模方法，包括面向领域的设计思想、设计方法以及应用方式。

第 2 章以理论为主，阐述 DDD 核心概念，包括子域、限界上下文、聚合、实体、值对象、领域事件、应用服务、资源库等。

第 3 章基于健康医疗领域中常见的健康检测场景，设计 HealthMonitor 案例系统，引入 DDD 的核心概念，对 HealthMonitor 系统进行系统建模。

第 4 章梳理 DDD 的具体实现技术及实现模型，涉及 Spring Boot、Spring Cloud 等框架的应用，并介绍专门面向 DDD 的 Axon 框架。

第 5 章系统地阐述限界上下文的代码组织形式，并通过 Spring Boot 应用程序创建 HealthMonitor 案例系统中的各个限界上下文。

第 6 章阐述聚合、实体和值对象这三大类领域模型对象的创建方式，并实现 HealthMonitor 领域模型对象。

第 7 章引入命令服务和查询服务这两大类应用服务，并阐述其实现策略，完成聚合和应用服务之间的整合。

第 8 章引入 Repository 架构模式和 Spring Data JPA 框架，整合资源库和应用服务，并实现 HealthMonitor 资源库。

第 9 章对领域事件模型进行抽象，基于 AbstractAggregateRoot 和 @TransactionalEventListener 实现单个限界上下文中的领域事件发布，基于 Spring Cloud Stream 实现跨限界上下文的领域事件的消费。

第 10 章通过 Spring Boot 框架完成 HealthMonitor 案例系统中基于 REST API 的限界上下文集成，并在此基础上引入 Spring Cloud 来简化限界上下文集成的过程。

第 11 章详细介绍 CQRS 架构模式及事件溯源机制，引入 Axon 框架完成领域模型组件和分派模型组件的设计及实现，并最终完成对 HealthMonitor 案例系统的重构。

第 12 章分析 DDD 测试方法和类型，引入 Spring Boot 中的测试解决方案，然后基于这些解决方案完成对 HealthMonitor 案例系统中领域对象、应用服务、资源库及接口的测试。

第 13 章关注工程实践，对实现 DDD 的各种架构风格展开讨论，并梳理 DDD 应用程序的实施前提、DDD 实施与现有系统之间的关系，以及 DDD 与微服务的整合。

其中，第 5 章到第 12 章构成了一个完整的实战案例，其中穿插着对 Spring Boot、Spring Cloud 和 Axon 等主流开源框架的介绍。这部分内容是全书重点，逐层递进，形成如下 4 个构建阶段。

❏ 第一阶段通过聚合、应用服务和资源库构建案例系统。
❏ 第二阶段通过领域事件和限界上下文集成完成案例系统。
❏ 第三阶段基于 CQRS 和事件溯源重构案例系统。
❏ 第四阶段基于测试类型和注解测试案例系统。

通过这部分内容的学习，读者可以从零开始构建一个完整的 DDD 系统。

在写作方式上，本书合理组织案例实现的过程，并详细介绍对应开发框架和工具的应用方式。整体上按照"业务案例分析→技术体系概述→实现过程详解→实践方法总结"的顺序来讲解，各章之间呈递进关系。

勘误和支持

本书尽管是笔者认真写就的，但难免会存在一些错误或者不准确的地方，恳请各位读者批评指正。如果读者朋友有更多宝贵意见，也欢迎来信交流。联系邮箱为 tianyalan25@163.com。真诚期待你的反馈。本书的全部源文件可以从笔者的 GitHub 下载：https://github.com/tianminzheng。

致谢

感谢我的家人，特别是我的妻子章兰婷女士，他们在我忙于写书的时候给予我极大的支持和理解。感谢以往及现在公司的同事们，身处在业界领先的公司和团队中，我得到了很多学习和成长的机会，没有大家平时的帮助，不可能有这本书的诞生。

郑天民

2022 年 7 月于杭州钱江世纪城

Contents 目　　录

前　言

第1章　引入 DDD ················· 1

1.1　面向领域的设计思想 ·············· 1

  1.1.1　业务模型和系统复杂度 ········· 2

  1.1.2　领域驱动设计的维度 ··········· 4

1.2　面向领域的设计方法 ·············· 4

  1.2.1　面向领域的战略设计 ··········· 5

  1.2.2　面向领域的战术设计 ··········· 7

1.3　应用 DDD ····················· 12

  1.3.1　DDD 与单体架构 ············· 12

  1.3.2　DDD 与微服务架构 ··········· 13

  1.3.3　DDD 与中台架构 ············· 14

1.4　本章小结 ····················· 15

第2章　DDD 核心概念 ··········· 16

2.1　子域和限界上下文 ·············· 16

  2.1.1　子域的类型 ··············· 17

  2.1.2　限界上下文的映射和集成 ······ 17

2.2　领域模型对象 ················· 20

  2.2.1　实体和值对象 ············· 20

  2.2.2　聚合 ··················· 25

2.3　领域服务 ····················· 28

2.4　领域事件 ····················· 29

2.5　资源库 ······················· 31

  2.5.1　资源库模式 ··············· 31

  2.5.2　资源库的设计策略 ··········· 32

2.6　应用服务 ····················· 33

  2.6.1　应用服务的定位 ············ 33

  2.6.2　应用服务的分类 ············ 34

2.7　基础设施 ····················· 34

2.8　本章小结 ····················· 35

第3章　DDD 案例分析 ··········· 37

3.1　HealthMonitor 业务体系 ········· 37

  3.1.1　案例描述和通用语言 ········· 37

  3.1.2　案例建模流程 ············· 39

3.2　子域和限界上下文 ·············· 40

  3.2.1　HealthMonitor 子域 ·········· 40

  3.2.2　HealthMonitor 限界上下文 ····· 42

3.3　领域模型对象 ················· 44

  3.3.1　HealthMonitor 聚合 ·········· 44

  3.3.2　HealthMonitor 实体 ·········· 45

  3.3.3　HealthMonitor 值对象 ········· 46

3.4 领域事件和事务 ···················· 47
　　3.4.1 HealthMonitor 领域事件 ········ 48
　　3.4.2 HealthMonitor 事务 ··········· 50
3.5 应用服务 ······················· 50
　　3.5.1 HealthMonitor 命令服务 ········ 51
　　3.5.2 HealthMonitor 查询服务 ········ 53
3.6 限界上下文集成 ·················· 54
3.7 本章小结 ······················· 55

第 4 章　DDD 实现技术 ············· 56

4.1 DDD 技术实现模型 ··············· 57
　　4.1.1 单体模型 ··················· 57
　　4.1.2 系统集成模型 ··············· 58
　　4.1.3 微服务模型 ················· 59
　　4.1.4 消息通信模型 ··············· 60
4.2 Spring Boot 与 DDD 实现模型 ····· 61
　　4.2.1 Spring Boot ················· 62
　　4.2.2 Spring Data ················· 64
4.3 Spring Cloud 与 DDD 实现模型 ····· 65
　　4.3.1 Spring Cloud 基础组件 ········· 65
　　4.3.2 Spring Cloud Stream ·········· 67
4.4 Axon 与 DDD 实现模型 ··········· 68
　　4.4.1 CQRS 和事件溯源 ············· 68
　　4.4.2 Axon 框架 ················· 70
4.5 本章小结 ······················· 71

第 5 章　案例实现：限界上下文 ········ 72

5.1 Spring Boot 应用程序 ············· 72
　　5.1.1 传统 Spring Boot 应用程序 ····· 73
　　5.1.2 基于 DDD 的 Spring Boot
　　　　　 应用程序 ·················· 76

5.2 创建第一个限界上下文 ··········· 78
　　5.2.1 代码包结构 ················· 78
　　5.2.2 领域对象 ··················· 79
　　5.2.3 应用服务 ··················· 80
　　5.2.4 基础设施 ··················· 81
　　5.2.5 接口 ····················· 81
　　5.2.6 集成 ····················· 82
5.3 实现 HealthMonitor 限界上下文 ···· 84
　　5.3.1 代码工程 ··················· 84
　　5.3.2 限界上下文映射 ············· 85
5.4 本章小结 ······················· 86

第 6 章　案例实现：领域模型对象 ···· 87

6.1 创建聚合 ······················· 88
6.2 抽取实体和值对象 ··············· 89
　　6.2.1 抽取实体 ··················· 89
　　6.2.2 抽取值对象 ················· 92
6.3 为聚合添加领域逻辑 ············· 94
　　6.3.1 实现申请健康监控领域逻辑 ···· 95
　　6.3.2 实现创建健康计划领域逻辑 ···· 97
　　6.3.3 实现执行健康任务领域逻辑 ···· 97
6.4 实现 HealthMonitor 领域模型对象 ··· 99
　　6.4.1 HealthPlan 聚合 ·············· 99
　　6.4.2 HealthTask 聚合 ·············· 99
　　6.4.3 HealthRecord 聚合 ··········· 100
　　6.4.4 共享领域对象 ·············· 100
6.5 本章小结 ····················· 101

第 7 章　案例实现：应用服务 ········· 102

7.1 应用服务实现策略 ············· 102
7.2 实现应用服务 ················· 105

7.2.1 实现命令服务 ················ 105
7.2.2 实现查询服务 ················ 108
7.3 整合应用服务和聚合 ············ 110
7.4 实现 HealthMonitor 应用服务 ······ 111
7.5 本章小结 ······················ 113

第 8 章 案例实现：资源库 ········· 114
8.1 资源库实现策略 ················ 114
8.2 Spring Data JPA ················ 116
8.2.1 Spring Data 抽象 ········· 116
8.2.2 JPA 规范 ················ 117
8.2.3 多样化查询 ············· 118
8.3 实现资源库 ···················· 122
8.3.1 创建 PO 和工厂 ·········· 122
8.3.2 创建 Mapper ············ 124
8.3.3 实现 Repository ········· 126
8.4 整合资源库和应用服务 ·········· 128
8.5 实现 HealthMonitor 资源库 ······· 129
8.6 本章小结 ······················ 131

第 9 章 案例实现：领域事件 ········· 132
9.1 领域事件实现策略 ·············· 132
9.2 基于 Spring Data 生成领域事件 ··· 134
9.2.1 @DomainEvents 注解和
AbstractAggregateRoot ········ 135
9.2.2 @TransactionalEventListener
注解 ····················· 136
9.3 基于 Spring Cloud Stream 发布和
订阅领域事件 ·················· 137
9.3.1 Spring Cloud Stream 整体
架构 ····················· 137

9.3.2 实现 Spring Cloud Stream
Source ··················· 142
9.3.3 实现 Spring Cloud Stream
Sink ····················· 146
9.4 实现 HealthMonitor 领域事件 ······ 152
9.5 本章小结 ······················ 152

第 10 章 案例实现：限界上下文
集成 ···················· 153
10.1 限界上下文集成策略 ··········· 153
10.1.1 统一协议和防腐层 ·········· 154
10.1.2 服务注册和发现 ··········· 155
10.2 基于 REST API 构建统一协议 ··· 156
10.2.1 创建 Controller ········· 156
10.2.2 处理 Web 请求 ········· 157
10.2.3 集成应用服务 ··········· 158
10.3 基于 REST API 构建防腐层 ····· 162
10.3.1 创建和使用 RestTemplate ··· 162
10.3.2 创建防腐层组件 ·········· 165
10.3.3 集成命令服务 ··········· 166
10.4 本章小结 ····················· 168

第 11 章 案例实现：事件溯源和
CQRS ·················· 169
11.1 事件溯源和 CQRS 的实现策略 ··· 169
11.1.1 事件溯源模式的设计理念 ··· 170
11.1.2 整合事件溯源和 CQRS ····· 171
11.2 Axon 框架 ···················· 172
11.2.1 Axon 框架的整体架构 ······ 173
11.2.2 Axon 服务器 ··········· 175
11.3 Axon 框架的领域模型组件 ······ 176

11.3.1　Aggregate ················· 176

11.3.2　CommandHandler ············ 176

11.3.3　QueryHandler ··············· 177

11.3.4　EventHandler ··············· 178

11.3.5　EventSourceHandler ········· 179

11.4　Axon 框架的分派模型组件 ······· 180

11.4.1　CommandBus ··············· 181

11.4.2　QueryBus ··················· 183

11.4.3　EventBus ··················· 184

11.5　基于 Axon 框架实现 HealthMonitor
案例系统 ·························· 185

11.5.1　基于 Axon 框架的重构
策略 ······················· 185

11.5.2　重构领域模型对象 ········· 187

11.5.3　重构应用服务 ············· 191

11.5.4　重构领域事件 ············· 194

11.6　本章小结 ······················ 195

第 12 章　案例实现：测试 ··············· 196

12.1　DDD 测试内容和类型 ············ 197

12.1.1　DDD 应用程序的测试
内容 ······················· 197

12.1.2　DDD 应用程序的测试
类型 ······················· 198

12.2　Spring Boot 中的测试解决方案 ··· 200

12.2.1　测试工具组件 ············· 200

12.2.2　测试流程 ················· 201

12.2.3　测试注解 ················· 205

12.3　测试 HealthMonitor 案例系统 ···· 210

12.3.1　测试领域对象 ············· 210

12.3.2　测试应用服务 ············· 213

12.3.3　测试资源库 ··············· 216

12.3.4　测试接口 ················· 219

12.4　本章小结 ······················ 220

第 13 章　DDD 实践方法 ··············· 221

13.1　DDD 架构风格 ················· 221

13.1.1　应用经典分层架构管理
组件依赖关系 ·············· 222

13.1.2　应用整洁架构有效实现
应用程序分层 ·············· 224

13.1.3　应用六边形架构分离系统
关注点 ····················· 225

13.1.4　应用事件驱动和管道 –
过滤器混合架构实现系统
解耦 ······················· 228

13.2　DDD 实施方式 ················· 230

13.2.1　DDD 实施的前提和模式 ···· 230

13.2.2　基于 DDD 构建应用程序
的方法 ····················· 232

13.3　整合 DDD 与微服务 ············· 233

13.3.1　微服务拆分模式 ··········· 233

13.3.2　微服务数据管理模式 ······· 236

13.3.3　微服务与 HealthMonitor
案例系统 ··················· 241

13.4　本章小结 ······················ 250

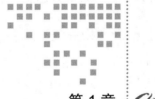

第 1 章 *Chapter 1*

引入 DDD

在日常开发过程中，除了专门开发中间件或底层框架的少数场景之外，绝大多数软件开发工作都是围绕着现实业务问题展开的。面对业务导向的开发场景，我们需要构建能够应对日益复杂的业务逻辑的系统架构，并遵循主流的设计理念，采用先进的技术体系。这个过程涉及业务架构与技术架构之间的融合，而领域驱动设计（Domain-Driven Design，DDD）可以帮助我们更好地实现这一目标。

作为开篇，本章将引入 DDD 的设计思想和设计方法。从设计思想上讲，DDD 为我们开展系统建模工作提供了一种崭新的模式。而在设计方法上，DDD 则从战略设计和战术设计这两大维度给出了全面的工程实践的参考。

目前，DDD 的应用越来越广泛，无论传统的单体架构，还是主流的微服务架构，抑或是当下非常热门的中台架构，都可以和 DDD 进行不同程度的整合。我们将在本章阐述这些应用方式。

1.1 面向领域的设计思想

在介绍领域驱动设计之前，先请大家回答一个问题：什么是领域。所谓领域，本质上是对现实世界问题的一种统称，是一种业务开展的方式，体现了一个组织所做的所有事情，覆盖一切业务范围，包含所有组织活动。我们在开发软件时面对的就是各种不同的领域。例如，常见的电商系统包含商品、订单、库存和物流等业务概念，而医疗健康系统则关注挂号、就诊、用药、健康报告等业务场景。这些业务概念和业务场景都属于领域。

领域概念的提出，一方面从业务的角度体现了系统的功能和价值，另一方面从技术的角度为我们提供了一种设计思想。本节将从现实问题出发讨论面向领域的设计思想。

1.1.1 业务模型和系统复杂度

让我们先从一个业务场景开始说起。在日常生活的就医场景中，我们知道为了完成一次就医过程，用户需要预约挂号，向医生讲述身体症状，做各种检查并获取报告，根据检查结果用药等。把这些步骤抽象成一个问题空间就是"就诊"。我们针对这一场景设计一个系统，所有的环节都是为了帮助用户更好地实现就诊过程，那么，如何针对就诊这个问题空间提供解决方案呢？这就需要我们对系统进行建模，得出指导系统开发的业务模型。系统建模是一个复杂的话题，围绕这一话题业界形成了不同的建模方法，而 DDD 在系统建模领域占有非常重要的一席之地。

1. 业务模型

下面分析一个完整的业务模型应该包含哪些组成部分。在本书中，我们把业务模型拆分成 7 个维度，如图 1-1 所示。

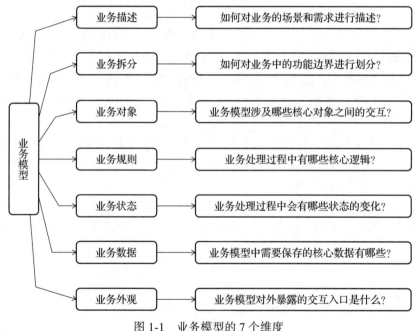

图 1-1　业务模型的 7 个维度

在图 1-1 中，我们通过 7 个维度来阐述什么是业务模型，下面逐一说明。

- ❑ 业务描述。业务模型需要通过简洁且通用的语言进行描述，从而确保与模型相关的所有人都能够对模型所代表的业务场景和需求达成统一认识。
- ❑ 业务拆分。业务场景的复杂度决定了业务模型中功能组件的数量和关联关系，我们需要通过拆分来明确各个组件的功能之间的边界。

- ❑ 业务对象。在一个业务场景中势必存在一组业务对象，这些业务对象通过一定的交互关系构成具体的业务场景。
- ❑ 业务规则。在一个业务模型中，内部的核心逻辑通过一系列的业务规则来展现，业务规则代表具体领域的业务价值。
- ❑ 业务状态。每个业务场景都是有状态的，这些状态构成了业务处理的流程和顺序，也是我们对业务进行建模的重点对象。
- ❑ 业务数据。所有业务模型都会产生数据，而且业务规则和业务状态的设计在很大程度上是围绕业务数据的处理过程来展开的，我们需要把核心的业务数据进行持久化保存。
- ❑ 业务外观。一个业务模型需要和客户端、其他业务模块及第三方外部系统进行集成，这就需要开放一定的交互入口，我们把这部分内容称为业务外观。

领域驱动设计针对业务模型为上述 7 个维度的问题给出了对应的设计方法，我们会在 1.2 节中详细讲解。

2. 系统复杂度

我们知道，任何软件系统的发展都是从简单到复杂、从集中到分散的过程。在系统诞生的初期，我们习惯构建单一、内聚和全功能式的系统，因为这样的系统就能满足当时业务的需求。当业务发展到一定阶段后，集中化系统会露出诸多弊端，功能拆分及服务化的思想和实践就会被引入。而当系统继续演进后，团队规模也随之扩大，由于分工模糊且业务复杂度不断上升，系统架构逐渐腐化，直到系统不能承受任何改变，就到了需要重构拆分的阶段。系统的推倒重来意味着重复从简单到复杂、从集中到分散的过程，如图 1-2 所示。

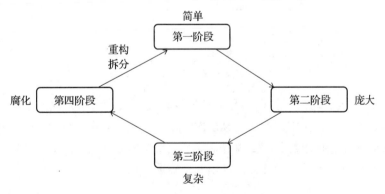

图 1-2　系统架构演进的规律

图 1-2 所示的是系统架构演进的一种客观规律，我们无法完全避免，但可以通过一定手段减缓整个过程的发展速度。本质上，这是一个如何应对系统复杂度的问题。

从软件开发和架构设计的角度而言，领域概念的提出是为了更好地对业务概念和业务场景进行抽象，从而为系统实现过程提供明确的领域模型和清晰的模型边界。通过引入面向领域的概念以及对应的设计方法，我们可以明确软件系统的关注点，并通过功能拆分有效降低系统复杂度。

1.1.2　领域驱动设计的维度

现在，我们已经明确了领域的概念，也抽象出了业务模型的各个维度，而开发人员对领域和业务模型的思考方法体现在设计维度上。在领域驱动设计中，有两个主要的设计维度，即战略设计维度和战术设计维度。

战略设计维度关注如何设计领域模型以及如何对领域模型进行划分，其目的在于清楚地界定不同的系统与业务关注点。战略维度面向业务，层次较高，偏重对业务架构的梳理，考虑如何把业务架构和技术架构进行整合。

战术设计维度关注如何从技术的层面指导开发人员具体地实施领域驱动设计，以及如何在领域模型的基础上采用特定的技术工具来开发系统。显然，战术维度偏向技术实现，考虑技术架构的设计和展现方式。

战略维度和战术维度的整合为开发人员提供了一套通用的建模语言和术语，展示了基于领域驱动的架构设计方法和实现领域驱动设计的各项关键技术，如图 1-3 所示。我们会在接下来的内容中对领域驱动设计的两大维度进行详细讲解。

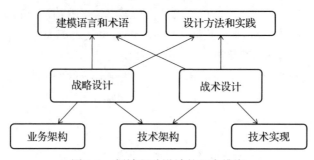

图 1-3　领域驱动设计的两大维度

总的来说，领域驱动设计提供的是一种软件开发方法，强调开发人员与领域专家进行协作并交付业务价值，强调把握业务的高层次方向，也强调采用系统建模工具和方法来满足技术需求。领域驱动设计思想的核心就是认为系统架构的设计应该是业务架构和技术架构相结合的过程，并提供了一系列设计方法和模式来确保实现这一过程。

1.2　面向领域的设计方法

面向领域的设计方法是 DDD 的精髓。在本节中，我们将从战略设计和战术设计这两大维度出发，基于 DDD 的设计方法来实现系统的业务模型。事实上，面向领域的设计方法和业务模型的 7 个维度是一一对应的，让我们一起来看一下。

1.2.1 面向领域的战略设计

面向领域的战略设计包含 DDD 的一组核心概念，用于抽象业务的领域模型。图 1-4 展示了面向领域的战略设计与业务模型维度之间的映射关系。

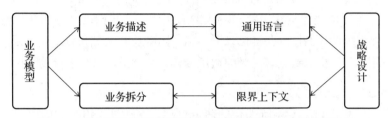

图 1-4　面向领域的战略设计与业务模型维度之间的映射关系

可以看到，这里引入了通用语言和限界上下文这两个核心概念。其中，DDD 从业务角度通过通用语言来满足相关工作人员对业务模型进行描述的需要，确保开发人员与领域专家能够形成统一认识；通过限界上下文来实现对业务的拆分，过程中需考虑系统边界的划分方式及集成方式。

1. 业务描述与通用语言

通用语言，也可以被称作统一协作语言，用来解决在实现业务模型时会遇到的一个非常重要的问题，即如何让团队所有人使用同一种语言来描述业务需求。在业务人员和技术人员的协作过程中，要使他们在意识形态和认知体系上达成一致并不是一件容易的事情，因为业务人员和技术人员都有其自身习惯的表达方式。引入通用语言的思路是面向领域和业务来统一团队成员对领域知识的一致认识，推动成员在后续系统设计和代码实现中使用领域词汇而不是技术词汇来命名业务对象。

通用语言的建立通常不是一步到位的，而是分层级持续演进的。例如，考虑一个用户健康监控和管理的业务场景，业务人员和开发人员经过初步沟通，得到了这样的通用语言：构建统一的健康监控功能，用户可以通过这一功能管理自己的健康信息。

在上述场景中，这句对原始需求的描述构成了系统最高层级的通用语言，后续从业务到技术的各个层次的通用语言都将由此展开。而开发人员与业务人员在进一步沟通之后，可以得到细化的通用语言，如下所示。

- ❑ 用户在申请健康检测时会生成一个健康检测单，同一个用户在上一个健康检测单没有完成之前无法申请新的检测单。
- ❑ 用户在申请健康检测单时需要提供自己的既往病史及目前的症状描述，然后系统需要根据用户的这些输入信息生成一个健康计划，健康计划被看作管理用户健康数据的一种执行媒介。
- ❑ 一个用户在同一时间只能有一份生效的健康计划，如果用户对系统自动生成的健康计划并不满意，可以重新申请生成健康计划。

❑ 健康计划的具体内容包括制定计划的医生、计划描述、执行周期、需要用户执行的健康任务列表等。

❑ 健康检测的结果表现为可以量化的健康积分，该健康积分会根据用户执行健康任务的完成情况不断更新。用户可以通过健康积分判断自己的健康状况。

上述对业务场景的描述构成了第二层级的通用语言，我们已经可以从这些描述中提取大量有助于开展系统设计工作的关键信息。当然，随着业务人员和技术人员采用同样的方式开展进一步沟通，我们将得到更多层级的通用语言，直到满足系统设计的目标为止。

2. 业务拆分与限界上下文

在上一节中，我们讨论了系统架构的演进过程，这一过程给我们的启示就在于：将所有功能放在一起是不合理的，应该清晰划分业务系统的关注点，并通过功能拆分降低系统复杂度。

针对业务拆分，我们需要解决的第一个问题是如何找到拆分的切入点。针对这一问题，DDD 给出了子域的概念。子域作为系统拆分的切入点，其产生往往取决于系统的特征和拆分的需求，例如这些需求属于核心功能、辅助性功能还是第三方功能等。

在业务领域被拆分成多个子域之后，接下来要解决的问题是如何对拆分后的功能进行组装。针对这一问题，基本思路就是系统集成，即在子域之间通过有效的集成方式确保拆分后的子业务功能能够整合到一起构成一个大的业务功能。与业务需求不同，系统集成需求虽然也包含在子域之中，但更多关注集成的策略和技术体系。在 DDD 中，限界上下文承接了这部分需求的实现。

限界上下文的概念比较难以理解，我们有必要对其详细讲解。首先，对于任何概念、属性和操作，每个领域模型在特定的业务边界之内具有特定的含义，这些含义只限于这个边界之内，也就是所谓的限界。一个限界上下文的简单示例如图 1-5 所示。

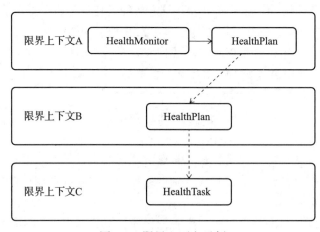

图 1-5　限界上下文示例

如图 1-5 所示，限界上下文 A 和限界上下文 B 中都存在 HealthPlan 对象，但是限界上下文 A 中的 HealthPlan 是一个聚合对象，而限界上下文 B 中的 HealthPlan 则是一个实体对象，两者虽然命名相同，也代表着同一个逻辑概念，但在业务建模过程中却有本质区别。我们会在本章后文对聚合和实体等概念进一步展开讲解。

另外，限界上下文 B 中 HealthPlan 对象可能依赖于限界上下文 C 中的 HealthTask 对象，但 HealthPlan 和 HealthTask 显然属于不同的业务场景，这时候我们就会发现限界的划分在很大程度上影响着系统的设计和实现。

明确了子域和限界上下文，下一步就是把它们整合起来。每个子域都有其限界上下文，各个限界上下文可以根据需要进行有效整合，从而构成完整的领域模型。请注意，并非所有子域的定位和作用都一样。在下一章中，我们也会讨论子域的不同分类。

根据子域和限界上下文的概念，我们可以对系统进行拆分。系统拆分的策略可以灵活调整，而根据业务和通用语言进行系统拆分是面向领域的战略设计的前提，也是本书所推崇的方法。但在现实场景中，面对业务拆分的需求，开发人员往往会采用一些非面向领域的拆分方法，其中典型的方法如下。

1）根据技术架构进行拆分。这种方法违背了业务模型的设计思想，也不符合常见的业务系统所采用的业务架构驱动技术架构的原则。在业务梳理尚不完善、系统的战略设计尚不健全的情况下考虑技术架构和实现方法，往往会导致返工，并在对系统的不断修改中腐化架构。

2）根据开发任务进行拆分。根据开发任务拆分系统同样不是一个好主意。一方面，系统拆分实际还没有到具体开发资源和时间统筹的阶段，开发任务自然也无从谈起。另一方面，开发任务同样是面向技术的过程的产物，而不是面向业务。

3）根据团队职能进行拆分。团队按构建方式可以分为职能团队和特征团队。前者关注某一个特定职能，如常见的服务端、前端、数据库、UI 团队等；而后者则代表一种跨职能的团队构建方式，团队中包括服务端、前端开发人员等各种角色。业务边界的划分及限界上下文的构建是一项跨职能的活动，如果团队组织架构具备跨职能特性，可以安排特定的团队负责特定的限界上下文，并统一管理该上下文对应的界限。

当我们实施领域驱动设计时，需要对上述拆分方法进行识别，避免采用不合理的拆分方法。

1.2.2　面向领域的战术设计

在 DDD 中，战术设计方面的内容非常多，包括表示领域模型对象的聚合、实体和值对象，用于抽象多个对象级别业务逻辑的领域服务，表示业务状态并实现交互解耦的领域事件，用于抽象数据持久化的资源库，以及用于提取业务外观的应用服务。图 1-6 展示了面向领域的战术设计与业务模型中对应维度之间的映射关系。

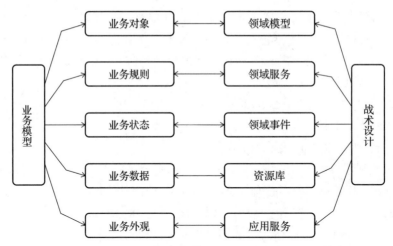

图 1-6   面向领域的战术设计与业务模型维度之间的映射关系

1. 业务对象与领域模型

关于对象这个词，在不同软件开发方法中有不同的含义。以最常见的"面向对象"为例，它表示任何事物都被认为一种对象。而设计和实现这些对象也可使用开发模式，例如，我们可以从数据的角度来规划对象的组织形式，并通过面向数据库的方式对这些数据对象进行设计和建模，这种开发模式通常被称为数据驱动模式。

显然，领域驱动设计的过程与数据驱动完全不同。在 DDD 中，我们关注的是领域模型对象而非数据本身。虽然以数据作为主要关注点的开发模式也能完成对系统的构建，但我们认为面向领域的模型对象才是通用语言的有效载体。究其原因，很多对象并不能简单地用它们的数据属性来定义，而需要通过一系列的标识和行为来定义。在 DDD 中，领域模型对象包括三大类型，即聚合、实体和值对象，如图 1-7 所示。

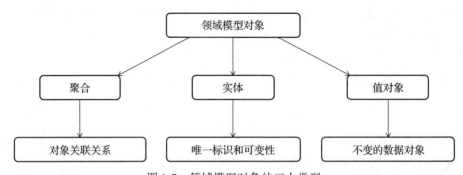

图 1-7   领域模型对象的三大类型

与限界上下文被用来划分子域之间的业务边界一样，在领域模型对象中，我们也需要从软件复杂度的角度出发，明确对象之间的边界。软件设计的一大挑战就在于大多数系统中的业务逻辑存在十分复杂的关联关系，它们实际很少有清晰的边界。复杂的关系需要数量庞大的对象才能建立，而整个系统的开发和维护需要投入成本，这是架构腐化的根源之一。为此，DDD 专门提出了聚合对象这一概念。聚合的核心思想在于简化对象之间的关联关系，一个聚合内部的所有对象只能通过聚合对象来访问，从而有效降低了对象之间的交互复杂度。

实体是聚合内部具有唯一标识的一种业务对象。与普通的数据对象一样，实体中也包含了一系列数据属性，我们可以采用一定的手段把数据对象转换成实体对象。但是，实体对象与数据对象之间的本质区别是：实体对象具有状态可变性和完整生命周期，我们可以通过改变实体的状态来执行业务逻辑；而数据对象只是数据的一种结构表现形式，本身没有任何状态和生命周期。有时候，我们把基于实体对象的建模方式称为充血模型，以便与基于数据对象的贫血模型相区别。

当我们只关心对象的数据属性时，该对象应被归为值对象。从这点上讲，值对象有点类似贫血模型对象。但值对象具备明确的约束条件，这点与实体对象不同。这些约束条件包括值对象是不变对象，值对象没有唯一标识，以及值对象通常不包含业务逻辑。

2. 业务规则与领域服务

针对业务模型中的业务逻辑，我们可以把它们抽象成一组业务规则。业务规则从概念上讲通常不属于任何一个独立的对象，而是一组领域模型对象之间的交互和操作。显然，领域建模的基本表现范式是各种领域模型对象，但一些业务规则并不适合建模成独立的聚合或实体。这时候，DDD 提供了领域服务的概念。当领域模型中某个重要操作无法由单个聚合或实体来完成时，应该为该模型添加一个独立的访问入口，这就是领域服务，如图 1-8 所示。

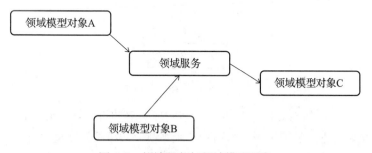

图 1-8　领域服务与领域模型对象

从图 1-8 中可以看到，领域服务的构建涉及多个领域模型对象之间的交互和协作，这是单个领域模型对象所不能完成的操作。

3. 业务状态与领域事件

现实中很多场景都可以抽象成事件，例如当某个操作发生时会发送一个消息，如果出现了某种情况则执行某个既定的业务操作等。本质上，这些事件代表的是业务状态的变化，如图 1-9 所示。

与普通的领域模型对象不同，我们关注这些事件的发生时机，事件本身携带的状态变化信息，以及我们针对事件的响应方式。因此，事件是一种独立的建模对象，在 DDD 中被称为领域事件。领域事件就是把领域中所发生的活动建模成一系列离散事件。领域事件也是一种领域对象，是领域模型的重要组成部分。

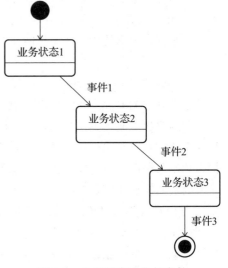

图 1-9　业务状态变化与事件

4. 业务数据与资源库

让我们回到对业务数据的讨论。任何系统都要对业务数据进行统一的管理和维护，开发人员会把数据保存到各种关系型数据库或 NoSQL 等数据持久化媒介中，这是数据驱动模式的基本开发过程。而在领域驱动的开发模式中，我们认为系统中应该存在一个专门针对数据访问的入口，通过这个入口可以对所有的领域模型对象进行遍历。无论是对聚合、实体还是对值对象，我们都应该创建另一种对象来充当这些对象的提供者。在 DDD 中，资源库实际上就充当了领域模型对象的提供者。资源库的定位和交互方式如图 1-10 所示。

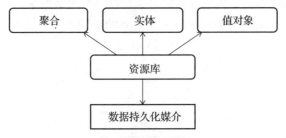

图 1-10　资源库的定位和交互方式

简单讲，资源库作为对象的提供者，能够实现对象的持久化，但这种持久化操作是技术无关的，即领域模型不需要关注通过何种技术来获取和存储领域模型对象，只需要明确对象的来源是资源库。资源库为开发人员屏蔽了数据访问的技术复杂性。

5. 业务外观与应用服务

最后，让我们讨论业务外观的概念。任何一个系统都会不可避免地存在用于用户交互的用户界面，也可能存在与外部系统对接的集成需求。无论是用户界面还是系统集成，都不是领域驱动设计的重点。但是，针对用户界面，我们需要明确两个基本问题：如何将领域对象渲染到用户界面中，以及如何将用户操作反映到领域模型中。针对系统集成也是同样。我们把这部分工作统称为业务外观。

在实现业务外观与领域模型之间的解耦时，我们可以使用的设计模式也很多，如数据传输对象（Data Transfer Object，DTO）模式和外观模式。

在 DTO 模式中，传输对象是一种简单的 POJO（Plain Ordinary Java Object，简单 Java 对象），只有设置和获取属性的方法，而客户端则可以通过请求将传输对象发送到领域模型中。

对于外观模式，其设计意图在于为系统中的一组接口提供一个一致的界面，从而使得这一系统更加容易使用。在实现上，与系统发生直接耦合的不是用户界面，而是外观类。在分层架构中，可以使用这一模式定义系统中每一层的入口。外观模式的结构示意图如图 1-11 所示。

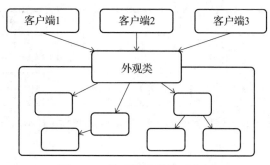

图 1-11　外观模式结构示意图

在领域驱动设计中，我们将使用应用服务实现类似 DTO 模式和外观模式的功能。关于应用服务以及前面提到的各种领域对象，在下一章中都会有更深入的探讨。

最后，我们可以梳理出面向领域的设计方法与业务模型各个维度之间的对应关系，如图 1-12 所示。

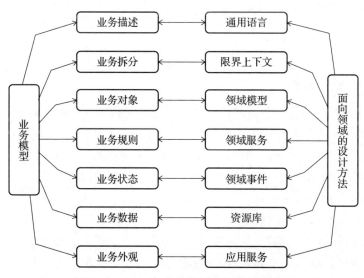

图 1-12　DDD 与业务模型之间的对应关系

请注意,图 1-12 中 DDD 的各个组件并不是位于同一层次的,各个限界上下文都应该包括战术设计的所有技术组件,如图 1-13 所示。

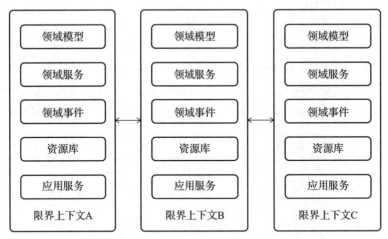

图 1-13 限界上下文中包含各个战术设计组件示意图

1.3 应用 DDD

领域驱动的设计思想和方法可以应用到多种类型的系统开发过程中。无论采用哪一种应用方式,对于 DDD 而言,我们都需要开展面向领域的战略设计和战术设计。通用语言、限界上下文、各种领域模型对象、涉及多对象交互的领域服务、处理状态转变的领域事件、提供数据访问的资源库以及实现业务外观的应用服务等都是需要实现的组件。在本节中,我们将分别从单体架构、微服务架构以及中台架构这三大类目前主流的架构体系出发探讨DDD 的应用方式。

1.3.1 DDD 与单体架构

在软件技术发展的很长一段时间内,应用系统都表现为一种单体系统。时至今日,很多单体系统仍然在一些行业和组织中被开发及维护。所谓单体系统,简单讲就是把一个系统所涉及的各个组件都打包成一个一体化结构并进行部署和运行。在 Java EE 领域,这种一体化结构很多时候就表现为一个 WAR 或 JAR 包,而部署和运行的环境就是以 Tomcat 为代表的各种应用服务器。

对于单体系统而言,所有 DDD 组件都位于同一个应用程序中,但我们仍然可以从逻辑上对限界上下文进行拆分。这样各个限界上下文就是一个个模块,如图 1-14 所示。

如图 1-14 所示,在单体系统中 DDD 的应用有几个显著的特点。首先,单体系统的数据库通常只有一个,所以资源库的实现相对简单,不需要考虑分布式环境下的数据一致性问题。然后，因为所有的代码都运行在同一个服务器实例中，所以诸如领域事件的实现过程也就不需要考虑跨 JVM 的消息通信机制。

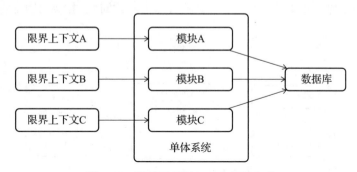

图 1-14　单体系统的 DDD 应用方式

1.3.2　DDD 与微服务架构

微服务架构这个术语在最近几年的软件开发方法中非常热门，它把一种特定的软件应用设计方法描述为构建一系列能够独立部署的服务套件。

顾名思义，微服务区别于其他服务体系的关键在于"微"这个特性。"微"是小的同义词，所以容易让人联想到微服务都是小型的服务，这是微服务的第一个特性。然而，业界并没有给出一个关于微服务大小的具体划分规则和标准。因此，在基于 DDD 实现微服务架构时，我们可以按照限界上下文的粒度来确定微服务的大小。图 1-15 展示了限界上下文与微服务之间的对应关系。

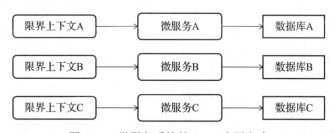

图 1-15　微服务系统的 DDD 应用方式

在图 1-15 中，我们注意到每一个微服务都是一个独立的应用程序实例，且都使用了独立的数据库。所以，在单体系统中不需要考虑的数据一致性问题以及跨 JVM 的领域事件发布和消费机制，在微服务架构中就变成了技术实现上的挑战，开发人员需要引入相应的架构模式和工具来完成各个限界上下文之间的高效集成。

当我们采用微服务架构时，服务的边界以及拆分方式同样是架构设计时的核心问题。针对这一问题，DDD 和微服务采用的设计思想与工程实践是完全一致的。事实上，正是微服务架构的兴起，才促进了目前 DDD 的广泛应用。

另外，微服务之间只有通过协作和交互才能构成完整的服务体系，而这种协作和交互机制也是微服务区别于其他服务体系的一个主要方面。在微服务架构中，服务之间通过注册中心实现注册和发现，并通过 API 网关实现服务路由和访问控制，如图 1-16 所示。

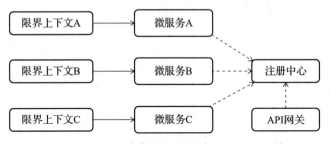

图 1-16　微服务架构中的注册中心和 API 网关

1.3.3　DDD 与中台架构

中台这一概念来源于阿里的中台战略，目的是构建符合数字时代的、更具创新性和灵活性的"大中台＋小前台"的业务组织方式。中台通常分成业务中台和数据中台两大类别，这里讨论的是业务中台。

中台和微服务架构并不是同一层面的事物，可以简单认为微服务是构建中台的一种组件化实现手段。在中台架构中，每一个中台都由一组微服务构成。因此，我们可以在微服务架构的基础上添加对中台架构的描述，如图 1-17 所示。

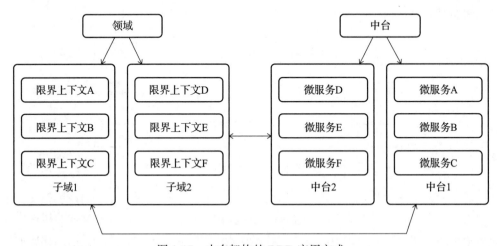

图 1-17　中台架构的 DDD 应用方式

与任何一种软件设计和开发的方法论一样，领域驱动设计并不适合所有业务系统的开发。在采用这种方法之前，我们需要结合自身正在开发的业务系统来分析应用方式。关于这一点，我们会在最后一章讨论 DDD 实践方法时进一步展开讨论。

1.4　本章小结

本章作为全书的第 1 章，全面介绍了领域驱动设计的各个方面。我们对面向领域的设计思想展开了讲解，并引出了领域驱动设计的两大维度，即战略设计和战术设计。

无论是战略设计还是战术设计，DDD 的目标都是实现系统的业务模型。针对业务模型构建过程中必须回答的 7 个问题，DDD 分别给出了对应的设计方法。本章对这 7 种设计方法进行了详细的阐述，为读者学习后续内容打好基础。

本章最后讨论的主题是如何应用 DDD。我们分别针对单体架构、微服务架构及中台架构给出了具体的应用方式。

DDD 核心概念

领域驱动设计作为一种软件开发方法，基本思路在于清楚界定不同的系统与业务关注点，并基于技术工具按照领域模型进行软件开发。面对日益复杂的软件系统本身以及围绕软件系统所展开的过程和组织因素，领域驱动设计为我们提供了一套从业务到技术的解决方案，而这套解决方案也内置了一组 DDD 的核心概念，包括如下内容。

- ❏ 子域：系统拆分的切入点。
- ❏ 限界上下文：业务整合的边界。
- ❏ 聚合：充当访问入口的一种领域模型对象。
- ❏ 实体：具有唯一标识的一种领域模型对象。
- ❏ 值对象：只包含数据属性的一种领域模型对象。
- ❏ 领域服务：承载业务规则的独立接口。
- ❏ 领域事件：代表业务状态变更的一种领域对象。
- ❏ 资源库：领域模型对象的提供者。
- ❏ 应用服务：领域模型对象的外观层。
- ❏ 基础设施：面向技术实现的基础功能组件。

在上一章中，我们已经介绍了上述概念中的大部分内容。而在本章中，我们将针对这些概念的方方面面进行详细讨论。

2.1 子域和限界上下文

在上一章中，我们已经明确子域和限界上下文都属于 DDD 战略设计部分的内容，其目

的是完成对业务系统的有效拆分和集成。关于如何划分子域的类型以及如何实现限界上下文
的集成，业界也存在一组既定的规范和模式。

2.1.1　子域的类型

虽然子域的划分因系统而异，但基于对子域特性和需求的抽象，我们还是可以梳理出
通用的分类方法。相比领域，子域对应一个更小的问题域或更小的业务范围，但所有子域的
定位和表现形式并不都是一样的，而是有不同的分类。业界比较主流的分类方法认为，系统
中各个子域可以分成核心子域、支撑子域和通用子域 3 种类型。

- ❑ 核心子域：代表系统中核心业务的一类子域。
- ❑ 支撑子域：专注某一方面业务的一类子域。
- ❑ 通用子域：具有公用功能或基础设施能力的一类子域。

为了更好地理解这 3 种子域之间的区别，这里列举一个示例。在电商类应用中，用户
浏览商品，然后在商品列表中选择想要购买的商品并提交订单。而在提交订单的过程中，系
统需要对商品和用户账户信息进行验证。从领域的角度分析，我们可以把该系统分成如下 3
个子域。

1）商品子域：该子域负责商品管理，用户可以查询商品来获取商品详细信息，同时基
于商品提交订单；系统管理员可以添加、删除、修改商品信息。

2）订单子域：该子域负责订单管理，用户可以提交订单并查询自己所提交订单的当前状态。

3）用户账户子域：该子域负责用户管理，我们可以通过注册成为系统用户，同时可以
修改或删除用户信息，并提供账户有效性验证的入口。

从子域的分类上讲，用户账户子域比较明确，显然应该作为一种通用子域。而订单是
电商类系统的核心业务，所以订单子域应该是核心子域。至于商品子域，在这里比较倾向于
支撑子域。整个系统的子域划分如图 2-1 所示。

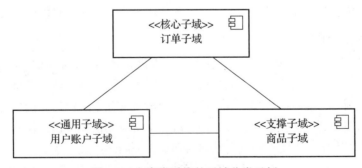

图 2-1　电商类系统的子域分类示例

2.1.2　限界上下文的映射和集成

把领域拆分成多个子域之后，我们也就有了多个限界上下文。随之而来的问题在于如

何有效地管理这些限界上下文之间的关联关系，这就涉及本节讨论的话题，即设计上下文的映射关系和集成模式。

1. 限界上下文的映射关系

站在高层次的架构分析角度，任何一个系统都可以处在其他系统的上游，也可以位于其他系统的下游，图 2-2 展示了这层关系。

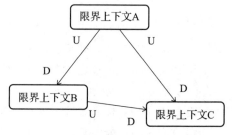

图 2-2　上下文映射关系示意图⊖

在图 2-2 中存在限界上下文 A、限界上下文 B 和限界上下文 C。限界上下文 A 同时位于限界上下文 B、C 的上游；限界上下文 B 相对限界上下文 A 而言处于下游，但相对限界上下文 C 而言处于上游；限界上下文 C 则处在整个系统的最下游。

另外，正如在上一章中讨论的，由于不同的上下文可能由不同的团队来负责实现，在明确诸如图 2-2 中的上下文映射关系的同时，需要考虑不同开发团队和组织之间的关系。组织关系对团队实施 DDD 有重要的指导意义。由于涉及系统之间的交互，因此无论是否采用子域和上下文的概念，现实中都普遍存在 3 种最基本的组织关系，即供应商关系、合作关系以及遵奉者关系。

1）供应商关系。供应商关系是上下游关系的具体体现，客户方依赖供应商提供的服务才能构建自身的系统。供应商关系虽然主流但不是最好的组织关系，因为处于上游的供应商对处于下游的客户方系统影响巨大。

2）合作关系。合作关系指处于上游和下游的两个上下文团队共同进退，双方通过制定合理的开发策略确保上下文集成工作能够顺利开展。合作关系是比较理想的组织关系，尽管系统并不一定具备实现该关系的条件。

3）遵奉者关系。遵奉者关系是我们所不希望看到的，即上游的上下文团队由于利益关系等因素并不希望或没有能力推动系统集成，那下游的上下文团队只能妥协或另谋他路。

2. 限界上下文的集成模式

限界上下文集成模式的基本思路有两点，一点是解耦，另一点是统一。解耦比较容易理解，即在两个上下文集成时，一方面考虑技术实现上的依赖性，需要支持异构系统的有效交互，另一方面则需要使专门实现系统集成的过程与实现业务逻辑的过程分离，确保集成机制的独立性。而统一的含义在于一致性，即上游上下文应该定义协议，让所有下游上下文通过协议访问，确保各个上下文在数据传输接口和语义上能够达成一致。

针对以上两点，我们可以分别抽象出两种基本的上下文集成模式，即防腐层和统一协议。

⊖ 图中 U 表示上游，D 表示下游。本书后文将继续采用这种表达方法。

1）防腐层（AntiCorruption Layer，ACL）。防腐层强调位于下游的限界上下文根据领域模型创建单独的一层组件，该层组件完成与上游上下文之间的交互，从而隔离业务逻辑，实现解耦。

2）统一协议（Unified Protocol，UP）。统一协议则指位于上游的限界上下文提供标准且统一的协议定义，从而促使其他上下文通过协议进行访问。

显然，防腐层模式面向下游上下文，而统一协议模式面向上游上下文。在对任何子域和上下文进行提取时，确保从组织关系和集成模式上对上下文的集成过程进行抽象。图 2-3 即是图 2-2 所示的上下文关系在集成方案上的一种表现形式。

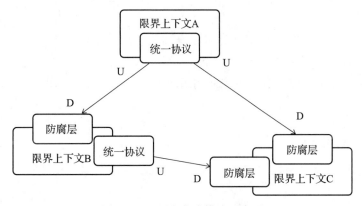

图 2-3　上下文集成模式示意图

结合前面介绍的电商类应用程序的子域划分结果，从子域之间的上下游关系上看，订单子域需要同时依赖商品子域和用户账户子域，商品子域和用户账户子域之间则不存在交互关系。3 个子域对应的限界上下文关系如图 2-4 所示。

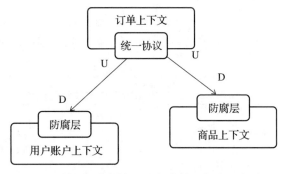

图 2-4　电商类系统上下文映射和集成示意图

如果我们采用微服务架构来构建这个系统，那么图 2-4 中的上下文映射关系和集成模式就为我们提取微服务提供了依据。我们完全可以对每个子域分别提取一个微服务，并通过它们之间的映射关系来设计系统的整体交互流程。

2.2 领域模型对象

在面向对象的开发过程中，任何事物都是对象。而在日常开发过程中，我们可以从数据出发来设计对象的表现形式。这些数据对象只包含了一组数据属性，没有提供任何对业务逻辑的处理过程，开发人员更关注数据而不是领域。这种开发模式非常常见，但却不是 DDD 推荐的做法。在 DDD 中，我们关注的是领域模型对象而并非数据本身。领域模型对象与数据对象之间的本质区别在于前者不只包含数据属性的定义，还具有一系列的标识和行为定义。

在 DDD 中，领域模型对象指 3 类对象，即聚合、实体和值对象。其中实体和值对象是聚合的组成部分，而值对象同时是实体的组成部分，这 3 种对象之间的组成关系如图 2-5 所示。

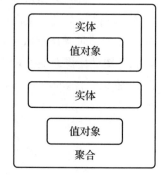

图 2-5　领域模型对象之间的组成关系示意图

2.2.1 实体和值对象

理解实体和值对象是构建聚合的基础。本节先从实体和值对象开始讲起，下一节将重点讨论聚合。

1. 实体

与数据对象一样，实体对象本身也包含数据属性。但实体对象和数据对象的区别在于实体包含了业务的状态以及围绕这些状态产生的生命周期。换言之，实体应该具有两个基本特征，即唯一标识和可变性。

（1）唯一标识

唯一标识是实体对象必须具备的一种属性，也是实体与值对象之间的核心区别之一。如代码清单 2-1 所示的 HealthTask 就是一个典型的实体对象，其中包含了代表该对象唯一性的 TaskId 属性。

代码清单 2-1　HealthTask 实体对象示例代码

```
// 实体对象
public class HealthTask {
    // 唯一标识
    private TaskId taskId;
    private String taskName;
    private String description;
    private int taskScore;
    // 省略 getter 和 setter 方法
}
```

这里唯一标识 TaskId 的创建方式可以有多种，常见的方法如下。

1）系统内部自动生成唯一标识。这种方法被广泛应用于各种需要生成唯一标识的场景。生成策略上可以简单使用 JDK 自带的 UUID；也可以借助第三方框架，如支持雪花算法的 Leaf；更为常见的做法是通过时间、IP、对象标识、随机数、加密等多种手段混合生成。

2）系统依赖持久化存储生成唯一标识。这种方法实现简单，经常被应用于具备持久化条件的系统中，常见的做法包括使用 Oracle 的 Sequence、MySQL 的自增列、MongoDB 的 _id 等。而在生成唯一标识的时机上存在两种做法：一种是在持久化对象之前就生成唯一标识；另一种则是延迟生成，即唯一标识生成是在将对象保存到数据库之后。在本书中，我们将引入 UML（Unified Modeling Language，统一建模语言）中的图例来展示系统建模的结果，并且会使用 UML 中的时序图（sequence diagram）来展示核心流程。图 2-6 展示了基于后者的时序图。显然，我们可以使用数据库中自增主键的功能来获取唯一标识。

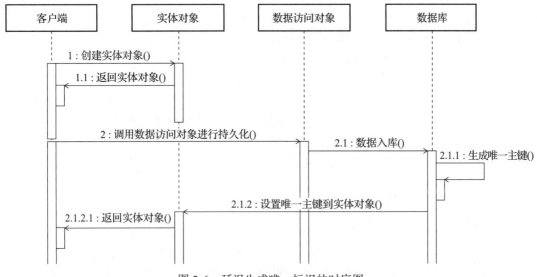

图 2-6 延迟生成唯一标识的时序图

原则上，唯一标识的生成过程应该位于该实体所处的上下文中，但也存在从另一个上下文传入唯一标识的情况。这种情况比较少见，实现起来也需要依赖事件机制以及考虑数据一致性问题，一般不推荐。

（2）可变性

可变性是实体对象与值对象的另一个核心区别。实际上，关于实体对象可变性的讨论，已经不仅仅局限于领域模型对象的设计，还延伸到了关于架构模式的探讨。这里，我们不得不提一个老生常谈的话题，即贫血模型和充血模型之间的对比。

在贫血模型中，领域对象实际上就是数据对象，即领域对象的作用只是传递状态，自身并不包含任何业务逻辑。从代码实现上讲，贫血模型中的领域对象通常只包含针对各个属性的 getter/setter 方法，而没有提供任何针对业务状态控制和对象生命周期管理的方法。

与之相对，充血模型中的领域对象一般都具备自己的基础业务方法，同时对自身对象的生命周期进行统一的管理和维护。如代码清单 2-2 所示，这就是一个包含了初始化及状态更新操作的 HealthTask 实体对象。

代码清单 2-2　包含了业务逻辑处理的 HealthTask 实体对象示例代码

```
// 实体对象
public class HealthTask {
    // 唯一标识
    private TaskId taskId;
    private String taskName;
    private String description;
    private int taskScore;
    // 省略 getter 和 setter 方法

    // 实体对象的初始化
    public HealthTask(CreateTaskCommand createTaskCommand) {
        ...
    }

    // 实体对象的状态更新
    public void updateTask(UpdateTaskCommand updateTaskCommand) {
        ...
    }
}
```

充血模型中领域对象职责更加单一，所有关于对象本身的操作都包含在对象内部，更加适合复杂业务逻辑的设计开发。

2. 值对象

一般在对系统的实体对象和值对象进行提取时，关注点首先在实体上，把实体提取完毕，就需要进一步梳理实体中是否包含了潜在的值对象。

值对象的特征决定了分离值对象的方法。与实体对象相比，值对象自身没有状态，是一种不可变对象。另外，因为值对象没有唯一标识，所以对值对象可以进行相等性比较，也可以相互替换。图 2-7 展示了值对象的一个具体示例。

在图 2-7 中，我们首先设计了一个账户对象 Account，显然该对象具有唯一标识符 accountId，所以是一个实体对象。然后我们发现 Account 对象中包含了该账户所对应的地址信息对象 Address，而 Address 就是一个值对象，因为 Address 将 Street、City、State 等相关属性组合成了一个概念整体。Address 对象没有唯一标识，也可以作为不变量，当该 Address 改变时，可以用另一个 Address 值对象予以替换。

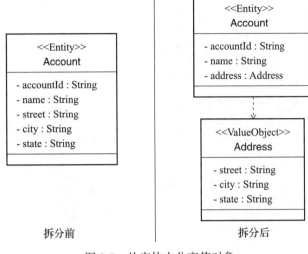

图 2-7　从实体中分离值对象

在 DDD 中，值对象主要有两大类应用场景。首先，值对象可以用来表示业务数据，就像前面示例中的 Address 对象。然后，值对象也可以在上下文集成中充当对外的数据传输媒介。值对象在实现上需要严格保持其不变性，我们通过只用构造函数而不用 setter 方法等手段可以构建一个合适的值对象。

3. 识别实体和值对象

识别实体和值对象是面向领域的战术设计中非常基础也非常重要的一步，基本思路还是充分利用通用语言中的信息，并采用如图 2-8 所示的 4 个步骤。

这里通过一个简单的示例来演示如何识别实体和值对象。我们知道围绕用户（User）这个概念有这些常见的业务需求：对系统中的 User 进行认证；User 可以处理自己的个人信息，包含姓名、联系方式等；User 的安全密码等个人信息能被本人修改。这些描述构成了针对用户的通用语言。在接下来的内容中，我们将围绕 User 这个业务概念来演示识别实体和值对象的具体步骤。

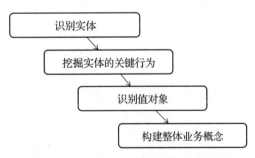

图 2-8　识别实体和值对象的 4 个步骤

（1）识别实体

通过"认证""修改"等关键词，我们可以判断出 User 应该是一个实体对象而不是值对象，所以 User 应该包含一个唯一标识及其他相关属性。考虑到 User 实体的唯一标识 UserId 可能是一个数据库主键值，也可能是一个复杂的数据结构，所以我们把 UserId 提取成一个值对象，这是 DDD 经常采用的一种实体唯一标识的实现方法。这样就识别出了基础的 User

实体，如图 2-9 所示。

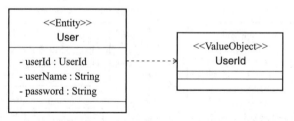

图 2-9　User 实体对象及其属性

（2）挖掘实体的关键行为

通过对 User 进行通用语言的分析，我们再进一步细化它的关键行为。一般而言，用户在应用上会产生登录、退出以及修改密码的行为，包含这些行为的 User 实体如图 2-10 所示。

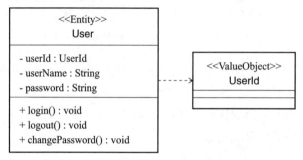

图 2-10　User 实体对象的属性与行为

（3）识别值对象

考虑到激活状态的 User 可以修改姓名、联系方式等个人信息，我们势必要从 User 实体中提取姓名、联系方式等信息，这些信息实际上构成了一个完整的人（Person）的概念，但显然 Person 不等于 User，而是 User 的一部分。User 作为一个抽象的概念，包含 Person 相关信息，也包含用户名、密码等账户相关的信息，所以这个时候我们发现需要从 User 中进一步分离 Person 对象。Person 也是一个实体，但与 Person 紧密相关的联系方式等信息建议被分离成值对象。基于这些分析，我们对 User 实体进一步细化，可以得到如图 2-11 所示的结果。

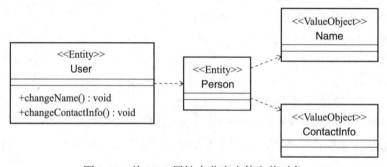

图 2-11　从 User 属性中分离实体和值对象

（4）构建整体业务概念

通过以上分析，我们发现从通用语言出发，围绕 User 概念所提取出来的实体和值对象有多个，其中 User 和 Person 代表两个实体，User 包含 Person 实体和 UserId 值对象，而 Person 则包含 PersonId、Name 和 ContactInfo 值对象。完整的实体和值对象提取结果如图 2-12 所示。

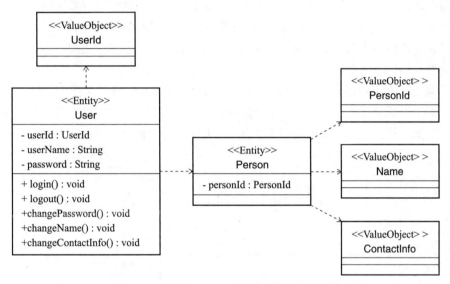

图 2-12　完整的与 User 相关的实体和值对象

在本节最后，我们再来总结一下实体和值对象的区别。从唯一性的角度看，实体有唯一标识，值对象则没有，不存在"这个值对象"或"那个值对象"的说法。从是否可变的角度看，实体是可变的，值对象是只读的。另外，实体具有生命周期，而值对象则无生命周期可言，因为值对象代表的只是一个值，需要依附于某个具体实体。

2.2.2　聚合

在 DDD 中，聚合可以说是最核心的一种领域模型对象。聚合概念的提出与软件复杂度有直接关联。通常，一个系统中的对象之间都会存在比较复杂的交互关系，图 2-13 展示了系统具有 8 个对象时各对象之间的交互示意图。

从图 2-13 中可以看出，原则上这 8 个对象之间的交互方式最多可以达到 2^8-1 种。为了降低对象交互所带来的复杂度，DDD 引入了聚合的概念。那么，聚合是如何降低复杂度的呢？

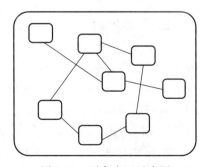

图 2-13　对象交互示意图

1. 聚合的设计思想

聚合的核心思想在于将领域对象的关联关系减至最少，这样就简化了对象之间的遍历过程，从而降低了系统的复杂度。聚合由两部分组成：聚合根，指聚合中的某一个特定实体；聚合边界，定义聚合内部包含的范围。

聚合代表一组相关对象的组合，是数据修改的最小单元，也就意味着对领域模型对象的修改只能通过聚合根实现，而不能通过组合中的任何实体直接修改。换句话说，只有聚合根的实体暴露了对外操作的入口，其他对象必须通过聚合内部的遍历才能进行访问，而删除操作也必须一次性删除聚合之内的所有对象。通过这种固定的规则，我们确保聚合内部的数据操作具有严格的事务性。

关于聚合，我们可以进一步看图 2-14 所示的聚合示意图。在这张图中，根据聚合思想把原有的 8 个对象划分成 3 个边界，每个边界包含一个聚合。我们可以看到与外部边界直接关联的就是聚合根，只有根对象之间才能直接交互，其他对象只能与该聚合中的根对象直接交互。

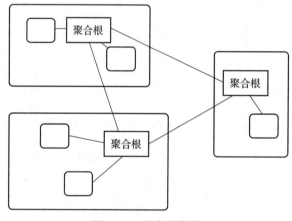

图 2-14　聚合示意图

显然，以图 2-14 中的 8 个对象为例，通过聚合可以把对象之间最多 2^8-1 次直接交互减少为 2^3-1 次。

2. 聚合建模

在本节中，我们同样通过一个典型的案例来解释聚合建模的实现过程。在日常开发过程中，我们通常都需要对业务功能（Feature）进行评审，然后通过拆分任务（Task）的方式完成工作量评估和排期（Schedule）。在这个业务场景中，一个业务功能可以创建很多个任务，同时需要制定一个排期。通过分析，我们可以识别 Feature、Task、Schedule 这 3 个主要实体或值对象。关于如何设计这些对象之间的关联，我们有几种思路。

如图 2-15 所示，这是一种基于聚合的建模方案，我们把 Feature、Task、Schedule 归为实体对象，并把 Feature 上升为聚合根对象。这样外部系统只能通过 Feature 对象访问

Schedule 和 Task 对象，而 Feature 中存在着对 Schedule 和 Task 的直接引用。

我们再来看另一种方案，我们把 Task 和 Schedule 同样上升到聚合级别，这意味着重新划分了系统边界，3 个对象构成了 3 个不同的聚合。显然，这种情况下 Feature 对象包含对 Task 和 Schedule 的直接引用是不合适的。在不破坏现有实体关系的前提下，我们可以引入值对象来调整这种现象，通过把唯一标识提取成一个值对象 FeatureId，Feature 通过 FeatureId 与 Task 和 Schedule 对象进行关联，如图 2-16 所示。

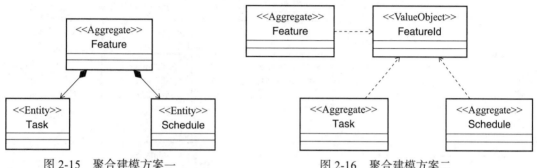

图 2-15 聚合建模方案一 　　　　　图 2-16 聚合建模方案二

上述两种方案代表着两种极端。其中方案一中只有一个聚合，其他都是实体对象；而方案二则把这些对象都设计成聚合。这两种方案都不是最合理的，有如下 3 条聚合建模的原则可以帮我们找到其中存在的问题。

1）聚合内部真正的不变条件。第一条建模原则关注聚合内部建模真正的不变条件，即在一个事务中只修改一个聚合实例。如果一个事务内需要修改的内容处于不同聚合中，就要重新考虑聚合划分的边界和有效性。另外，聚合内部保持强一致性的同时，聚合之间需要保持最终一致性。

对应到上述案例中，因为系统的目的就是获取 Feature 的 Schedule，而不是分别管理 Feature 和 Schedule，也就是说更新 Feature 的同时应该更新 Schedule，Feature 和 Schedule 的更新处于同一个事务中，所以把 Schedule 放到以 Feature 为根实体的聚合中更加符合聚合建模的这一条原则。

2）设计小聚合。聚合可大可小，设计聚合大小的通用原则是考虑性能和可扩展性，我们倾向于使用小聚合。大聚合可以减少系统边界的数量，但聚合内部会包含更多实体和值对象。从性能角度讲，聚合内部复杂的对象管理和深层次的对象遍历会降低系统的性能，因为很多边界处理过程实际上并不会涉及很多聚合内部对象。而对于可扩展性，系统的变化对大聚合的影响显然大于小聚合。另外，考虑到实体具备生命周期和状态变化，聚合建模也推荐优先使用值对象来降低聚合内部复杂度。

3）通过唯一标识引用其他聚合。这条原则对聚合设计产生的影响在于：通过标识而非对象引用使多个聚合协同工作。聚合中的根实体应该具备唯一标识，我们在方案二中引入值对象 FeatureId 作为 Feature 的唯一标识，并通过该值对象与其他聚合中的根实体进行交互，这就是这条原则的具体体现。如果将 Task 对象作为一个根实体，一般会提取一个值对象 TaskId 作为其唯一标识。

综合运用上述 3 条聚合建模的原则之后，我们可以得到如图 2-17 所示的第三种聚合建模方案，这是我们对上述场景进行聚合建模的最终结果。

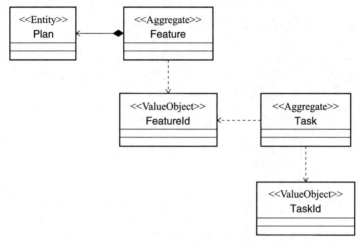

图 2-17 聚合建模方案三

2.3 领域服务

明确了聚合对象之后，我们要介绍的下一个 DDD 的核心概念是领域服务。领域服务概念引入的原因是现实中很多业务操作需要多个聚合相互协作才能完成，而领域服务为我们提供了实现这种协作的入口。

关于领域服务的概念，我们同样可以通过一个简单的案例来解释。让我们考虑这样一个场景：在进行银行资金转账时，用户在支付宝或微信上输入银行账户和转账金额等转账基本信息，银行执行转账操作并发送手机短信。

在这个场景中，建模的关键在于领域层需要执行资金转账操作，而这个操作势必涉及用户银行账户 Account、转账金额 Money、转账所生成的订单 Order 等领域模型对象。通过这些对象之间的交互，系统完成相应的借入和贷出操作，并提供结果的确认信息。显然，这里的 Account、Order 等领域模型对象都应该被抽象成聚合对象，如图 2-18 所示。

可以看到，这里涉及多个聚合对象协作的

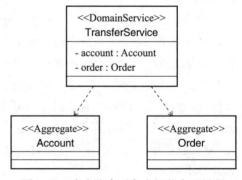

图 2-18 多个聚合对象之间的交互过程

资金转账领域服务 TransferService 就是一种典型的领域服务。我们可以明确领域服务实际上就是跨聚合的交互过程，领域服务的输入对象即是各个聚合的根实体对象，而其输出往往是一个无状态的值对象。在领域服务中，由于涉及多个领域模型对象，领域对象之间的转换也是常见的实现需求。

2.4 领域事件

现实中很多场景都可以抽象成事件，但凡在业务通用语言中出现"当……发生……时""如果发生……""当……时通知我"等描述时，我们就需要考虑是否要在这些场景中引入领域事件。领域事件就是把领域中所发生的活动建模成一系列离散事件。

在 DDD 中，对领域事件进行建模的核心在于明确事件的生命周期，如图 2-19 所示。

可以看到，领域事件生命周期包括生成、存储、分发和消费 4 个阶段。而根据角色的不同，事件的生

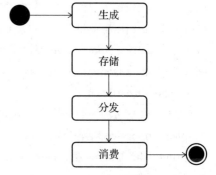

图 2-19 领域事件的生命周期

成处于事件发布阶段，而存储、分发和消费则可以被归为事件的处理阶段，如图 2-20 所示。

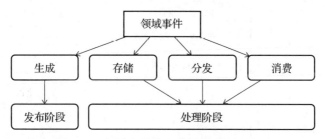

图 2-20 领域事件的生命周期阶段示意图

把领域事件的处理过程分成两个阶段的目的是实现事件发布和处理的分离，从而确保实现不同的事件处理者。在第 9 章中讨论领域事件的具体实现过程时，我们会对 DDD 中采用的各种事件处理者展开详细讨论。

事件的识别有时候具有一定的隐秘性，当一个实体依赖于另一个实体，但两者之间并不希望产生强耦合，而我们需要保证两者之间的一致性时，通常可以提取领域事件，这是最典型的一种事件识别场景。例如，在电商类应用中，当系统生成一个订单时，我们可能需要发送一个通知给用户。在这个场景中，Order 代表订单的聚合，而为了避免 Order 聚合与其他上下文之间产生强耦合，当 Order 对象被成功创建时，我们就可以提取一个 OrderCreated 事件。

领域事件同样需要建模，一般使用"聚合对象名 + 动作过去时"的形式对事件命名，如

上述的 OrderCreated 事件。领域事件包含唯一标识、产生时间、事件来源等元数据，也可以

根据需要包含任何业务数据。同时，领域事件具有
严格意义上的不变性，在任何场合都不可能对事件
本身进行修改，因为事件代表的是一种瞬时状态。

从架构设计上讲，对领域事件的处理就是基本
的发布－订阅风格，如图 2-21 所示。

在图 2-21 中，DomainEventPublisher 和 Domain-
EventSubscriber 分别代表事件的发布者和订阅者，
DomainEvent 代表领域事件。DomainEvent 本身具
备一定的类型，DomainEventSubscriber 根据类型订
阅某种特定的 DomainEvent，这里是 DomainEvent-
Subscribe<OrderCreated>。

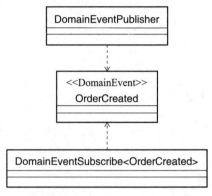

图 2-21　事件的发布与订阅

图 2-22 展示了领域事件涉及的领域对象及其交互时序图，我们可以看到应用服务
ApplicationService 对某个聚合对象进行操作会触发领域事件的生成，领域事件通过 Domain-
EventPublisher 进行发布，DomainEventSubscriber 则根据事件类型进行订阅和处理。

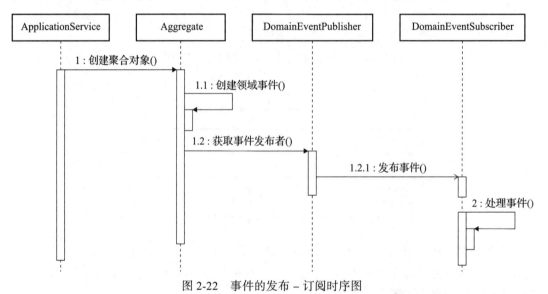

图 2-22　事件的发布－订阅时序图

领域事件既可以由本地限界上下文消费，也可以由远程的限界上下文消费。远程限界
上下文发布领域事件需要考虑消息的最终一致性、同步和异步机制以及领域事件存储等问
题。尤其针对远程交互本身存在的网络稳定性等各种不可控因素，一般都会对事件进行存
储，以便在发生问题时能够跟踪和重试。

关于事件的存储，我们也有一些常见的需求，包括支持不同事件类型，支持领域事件和
存储事件之间的转换，检索由领域模型产生的所有事件的历史记录，使用事件存储中的数据进

行业务预测和分析等。事件可以通过 DomainEventPublisher 进行集中式存储，也可以分别保存在各个 DomainEventSubscriber 中。图 2-23 展示了一个包含事件存储的发布－订阅时序图。

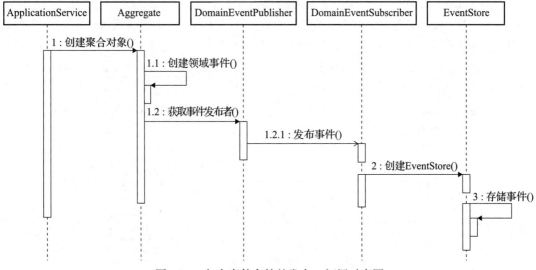

图 2-23　包含事件存储的发布－订阅时序图

可以看到这里通过 DomainEventSubscriber 构建事件存储器 EventStore 进行专门的事件存储。

2.5　资源库

在 DDD 中，资源库的作用就是为应用程序提供统一的数据访问入口。在讨论如何对资源库进行设计之前，我们先来了解一种非常重要的架构模式——资源库模式。

2.5.1　资源库模式

关于如何更好地设计资源库，业界也诞生了一些主流的设计方法。这些设计方法解决的核心问题有如下两个。

❑ 如何实现应用程序的内存数据和具体持久化数据之间的转换？

❑ 如何从应用程序中抽离出独立的数据持久化访问入口？

第一个问题的解决思路比较简单，一般做法是实现一个数据映射层。第二个问题是第一个问题的延伸，我们通过资源库来提供统一的数据访问入口。图 2-24 展示

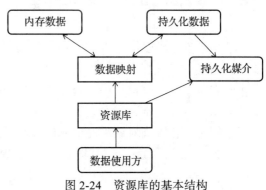

图 2-24　资源库的基本结构

了资源库的基本结构，从中可以看出内存数据与持久化数据的映射关系，以及资源库与持久化媒介之间的交互过程。

在架构设计上，资源库是一种常见的架构模式，应用非常广泛，我们经常使用的 Hibernate、MyBatis 等各种 ORM 框架实际上都是这一架构模式的具体实现框架。而资源库作为对象的提供者，能够实现对象的持久化。持久化的媒介有很多，传统的关系型数据库、各种 NoSQL 以及代表持久化新方向的 NewSQL 等，都可以实现数据的 CRUD 操作。显然，针对这些不同的持久化媒介，具体的技术体系也是不一样的。

为了通过资源库来屏蔽数据访问的技术复杂性和差异性，我们需要设计资源库的具体表现形式。图 2-25 展示了其中的一种表现形式。

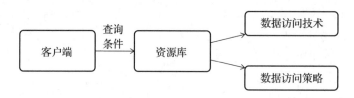

图 2-25　资源库模式的表现形式

在图 2-25 中，客户端通过一定的查询条件来对资源库发起请求，然后资源库把数据访问的具体技术和实现策略封装起来。这样，开发人员通过资源库就可以实现对各种类型的数据访问操作，资源库为我们屏蔽了技术复杂性和差异性。

2.5.2　资源库的设计策略

在 DDD 中引入资源库模式的目的在于为客户端提供一个简单模型来获取持久化对象。作为一种持久化对象，资源库可以分成定义和实现两个部分。资源库的定义表现为一个抽象接口，而实现则依赖于具体的持久化媒介，如图 2-26 所示。

从架构分层而言，对现实事物（包括持久化在内）的抽象内容位于领域层，而具体实现则可以位于基础设施层，所以在组件划分上，资源库的定义和实现分别位于领域层和基础设施层。关于这点，我们在 2.6 节中还会进一步讨论。

日常开发所涉及的数据访问操作，其主要的应用场景是数据查询。因此，对查询类操作的支持程度也是衡量一个资源库实现方案的重要标准。通常，开发人员可以通过构建不同的规约化查询对象来对资源库发起请求。图 2-27 展示了这一应用场景下的类图结构。

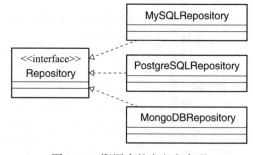

图 2-26　资源库的定义和实现

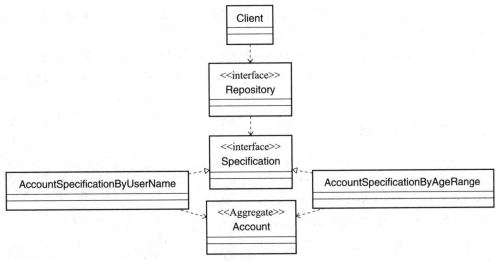

图 2-27　资源库和查询对象使用示例

在图 2-27 中，基于 Account 这个聚合对象，我们把这两个规约化查询对象命名为 Account-SpecificationByUserName 和 AccountSpecificationByAgeRange。而 Repository 和 Specification 接口分别代表资源库和查询对象。

关于资源库设计还有一条基本原则，即每一个聚合类型对应一个资源库，因为对聚合的操作需要在一个事务中进行。

2.6　应用服务

在 DDD 的整体架构中，应用服务对外面向用户界面、上下文集成和基础设施，对内则封装领域模型。本节将从应用服务的这个定位开始展开，介绍 DDD 中主流的应用服务分类方式。

2.6.1　应用服务的定位

从分层架构的角度来看，应用服务在分层模型中的定位如图 2-28 所示。

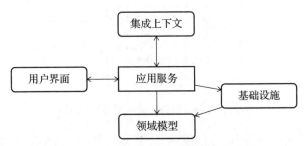

图 2-28　应用服务在分层模型中的定位

从图 2-28 中可以看到，应用服务是领域模型的直接调用者，负责协调业务流程，同时使用资源库完成数据访问并解耦服务输出。

应用服务是 DDD 中唯一一个与用户界面直接交互的技术组件。另外，应用服务中涉及对多个 DDD 技术组件的交互和协调。但不同于领域服务，应用服务通常不包含业务，表现为一个很"薄"的技术层。

2.6.2 应用服务的分类

正如前面所介绍的，应用服务直接面向用户界面，而来自用户界面的操作按照是否修改聚合对象的状态可以分成两大类，一类是查询，另一类是命令。显然，只有命令操作才会对领域模型对象的状态造成影响。

针对这两大类操作，我们也可以构建两大类应用服务，分别是查询服务和命令服务。与之对应，在领域模型的设计上，也需要引入两大类新的技术组件，即查询对象和命令对象。查询对象和命令对象也是领域对象的组成部分，如图 2-29 所示。

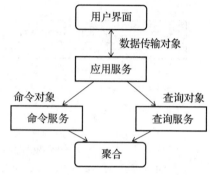

图 2-29　应用服务的分类和对象

2.7　基础设施

按照定义，资源库属于领域模型的一部分，而基础设施的一大功能就是提供各种资源库的实现。应用服务依赖于领域模型中的资源库定义，并使用基础设施中的资源库实现，通常我们可以使用依赖注入完成资源库的实现在应用服务中的动态注入，如图 2-30 所示。

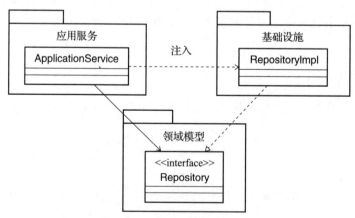

图 2-30　基础设施与资源库 / 应用服务的依赖关系示意图

另外，针对领域事件的实现过程，我们一般也会引入各种消息中间件，这部分同样属于基础设施。图 2-31 展示了整合应用服务、领域事件以及消息通信基础设施组件的时序图。

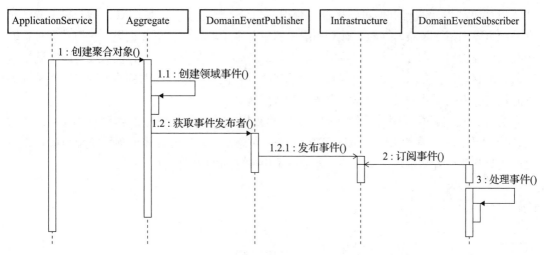

图 2-31　基础设施与资源库 / 应用服务的交互时序图

此外，系统中的各种配置管理、工具服务等也都属于基础设施类组件。

2.8　本章小结

本章对 DDD 中的一系列核心概念进行了阐述。作为总结，这里给出所有 DDD 相关概念的完整视图，如图 2-32 所示。

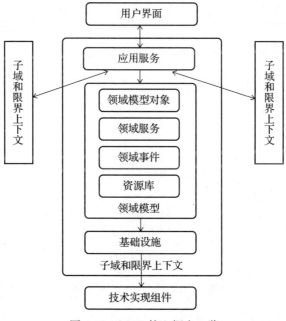

图 2-32　DDD 核心概念一览

　　领域驱动设计的起点是对领域进行合理的划分，通过引入子域和限界上下文等概念确立系统边界和集成策略。同时，针对系统中的每一个子域以及上下文边界，我们首先对系统中存储的各种对象进行区分，在实体、值对象的基础上抽象聚合概念，确保边界的完整性和对象访问有效性。同时，使用领域服务梳理多个领域模型对象之间的依赖关系，使用领域事件解耦交互方式，并利用资源库实现数据的持久化。

　　另外，我们也需要明确系统之间的交互边界以及对各种具体技术体系的依赖关系。为此，DDD 专门引入了应用服务和基础设施这两大概念。其中前者完成领域模型与用户界面之间的交互，后者则实现领域模型与外部技术组件之间的解耦。

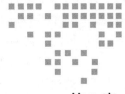

DDD 案例分析

领域驱动设计是一种业务架构和技术架构相结合的方法。在本书中，我们将通过一个完整的案例展现该方法的各个方面。该案例系统来源于健康医疗领域，我们将它命名为 HealthMonitor。

基于案例系统，我们将从最原始的需求出发，围绕 DDD 的理念和实践，从战略设计到战术设计，层层剖析和演进。我们将分别从子域和限界上下文、领域模型对象、领域事件和事务、应用服务以及限界上下文之间的映射和集成关系出发，剖析 HealthMonitor 案例系统中的 DDD 组件。

本章作为 HealthMonitor 案例分析的第一部分内容，将完整阐述系统建模流程，而 HealthMonitor 案例系统将贯穿全书。

3.1　HealthMonitor 业务体系

业务体系梳理是案例分析和设计的第一步。在本节中，我们将以通用语言的形式给出对 HealthMonitor 案例的需求和功能的描述。同时，基于这些需求和功能，我们也会阐述对应的案例建模流程，从而为本章后续内容的展开提供基础。

3.1.1　案例描述和通用语言

我们先来梳理 HealthMonitor 案例系统的业务背景。在健康管理理念日益普及的当下，为了让用户更好地管理自身的健康状况，我们希望开发一套健康监测系统，帮助用户对自身的各项健康指标进行有效监控，并构建完整的健康信息库。

这些原始需求构成了案例的最高层次通用语言，后续从业务到技术的各个层次的通用语言都将由此展开。从案例的业务背景上看，设计 HealthMonitor 系统要求开发人员对健康管理领域有一定了解。同时，案例描述也比较抽象，我们能够获取一些有用的概念，但还远远不足以进行领域建模。这时候就需要开发人员和业务人员进行深入的沟通，从而形成双方都能理解的、更为细化的通用语言。基于这一目的，我们继续对案例系统进行讨论，并梳理对应的核心功能要求。

接下来，我们来简单模拟开发人员和业务人员之间的几个主要讨论场景。

开发人员：用户健康检测的具体过程是怎么样的？

业务人员：用户健康检测的依据是各种健康数据，而健康数据的收集需要用户完成对应的健康任务。也就是说，每当用户执行一个健康任务，系统就应该为他生成一条数据。

开发人员：那健康任务又是怎么设计的呢？

业务人员：用户可以执行很多个健康任务，针对一组需要执行的健康任务，我们需要为用户指定一个健康计划。一个用户只能指定一个健康计划，而一个健康计划可以被多个用户使用。

开发人员：用户执行了健康任务之后应该能获取对应的健康信息，这些健康信息应该如何管理呢？

业务人员：用户可以一次执行多个健康任务，也可以多次执行同一个健康任务，而所有健康任务所生成的健康信息会统一挂靠到该用户的健康档案中。系统需要确保一个用户只有一个健康档案，并确保健康档案数据的实时性和完整性。至于对用户健康档案中的数据进行挖掘，可以在其他专用系统中实现，暂时不属于本系统的功能范围。

……

这样的讨论可以进行很多轮。从这些讨论中，我们可以进一步梳理 HealthMonitor 案例系统的主要功能要求，如下：

❑ 能够建设统一的健康检测功能，用户可以通过这一功能管理自己的健康信息；
❑ 能够建立一个健康任务管理平台，维护着系统中所有可用的健康任务信息；
❑ 能够确保一个健康任务的完成会对某一项健康指标产生影响；
❑ 能够建立一个健康计划管理平台，根据现有的健康任务生成健康计划；
❑ 能够根据模板预生成一批常规的健康计划；
❑ 能够让用户选择一个合适的健康计划，从而执行计划中包含的健康任务；
❑ 能够允许用户根据现有的健康任务创建一个专属于自己的健康计划；
❑ 能够确保用户有一份完整的健康档案；
❑ 能够把用户执行健康任务所产生的健康信息实时更新到他的健康档案。

上述需求的描述仍然比较抽象，但至少已经宏观地给出了健康监测系统的核心概念和功能。根据这些描述，我们已经可以初步确定该案例系统的边界，明确哪些功能必须实现，而哪些功能则不需要实现。

3.1.2　案例建模流程

显然，上文给出的信息不够全面，在有限的信息中，我们需要通过 DDD 中的战略设计和战术设计方法对这些信息进行分析和抽象，并形成可以落地的实现方案。在本节中，我们将讨论如何基于已知的案例系统的描述来完成案例建模的流程，如图 3-1 所示。

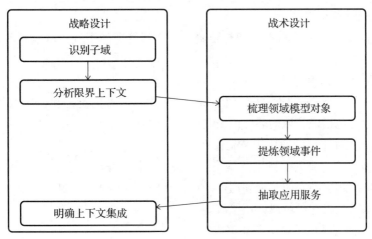

图 3-1　案例建模流程图

在图 3-1 中，我们首先需要对案例系统进行分析，并识别子域。这部分工作属于战略设计的内容，也是开展后续一切工作的前提。在这一环节中，我们将产生案例系统的子域名称、描述以及对应的类别。

明确了子域之后，就可以分析限界上下文。在这一环节，我们需要考虑系统最终的物理表现形式，因为单体或者微服务等架构体系与限界上下文之间的划分和集成有很大关系。

子域和限界上下文一旦确定，战略设计就完成了，我们进入战术设计的环节。首先要完成对领域模型对象的梳理，包括聚合、实体和值对象。在这一环节中，我们不会罗列所有领域模型对象，但会给出各个限界上下文对应的聚合定义以及部分核心的实体和值对象。

接下来考虑的是领域事件。可以认为领域事件反映的是聚合对象的一种状态变更过程。因此，明确了领域模型对象之后，领域事件也就不难梳理了。我们在这一环节也会给出部分核心的领域事件。同时，我们也会基于事务机制考虑领域事件与数据一致性之间的关联关系。

然后，我们进一步梳理应用服务。这部分内容相对明确，我们将从命令服务和查询服务这两大类服务入手，给出各个限界上下文涉及的应用服务的名称及功能。

最后，整个流程会回到限界上下文，我们会讨论案例系统涉及的上下文映射和集成。在这一环节，我们需要基于限界上下文之间的映射关系，分析采用何种手段来实现集成过程。

请注意，在整个建模流程中我们并没有对资源库等基础设施类组件专门展开讨论，原因在于这部分组件通常偏向于技术实现，而与案例建模的关系并不是很大，我们在后文会更多讨论它们的实现方式。

3.2 子域和限界上下文

识别子域和分析限界上下文是开展案例设计的第一步。在本节中,我们将基于通用语言梳理 HealthMonitor 中的子域和上下文。

3.2.1 HealthMonitor 子域

面对有限的业务需求信息,我们想要确定一个系统中的子域,基本思路是找到以下问题的答案。

❑ 核心域的通用语言是什么?

战略设计的第一步是找到系统的核心域,并根据核心域的定位和作用梳理其通用语言。核心域的通用语言包括该子域的名称以及基本需求约束。

❑ 核心域的支撑子域和通用子域是什么?

有了核心域,下一步就是判断系统是否只要一个核心域就能满足建模需求。如果不是,那就判断是否需要相应的支撑子域和通用子域。支撑子域和通用子域不一定都需要,但有时候系统也会存在多个支撑子域或通用子域。

❑ 核心域如何与其他子域协作和集成?

系统的交互和集成以核心域为主体展开,当核心域面对支撑子域或通用子域时,使用的协作和集成策略往往是不一样的,这方面需要根据具体的子域来分析和设计。

回到案例,我们把需要构建的目标系统称为健康监控系统。回顾上一节给出的该系统的初始通用语言,并对其中的关键名词进行筛选,得到这样的结果:健康监控、健康信息、健康任务、健康指标、健康计划、健康档案。

根据这些关键名词,我们可以初步梳理案例系统中的业务领域了。

首先,我们注意到的关键名词是“健康监控”。毫无疑问,健康监控是整个案例系统的入口。用户可以申请加入健康监控平台,从而为自身创建一个健康监控器。由此我们可以得到案例的第一个业务领域,把它命名为 Monitor。

Monitor 业务领域包含的内容如下:

❑ 接收用户的申请并创建健康监控器;

❑ 根据健康监控内容制定合适的健康计划;

❑ 获取用户的健康信息;

❑ 取消对用户的健康监控。

然后,我们注意到一组关键名词是“健康计划”、“健康任务”和“健康指标”。从描述上看,健康计划和健康任务之间应该是一对多的关系。从系统建模角度来看,我们可以把这3个关键名词都划分到一个业务领域。但从复杂度上看,健康任务又包含了健康指标,比较适合被划分为一个独立的业务领域。这样,健康计划也可以被看作一个独立业务领域。我们把这两个业务领域分别命名为 Task 和 Plan。

其中 Task 业务领域包含的内容有：

❑ 创建和管理健康任务；

❑ 设置健康任务对应的健康指标。

而 Plan 业务领域则包括如下内容：

❑ 创建和管理健康计划；

❑ 管理健康计划中的健康任务；

❑ 创建和管理健康计划模板。

最后，我们还注意到"健康档案"和"健康信息"这两个关键名词。通过对业务领域的分析，我们发现这两个关键名词实际上指的是同一个事物，即用户自身所拥有的一份健康信息。因此，我们把这两个关键名词进行整合，统一归到健康档案这个业务领域，并把它命名为 Record。

Record 业务领域中应该实现的内容包括：

❑ 初始化一份健康档案；

❑ 基于健康任务的执行结果更新健康档案。

我们对上述 4 个业务领域的关系进行了梳理，如图 3-2 所示。

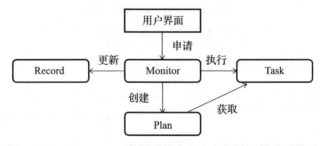

图 3-2　HealthMonitor 案例系统中的业务领域及其关联关系

在 DDD 中，图 3-2 中的每一个业务领域都可以被划分为独立的子域。因此，HealthMonitor 案例系统的子域划分也就很明确了，如图 3-3 所示。

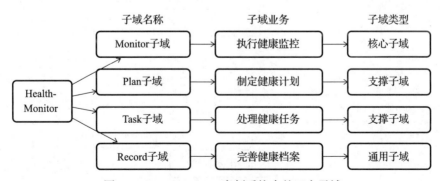

图 3-3　HealthMonitor 案例系统中的四大子域

在图 3-3 中，我们可以明确 Monitor 子域的作用是让用户执行健康监控；Plan 子域和 Task 子域分别用于制定健康计划和处理健康任务；而 Record 子域则用来完善健康档案。可以看到，通过子域的划分，原始的通用语言得到扩展，功能归属和界限也得到了明确。

从子域的类型而言，我们认为 Monitor 子域是一个核心子域，Plan 子域和 Task 子域则是为了完成健康监控而设计的支撑子域。至于 Record 子域，因为在通用语言中提到用户的健康档案可以被用到数据统计分析等其他场景，所以倾向于把它归为通用子域，如图 3-4 所示。

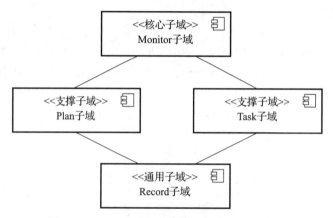

图 3-4　HealthMonitor 案例系统中的子域类型

3.2.2　HealthMonitor 限界上下文

在本书中，基于战略设计的基本思路，我们将每个子域都映射到一个限界上下文。因此，我们可以快速得到 HealthMonitor 案例系统的限界上下文。简单起见，我们使用与子域同样的名称来为各个限界上下文命名。

明确了限界上下文的数量和名称之后，我们下一步需要梳理上下文之间的映射关系。从图 3-4 中，我们不难明白这 4 个限界上下文之间的映射关系。基于上一章中关于上下文映射的讨论，我们进一步梳理 HealthMonitor 案例系统中的限界上下文映射关系图，如图 3-5 所示。

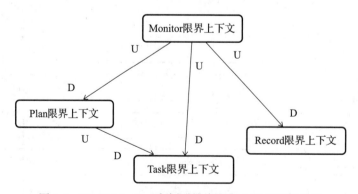

图 3-5　HealthMonitor 案例系统中限界上下文映射关系

系统中限界上下文核心交互的时序图如图 3-6 所示。

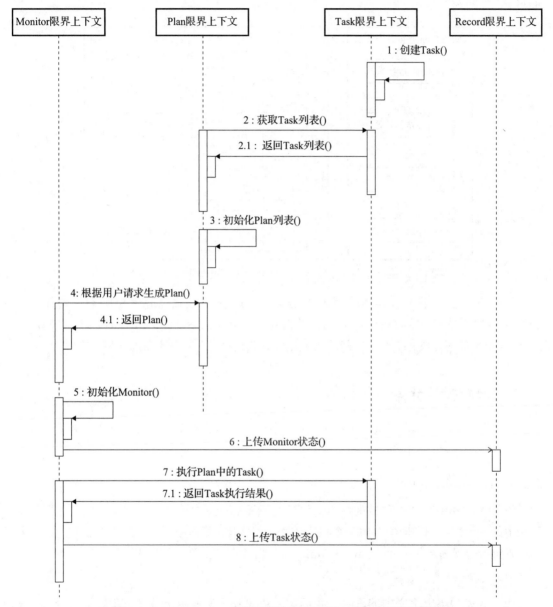

图 3-6　HealthMonitor 案例系统中限界上下文核心交互的时序图

最后，关于限界上下文需要讨论如何从物理上划分上下文之间的边界，这个问题属于
DDD 实现技术的范畴，我们会在下一章中分析 DDD 实现模型时具体展开阐述。通常，我
们会把限界上下文设计成一个个独立的服务，然后通过一定的集成策略完成上下文之间的
交互。因此，在物理上，HealthMonitor 案例系统至少存在 4 个独立的服务。根据限界上

下文的名称，我们把它们分别命名为 monitor-service、plan-service、task-service 和 record-service，如图 3-7 所示。

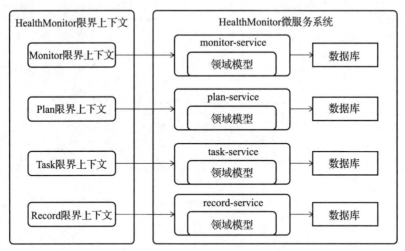

图 3-7　HealthMonitor 案例系统中限界上下文与微服务系统架构

请注意，在本书中，服务的命名采用 ×××-service 的形式，避免与服务中具体某个 Service 层组件重名（例如在 plan-service 服务中，很可能存在如 PlanService 这样的 Service 组件）。至于如何完成各个服务之间的集成过程，我们在 3.6 节中还会进一步讨论。

3.3　领域模型对象

从本节开始，我们将讨论 HealthMonitor 案例系统的战术设计，首先分析核心的领域模型对象，包括聚合、实体和值对象。

3.3.1　HealthMonitor 聚合

设计领域模型最基本和最重要的工作是在限界上下文中识别聚合。聚合定义了限界上下文中的一致性范围，即聚合由一个根实体和一组实体/值对象组成。从架构模式上看，我们可以将聚合视为工作单元（Unit of Work，UoW）架构模式的一种应用。

1. 识别聚合

为了识别限界上下文中的聚合，我们需要对业务场景和需求做进一步的深入分析，从而形成粒度更细的通用语言。我们在 1.2 节中以 Monitor 限界上下文为例，用通用语言描述了一系列业务需求。

基于这些业务需求描述，我们获取了大量有用的信息。从描述中可知健康检测单（HealthTestOrder）是一个潜在的聚合，因为它是用户进入 Monitor 限界上下文的入口，同时包含着健康计划。但是，健康检测单本质上只是代表着用户申请健康检测的过程以及对应的状态。如果你注意到业务需求描述中的最后一点，你会发现健康检测单并不适合持有代表用户健康检测结果的健康积分（HealthScore），因为健康积分是一个随着健康任务的执行而不断变化的对象。

那么，是不是把 HealthTestOrder 和 HealthScore 都设计成聚合呢？显然也不合适，因为根据上一章中关于聚合设计思想的讨论，我们需要确保聚合内部对象的状态一致性。显然，HealthTestOrder 和 HealthScore 之间的状态应该是一致的，在 HealthTestOrder 状态变更的同时，HealthScore 也需要符合一定的业务规则，不能出现 HealthTestOrder 已经关闭，而 HealthScore 还在不断增加的情况。

接下来，我们把健康检测单和健康积分这两个概念融合在一起，创建健康监控（HealthMonitor）。HealthMonitor 就是 Monitor 限界上下文的聚合，也是整个案例系统名称的由来。这里不直接使用 Monitor 这个名字作为聚合，原因在于 Monitor 的概念过于广泛，很难准确突出当前业务场景下的核心概念。

与之类似，我们也可以明确案例系统中其他各个限界上下文中的聚合，如图 3-8 所示。

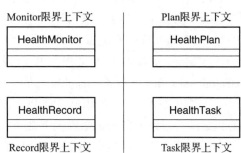

图 3-8　HealthMonitor 案例系统中限界上下文的聚合

2. 确定聚合标识符

我们知道任何一个聚合都需要有一个全局唯一的标识符。针对 HealthMonitor 案例系统，我们可以明确如图 3-9 所示的聚合标识符。

图 3-9　HealthMonitor 案例系统中的聚合和聚合标识符

在面向领域设计中，每个限界上下文通过一组包含实体和值对象来表达领域逻辑。接下来，让我们基于 HealthMonitor 案例系统来实现这些领域模型对象。

3.3.2　HealthMonitor 实体

实体对象可以分为两种：一种是只出现在某一个限界上下文中的实体，我们称之为专享实体；另一种则可以供多个限界上下文一起使用，我们称之为共享实体。

在本节中，我们也基于 Monitor 限界上下文讨论实体对象。在 Monitor 限界上下文中，HealthTestOrder 是一个比较容易识别的实体，因为每个 HealthTestOrder 势必会具备一个唯一标识，我们也可以变更它的状态。同时，健康计划也应该是一个实体对象，但在 Monitor 限界上下文中的健康计划显然和 Plan 限界上下文中的聚合对象 HealthPlan 不是一个概念。在 Monitor 限界上下文中，健康计划只需要包括制定医生、计划描述、执行周期等信息，其内部包含的健康任务信息并不需要体现在这个限界上下文中。因此，我们使用 HealthPlanProfile 来表达这层关系。当然，HealthPlanProfile 应该持有一个唯一标识符，所以它也是一个实体对象。

现在，在 Monitor 限界上下文，让我们在聚合的基础上添加实体对象，如图 3-10 所示。

在涉及多个限界上下文交互的场景中，有时候会出现共享实体概念的情况。前面介绍的 HealthPlanProfile 就是很典型的一个例子。在 Monitor 限界上下文中，我们通过 HealthPlanProfile 为聚合 HealthMonitor 提供健康计划相关的数据。而 HealthPlanProfile 中的数据显然应该来自 Plan 限界上下文，所以在 Plan 限界上下文中也应该存在这个代表健康计划的实体。但是，从系统解耦角度讲，我们认为实体对象是不能在两个上下文之间直接共享的，需要引入专门的转换器对实体对象进行转换。

在 Plan 限界上下文中，我们使用 Health-Plan 这个名称来代表健康计划。而在 Monitor 限界上下文中把代表这一概念的实体命名为 HealthPlanProfile，其目的就是解耦。图 3-11 展示了 HealthPlanProfile 实体的这种定位。

在 Plan 和 Task 这两个限界上下文中的健康任务对象 HealthTask 也是类似的情况。

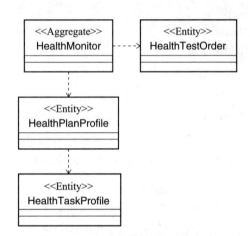

图 3-10　Monitor 限界上下文中的
聚合和实体对象

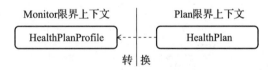

图 3-11　共享实体概念与转换示意图

3.3.3　HealthMonitor 值对象

与实体对象一样，值对象也可以分为专享值对象和共享值对象这两种类型。值对象的识别通常并不困难。在 Monitor 限界上下文中，我们通过分析业务需求描述可以快速提炼出几个值对象。例如，既往病史（Anamnesis）和症状（Symptom）就是很典型的值对象，这些对象不需要确定唯一的标识符，也不存在任何状态变化的可能性。同时，代表检测结果的 HealthScore 也是一个值对象。

现在，在 Monitor 限界上下文中，让我们继续在聚合和实体对象的基础上添加值对象，如图 3-12 所示。

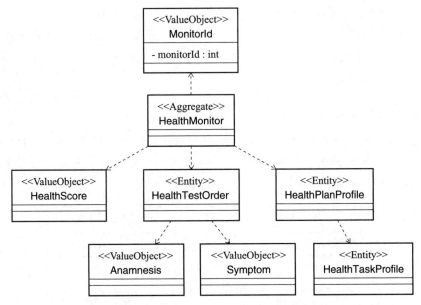

图 3-12　Monitor 限界上下文中的聚合、实体和值对象

图 3-12 中代表既往病史的 Anamnesis 对象以及代表症状的 Symptom 对象都是共享值对象的典型例子。在 Monitor 限界上下文中，我们通过 Anamnesis 和 Symptom 来申请健康监控。而这两部分数据也会用来确定用户的最优健康计划，所以在 Plan 限界上下文中也需要使用这两个对象。图 3-13 展示了 Anamnesis 和 Symptom 值对象的定位以及在不同限界上下文之间的传递过程。

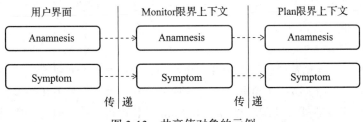

图 3-13　共享值对象的示例

请注意，与实体对象不同，我们可以在各个限界上下文中直接共享和传递值对象，而不需要引入专门的转换器。这是因为值对象是没有唯一标识和状态的，值对象的共享不会使系统的运行状态产生任何的变化。

3.4　领域事件和事务

通过聚合的状态变化，我们可以捕获对应的领域事件。领域事件本身表达的是聚合状态变化的一种结果。而领域事件的处理过程可以发生在触发事件的限界上下文内部，但更多时候我们需要跨多个限界上下文来完成对某个聚合状态变化的传播。本节将讨论 HealthMonitor 案例系统所涉及的各种领域事件。同时，我们还将讨论另一个由领域事件衍生出来的话题，即事务。

3.4.1　HealthMonitor 领域事件

在 HealthMonitor 案例系统中，原则上每一个限界上下文都可以触发并传播一批领域事件，而领域事件的触发时机是在各个聚合对象的状态发生变化时。图 3-14 展示了各个限界上下文可能发布的部分领域事件及其对应的触发时机。

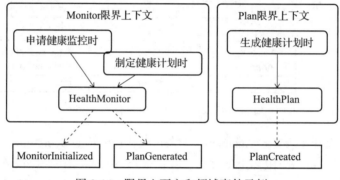

图 3-14　限界上下文和领域事件示例

可以看到，在 Monitor 限界上下文中，当用户申请健康监控成功之后，该上下文可以发送一个"监控已启动"（MonitorInitialized）事件；而当系统为用户创建了健康计划之后，也可以生成一个"计划已制定"（PlanGenerated）事件。同样，对 Plan 限界上下文而言，当系统根据一组健康任务生成一个有效的健康计划时，我们可以生成一个"计划已创建"（PlanCreated）事件。

在通常情况下，我们都会设计并实现一个类似日志收集和分析的系统，专门订阅这些领域事件，然后将其交由大数据平台处理。但从业务需求而言，我们并不需要订阅所有领域事件，而是可以有选择地进行处理。在 HealthMonitor 案例系统中，对这些领域事件，Record 限界上下文是潜在的订阅者，因为该上下文需要记录与用户健康档案相关的所有信息。

请注意，并不是所有的领域事件都属于健康档案的范畴。对用户健康档案而言，我们只需要记录与用户健康行为以及结果相关的数据即可。图 3-15 展示了 Record 限界上下文对用户健康档案相关领域事件的订阅效果。

在图 3-15 中，我们注意到只有来自 Monitor 限界上下文的 MonitorInitialized 和 PlanGenerated 事件被 Record 限界上下文订阅，这些事件背后的业务数据属于健康档案信息。而 Plan 限界上下文中的 PlanCreated 事件本身代表系统中生成通用健康计划的过程，这个健康计划并不包含任何与用户相关的属性，也就不在用户健康档案的记录范畴中。

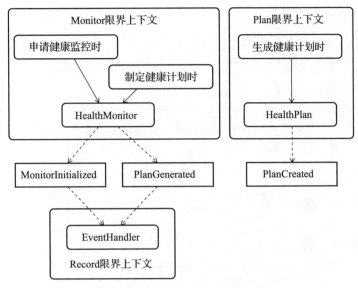

图 3-15　用户健康档案相关领域事件的订阅效果示意图

请注意，Record 限界上下文在接收并处理完来自其他限界上下文的领域事件时，也可以发布一个表示健康档案信息已经被成功记录的领域事件，如"健康任务已存档"（TaskRecorded）事件。图 3-16 在图 3-15 的基础上对这一过程做了补充。

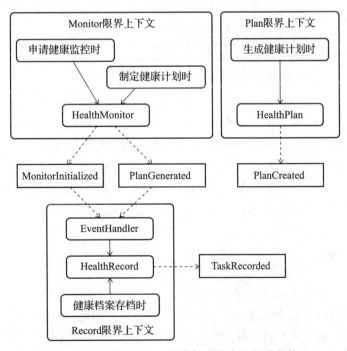

图 3-16　HealthMonitor 案例系统中的领域事件

3.4.2 HealthMonitor 事务

请注意，上一小节所讨论的领域事件会在各个限界上下文之间传播。如果我们采用的是微服务架构，那么各个限界上下文实际上就是不同的微服务，数据在各个微服务之间进行传播时就需要考虑事务。

针对事务，我们也来看一个具体场景。在 HealthMonitor 案例系统中，通过对前面内容的分析，Monitor 限界上下文中用户健康信息相关的领域事件最终都要为 Record 限界上下文所消费，而这个过程要确保数据一致性，如图 3-17 所示。

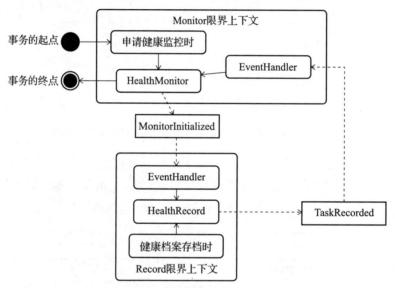

图 3-17　领域事件和数据一致性示意图

在图 3-17 中，一旦用户在 Monitor 限界上下文中成功申请了健康监控就会触发 Monitor-Initialized 事件。Record 限界上下文在消费这条事件之后，就会把该事件所对应的用户健康信息记录下来。正如上一小节所讨论的，这时候 Record 限界上下文会发送一个 TaskRecorded 领域事件。而只有这个 TaskRecorded 领域事件被成功发布并消费，我们才能认为整个与健康任务相关的处理过程在数据上达到了一致性。图 3-17 描述了这种场景下的事务需求，这时候 Monitor 限界上下文充当了 TaskRecorded 领域事件的消费者。

3.5　应用服务

在上一章中，我们已经明确了应用服务可以分成命令服务和查询服务两大类，也理解了应用服务作为一种外观类在用户界面与领域模型之间起到的交互作用。本节关注在 HealthMonitor 案例系统中如何为每个限界上下文合理设计应用服务。相比于查询服务，命令服务的实现过程更为复杂，是我们首先要讨论的对象。

3.5.1　HealthMonitor 命令服务

在介绍命令服务之前，我们先来讨论命令与领域事件之间的关系，如图 3-18 所示。

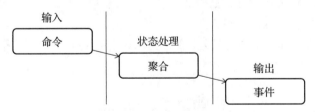

图 3-18　命令和领域事件的关系示意图

从数据流转角度看，命令实际上是对限界上下文中聚合对象的一种输入请求，该请求会更新聚合的状态。而领域事件则可以被看作聚合的一种输出，传播限界上下文的状态变更。

因此，在设计领域模型时，命令和事件往往是成对出现的。这里以 Monitor 限界上下文为例，给出命令与事件之间的映射关系，如图 3-19 所示。

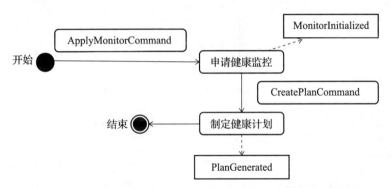

图 3-19　Monitor 限界上下文中的命令和事件映射关系示意图

在图 3-19 中，我们从接收一个用于申请健康监控的 ApplyMonitorCommand 命令对象开始，HealthMonitor 聚合处理完这个命令对象之后会发布一个 MonitorInitialized 领域事件。然后，用户想要生成健康计划时，就会使用 CreatePlanCommand 命令对象，当处理完这个命令对象之后，HealthMonitor 聚合会发布对应的 PlanGenerated 事件。

明确了命令对象的使用者是聚合，接下来就需要创建命令服务。在命令服务中，命令对象通常由位于更上层的 REST API 构建并传递。命令对象相关的各组件之间的关系如图 3-20 所示。

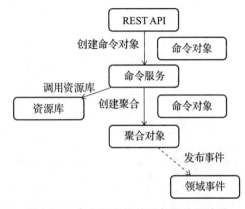

图 3-20　命令服务相关对象的处理关系

在图 3-20 中，我们可以清晰地看到各种对象的职责，如下。

❑ REST API：负责创建命令对象，调用命令服务。

❑ 命令服务：负责传入命令对象，创建聚合对象并调用资源库。

❑ 聚合对象：负责处理命令对象并生成领域事件。

同样，我们以 Monitor 限界上下文为例，给出该上下文中的命令服务，如图 3-21 所示。

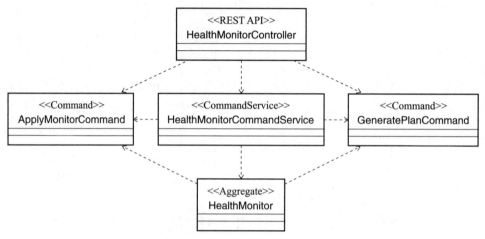

图 3-21 Monitor 限界上下文中的命令服务

而对整个 HealthMonitor 案例系统而言，其他 3 个限界上下文的命令服务如图 3-22 所示。

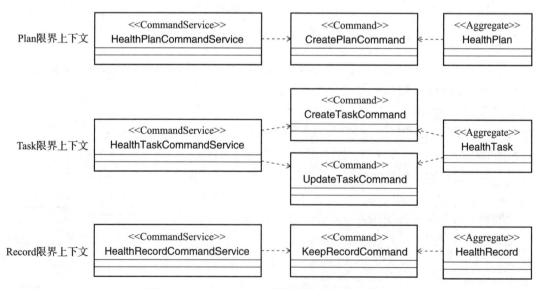

图 3-22 HealthMonitor 案例系统中的命令服务

3.5.2　HealthMonitor 查询服务

在 DDD 中，查询服务的定位很明确，就是用来获取限界上下文当前状态的。在命令服务和领域事件的基础上，我们把查询服务也添加到限界上下文中，如图 3-23 所示。

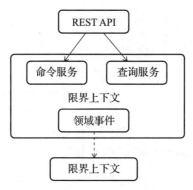

图 3-23　限界上下文和查询服务

针对查询服务的输入，通常会构建专门的查询对象。例如，针对 Monitor 限界上下文，如果想要获取用户健康监控信息，就可以构建一个以 HealthMonitorQuery 命名的查询对象，该查询对象可能会包含用户的身份信息以及时间范围等各种查询条件。当然，有些查询操作的输入参数非常简单，我们也可以不构建专门的查询对象。围绕查询对象，各组件之间的关系如图 3-24 所示。

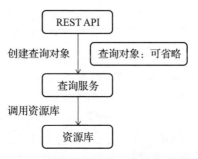

图 3-24　查询服务相关对象的处理关系

在图 3-24 中，我们注意到查询服务的操作流程还是比较简单的。相比于命令服务，查询服务的主要交互对象就是资源库，一般都会直接从资源库中获取目标数据并进行必要的封装，而不需要与聚合对象形成复杂的交互关系。

对查询服务的输出而言，有时候我们也会构建专门的查询结果（QueryResult）对象。举一个典型的例子，假如我们希望从 Monitor 限界上下文中获取健康监控的概要信息，而不是完整的 HealthMonitor 数据。在这个查询操作中，健康监控概要信息与健康监控聚合对象 HealthRecord 在字段上存在差异，所以我们需要提供一个更加适合本次查询操作的健康监控概要信息对象 HealthMonitorSummary。同样，在其他限界上下文中，如果我们也希望更加灵活地获取想要的业务数据，那么就可以构建各种形式的查询结果对象。

这里，我们继续以 Monitor 限界上下文为例，给出该上下文中的查询服务，如图 3-25 所示。

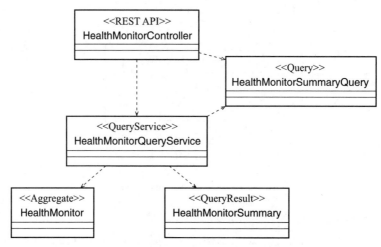

图 3-25　Monitor 限界上下文中的查询服务

在 HealthMonitor 案例系统中，各个限界上下文都有对应的查询服务。这些查询服务在类层结构上都比较简单，这里不再一一展开讨论。

3.6　限界上下文集成

讨论完 HealthMonitor 案例系统的领域模型对象、领域事件以及应用服务之后，让我们再次回到各个限界上下文，具体分析它们之间存在的映射关系，以及如何完成有效的上下文集成。

我们先来看 Monitor 限界上下文和 Plan 限界上下文之间的映射关系。我们知道在 Monitor 限界上下文中，系统需要根据用户的既往病史以及当前症状来制定一份健康计划，而确定最优目标健康计划的具体业务逻辑位于 Plan 限界上下文中。因此，Monitor 限界上下文需要调用 Plan 限界上下文暴露的 REST API 来完成这一操作，如图 3-26 所示。

在图 3-26 中，我们基于 RESTful 架构风格，把 Plan 限界上下文暴露的入口称为 PlanResource，而把 Monitor 限界上下文引用 PlanResource 的出口命名为 PlanAntiCorruptionLayer。显然，我们将使用统一协议和防腐层模式实现这两个上下文之间的集成。

针对一个有效的健康计划，用户可以执行其中的健康任务。所以，在 Monitor 限界上下文中，执行一个健康任务同样需要依赖 Task 限界上下文中的健康任务的详细数据。这种映射关系如图 3-27 所示，可以看到类似 Monitor 限界上下文和 Plan 限界上下文之间的映射关系。

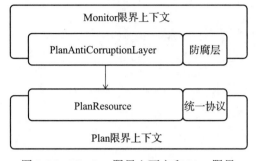

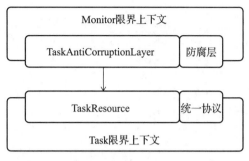

图 3-26　Monitor 限界上下文和 Plan 限界　　　　图 3-27　Monitor 限界上下文和 Task 限界
　　　　上下文之间的集成关系　　　　　　　　　　　　　上下文之间的集成关系

　　上下文集成的另一种场景是领域事件的发布和订阅，关于 HealthMonitor 案例系统中的领域事件，我们已经在 3.4 节中做了详细介绍。针对领域事件，我们将采用消息通信技术在 Monitor 和 Record 这两个限界上下文之间完成集成，这是另一种主要的集成技术手段，如图 3-28 所示。

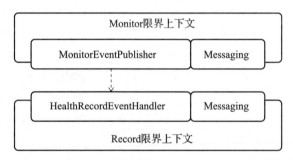

图 3-28　Monitor 限界上下文和 Record 限界上下文之间的集成关系

　　在图 3-28 中，可以看到我们分别将两个上下文中用于发布和消费领域事件的技术组件命名为 MonitorEventPublisher 和 HealthRecordEventHandler。

3.7　本章小结

　　在本章中，我们基于 HealthMonitor 案例系统，分析了领域驱动设计的各个组件及其在案例中的具体应用，侧重对现实世界的抽象和建模，并通过系统设计的方式表述了解决方案。具体而言，我们为问题空间划分了子域和限界上下文，详细说明了每个限界上下文的领域模型对象，并抽象了限界上下文中发生的各种领域模型操作，最后给出了各个限界上下文之间的映射管理和集成策略。

DDD 实现技术

DDD 本质上是一种系统建模的方法，提供了聚合、实体、值对象、领域事件、资源库、应用服务等一系列组件，我们在前文已经对这些组件做了详细的描述。但是，针对 HealthMonitor 案例系统，我们如何在技术上实现这些组件呢？这就是本章要回答的问题。

关于如何实现基于 DDD 的应用程序，我们应该认识到业界并没有提供任何的语言、标准或规范。因此，开发人员可以基于自身熟悉的语言来开发面向领域的业务系统。在本书中，我们将基于 Java 语言来讨论 DDD 的实现技术。同时，在实现业务系统时，我们势必要借助一些开源框架来构建系统的整体架构以及基础技术组件，避免重复造轮子。对一个完整的 DDD 应用程序而言，我们可以梳理出它应该具备的技术组件，如图 4-1 所示。

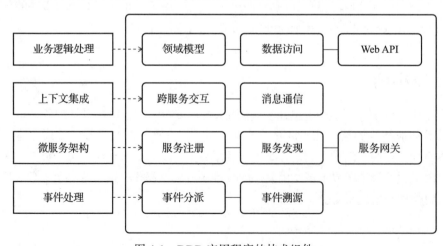

图 4-1　DDD 应用程序的技术组件

在 Java 世界中，Spring 无疑是目前最主流的开发框架。因此，我们选择 Spring 家族的 Spring Boot、Spring Cloud 等框架作为 DDD 的核心实现框架。Spring Boot 和 Spring Cloud 能够满足图 4-1 中大部分技术组件的实现需求。

另外，一些开源组织基于自身对 DDD 设计思想的理解，也提供了一些符合 DDD 工程实践的开源框架，这为我们实现面向领域的业务系统提供了极大的便利。在 Java 世界中，基于 CQRS 和事件溯源架构模式的 Axon 是这类开发框架中的代表。Axon 框架能够满足图 4-1 中事件分派和事件溯源等与事件处理相关的实现需求。在本章中，我们也将讨论基于 Axon 框架的 DDD 实现模型。

4.1　DDD 技术实现模型

在介绍 Spring Boot、Spring Cloud 以及 Axon 等具体框架和工具之前，我们有必要先探讨 DDD 在技术上的实现模型。在本节中，我们将分别分析单体模型、系统集成模型、微服务模型、消息通信模型等四大类实现模型的特性，并完成对实现模型的选型。

4.1.1　单体模型

我们已经在第 1 章中对单体模型进行了简要描述。图 4-2 展示的就是一个典型的单体系统。我们可以看到在应用服务器上同时运行着面向客户端的 Web 服务组件、封装业务逻辑的 Service 组件和完成数据操作的数据访问层组件，这些组件都作为一个整体进行统一的开发、部署和维护。

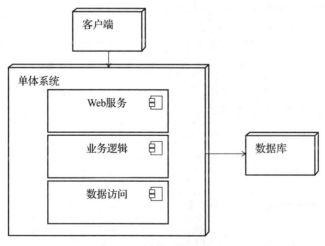

图 4-2　单体系统示意图

如果我们采用单体模型来构建面向领域的业务系统，那么各个限界上下文就是一个个业务模块。在物理上，这些模块都位于一个应用程序中，并共享同一个数据库。采用单体模型的 HealthMonitor 案例系统的实现模型如图 4-3 所示。

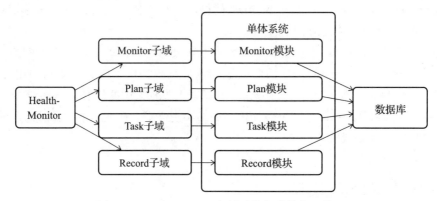

图 4-3　HealthMonitor 案例系统与单体实现模型

单体模型的优势是简单，但是它并不适合构建 DDD 系统。衡量模型好坏与否的一个重要方面是看其面对复杂业务变更时的灵活性如何，这也就是我们通常所说的可扩展性。DDD 通过子域和限界上下文对业务系统的领域及边界做了合理划分，正是为了应对系统演进过程中的复杂性。显然，单体系统不具备良好的可扩展性，因为对系统业务进行任何一处修改，都需要对整个系统进行重新构建并发布。单体系统没有根据业务结构进行物理上的合理拆分是导致其可扩展性低下的主要原因。

4.1.2　系统集成模型

既然单体模型存在明显的缺陷，我们就应该对业务系统进行合理拆分，并在物理上划清边界。这时候，根据限界上下文来拆分服务是最常见的做法。当限界上下文被拆分成一个个独立的物理服务之后，我们就需要实现这些服务之间的有效集成，我们把这种实现模型称为系统集成模型。在系统集成模型中，我们可以通过各个服务暴露的 HTTP 端点及 REST API 来完成服务与服务之间的远程调用。

我们已经在上一章中介绍过系统集成模型，这里我们也给出基于该模型的 HealthMonitor 案例系统实现方案，如图 4-4 所示。

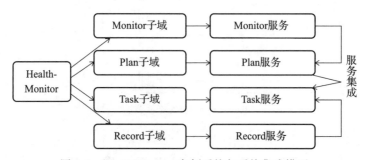

图 4-4　HealthMonitor 案例系统与系统集成模型

在图 4-4 中，各个限界上下文被拆分成独立的服务，然后这些服务共享同一个数据库。我们也可以根据需要对数据库进行拆分，确保单个服务专享独立的数据库。

4.1.3　微服务模型

微服务架构本质上也是一种系统集成模型，但提供了一些额外的技术组件，从而使系统集成过程变得更加简单高效。在微服务架构中，各个限界上下文同样被拆分成独立的微服务，它们之间通过服务的注册和发现实现相互调用，如图 4-5 所示。

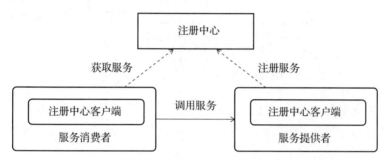

图 4-5　注册中心客户端与注册中心的交互过程

图 4-5 中引入了微服务架构中的一个核心技术组件，即注册中心。对注册中心而言，服务的提供者和消费者都是它的客户端，统一注册到注册中心。然后服务消费者可以对自己感兴趣的服务提供者进行订阅，从而完成服务之间的远程调用。

API 网关是微服务实现模型中另一个核心技术组件，网关能够在客户端与微服务之间起到隔离作用，并为客户端访问各个服务提供路由机制。开发人员也可以在 API 网关中添加诸如安全、流量控制等非功能性机制。API 网关的基本结构如图 4-6 所示。

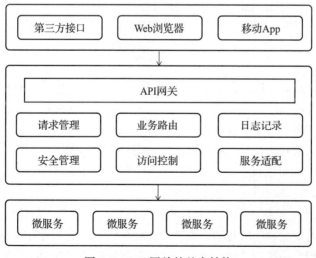

图 4-6　API 网关的基本结构

基于微服务实现模型，我们可以得出 HealthMonitor 案例系统的整体架构，如图 4-7 所示。

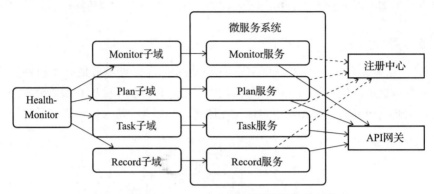

图 4-7　HealthMonitor 案例系统与微服务实现模型

关于如何实现微服务架构，业界也诞生了很多优秀的开源框架。在本章后续内容中，我们也将引入 Spring 家族中的 Spring Boot 和 Spring Cloud 框架来实现面向领域的微服务系统。

4.1.4　消息通信模型

无论采用系统集成模型还是微服务模型，想要实现 DDD 中的领域事件，就必须引入事件驱动架构。而事件驱动架构的实现方式就是消息通信机制。消息通信机制能够降低服务之间的耦合度，其基本结构如图 4-8 所示。

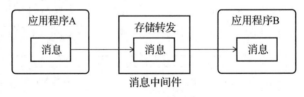

图 4-8　消息通信机制

在图 4-8 中，消息通信机制在消息发送方和接收方之间添加了存储转发功能。存储转发是计算机网络领域使用最为广泛的技术之一，基本思想就是先将数据缓存起来，再根据其目标地址将该数据发送出去。显然，有了存储转发机制之后，消息发送方和消息接收方并不需要相互认识，也不需要同时在线，更加不需要采用同样的实现技术。紧耦合的单阶段方法调用就转变成松耦合的两阶段过程，在技术、空间和时间上的约束通过中间层得到显著缓解，这个中间层就是我们通常所说的消息中间件。

在消息通信系统中，消息的生产者负责产生消息，该角色一般由业务系统充当。而消息的消费者负责消费消息，一般是后台系统负责异步消费。生产者行为模式单一，而消费者根据消费方式的不同有一些特定的分类，常见的有推送型消费者和拉取型消费者。推送指的是应用系统向消费者对象注册一个 Listener 接口并通过回调 Listener 接口实现消息消费，而在拉取方式下应用系统通常主动调用消费者的拉消息方法来消费消息，主动权由应用系统控制。

在 HealthMonitor 案例系统中，我们可以在系统集成模型和微服务模型的基础上添加消息通信模型。以微服务模型为例，图 4-9 展示了消息通信模型之后的系统结构。

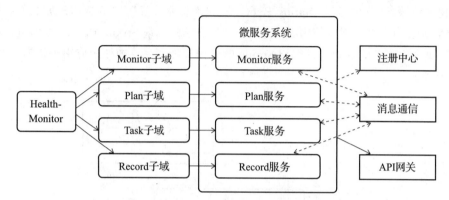

图 4-9　HealthMonitor 案例系统与消息通信实现模型

关于如何实现消息通信模型，业界也存在一些实现规范和工具，有代表性的有 JMS 和 AMQP（Advanced Message Queuing Protocol，高级消息队列协议）规范，以及它们的实现框架 ActiveMQ 和 RabbitMQ 等，而 Kafka、RocketMQ 等工具并不遵循特定的规范，但也提供了消息传递的设计和实现方案。而 Spring 家族也专门提供了 Spring Cloud Stream 框架来对消息通信模型进行抽象，并内置了 Kafka 和 RabbitMQ 这两款主流的消息中间件。

4.2　Spring Boot 与 DDD 实现模型

本书使用 Spring 家族框架来实现面向领域的业务系统。在介绍具体框架之前，让我们通过 Spring 的官方网站来看一下 Spring 家族技术生态的全景图。Spring 网站主页展示了 Spring 框架的七大核心技术体系，如下。

- ❑ 微服务架构：以 Spring Boot、Spring Cloud 为代表的一套完整构建微服务系统的技术体系。
- ❑ 响应式编程：内置了 Project Reactor 响应式编程框架，面向 Web、数据访问等常见场景的全栈响应式技术体系。
- ❑ 云原生：以 Spring Cloud 为代表的满足云原生架构的分布式技术体系。
- ❑ Web 应用：以 Spring WebMVC 为代表的实现 REST API 的 Web 技术体系。
- ❑ Serverless 架构：以 Spring Cloud Function 为代表的 FaaS（Function as a Service）技术体系。

❑ 事件驱动：以 Spring Cloud Stream 为代表的面向事件和消息处理的技术体系。

❑ 批处理：以 Spring Batch 为代表的轻量级离线批处理技术体系。

可以看到，上述技术体系既有各自的侧重点，也有一些交集。所有我们现在能看到的 Spring 家族技术体系都是从 Spring 基础框架逐步演进而来的。Spring 技术体系发展到现在，Spring 基础框架更多起到内核的作用，而不是直接面向应用开发。在日常开发过程中，如果构建单体服务，可以采用 Spring Boot。而如果想要开发微服务架构，那么就需要使用 Spring Cloud。事实上，想要使用 Spring Cloud，必须先掌握 Spring Boot，因为 Spring Boot 也是开发单个微服务的基础。它们与 Spring 基础框架之间是"内核→应用→扩展"的关系，如图 4-10 所示。

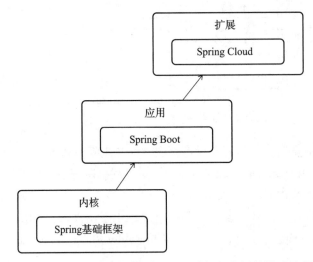

图 4-10　Spring 技术生态与 Spring 基础框架之间的关系示意图

本节重点关注 Spring Boot。通过浏览 Spring 的官方网站，我们可以看到 Spring Boot 已经成为 Spring 中顶级子项目。自 2014 年 4 月发布 1.0.0 版本以来，Spring Boot 俨然发展为 Java EE 领域开发 Web 应用程序的首选框架。

4.2.1　Spring Boot

在讨论 Spring Boot 框架之前，我们先来分析 Spring 基础框架。Spring 基础框架由 Rod Johnson 在 2003 年设计并实现，它从诞生之初就被认为是一种容器，其整体架构如图 4-11 所示。

我们先来看图 4-11 中位于底部的"核心容器"部分，该部分包含一个容器所应该具备的主体功能，涉及基于依赖注入的 JavaBean 处理机制、面向切面编程（Aspect Oriented Program，AOP）、上下文，以及 Spring 自身提供的表达式语言（Spring Expression Language，SpEL）等一些辅助功能。

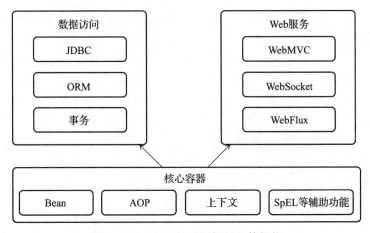

图 4-11　Spring 基础框架的整体架构

传统 Spring 框架在开发过程中缺乏一定的效率和简单性。因此，在技术体系的演进过程中，基于传统 Spring 框架诞生了 Spring Boot。Spring Boot 本质上是对传统 Spring 框架的封装和扩展，其整体架构如图 4-12 所示。

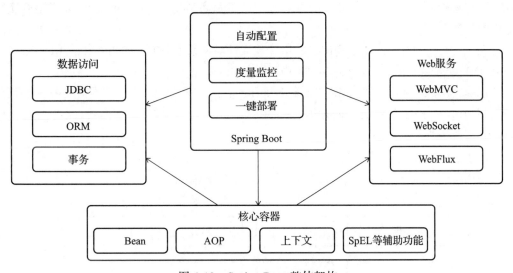

图 4-12　Spring Boot 整体架构

从图 4-12 中可以看到，在传统 Spring 框架所提供的各项开发功能的基础上，Spring Boot 还提供了一些特有组件来简化开发过程，主要如下。

1）自动配置。Spring Boot 把传统 Spring 中基于 XML 的功能配置方式转换为 Java Config。同时，对常见的各种功能组件均提供了各种默认的 Spring Boot Starter 依赖以简化 Maven 配置。

2）度量监控。基于 Spring Boot 提供的 Actuator 组件，可以通过 RESTful 风格的接口获取 JVM 性能指标、线程工作状态等运行时信息。同时，可以使用 Admin Server 实现监控信息的可视化管理。

3）一键部署。Spring Boot 应用程序内置了 Web 容器，开发人员只需要直接执行打包好的 JAR 文件就能实现服务部署和运行，不需要预部署应用服务器。

Spring Boot 大幅度简化了常见开发场景的实现难度，还充分考虑了安全、测试等一系列非功能开发需求。

对面向领域的业务系统而言，每个限界上下文本质上就是一个个独立的应用程序，所以我们可以使用 Spring Boot 来实现每个限界上下文。Spring Boot 为开发限界上下文提供了一套完整的解决方案，我们将在下一章中讨论如何在 HealthMonitor 案例系统中基于 Spring Boot 来设计限界上下文的代码结构及其各个技术组件。

4.2.2　Spring Data

Spring Data 是 Spring 家族中专门用于实现数据访问的开源框架，其核心理念是支持对所有存储媒介进行资源配置从而实现数据访问。我们知道，数据访问需要完成领域对象与存储数据之间的映射并对外提供访问入口，Spring Data 基于 Repository 架构模式抽象出一套实现该模式的统一数据访问方式。从这点上我们就可以明确，Spring Data 非常适合实现 DDD 中的资源库组件。

Spring Data 的官方网站中列出来的组件包括针对关系型数据库的 JPA Repository，针对 MongoDB、Neo4j、Redis 等 NoSQL 的对应 Repository 等。

在第 8 章中，我们将对 Spring Data 及 Spring Data JPA 的基本架构和使用方法做全面的介绍，并基于 Spring Data JPA 框架实现 HealthMonitor 案例系统中的面向关系型数据库的资源库组件。

作为总结，我们梳理了 Spring Boot 所提供的实现模型，如图 4-13 所示。图中标记"√"的内容表示截止于目前 Spring Boot 已经支持的技术组件。

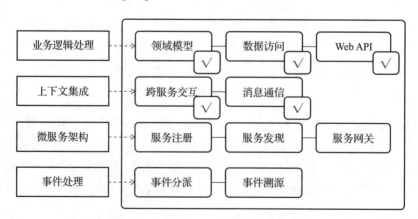

图 4-13　Spring Boot 所提供的技术组件

4.3   Spring Cloud 与 DDD 实现模型

微服务架构是当下构建互联网应用的主流架构。Spring 家族专门提供了用于构建微服务架构的 Spring Cloud 框架。而 Spring Cloud 框架本身则是构建在 Spring Boot 之上的。Spring Cloud 屏蔽了微服务架构开发所需的复杂配置和实现过程,最终给开发者提供了一套易懂、易部署和易维护的开发工具包。

在本章中,我们不对 Spring Cloud 中的所有技术组件做全面讨论,而是关注那些在实现面向领域的业务系统的过程中必需的技术组件。

4.3.1   Spring Cloud 基础组件

在 DDD 应用程序中,为了实现限界上下文之间的有效集成,需要引入服务注册和发现机制,因此我们可以使用 Eureka 等技术组件来实现注册中心。为了构建微服务系统,一般我们都会使用服务网关 Spring Cloud Gateway 以及服务配置中心 Spring Cloud Config。这些都属于 Spring Cloud 的基础组件。

另外,为了实现领域事件的发布和订阅,我们可以引入 Spring Cloud Stream 框架来完成与消息中间件之间的整合。

1. Spring Cloud 服务治理

Spring Cloud 对微服务架构中的服务治理提供了强大支持,其整体服务治理方案如图 4-14 所示。

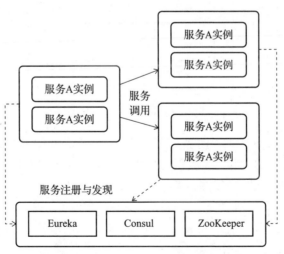

图 4-14   Spring Cloud 中的服务治理方案

在图 4-14 中,我们看到了 Netflix Eureka,该工具采用自身特有的一套实现机制,客户端和服务器端都是基于 Java 实现的。Spring Cloud Netflix Eureka 基于 Netflix Eureka 做了一定封装。我们知道 Spring Cloud Netflix 是 Spring Cloud 较早支持的微服务开发套件。而

Spring Cloud 在后续发展过程中，关于构建注册中心提供了多款技术方案以供选择，包括图 4-14 中展示的 Consul 和 ZooKeeper。

另外，Spring Cloud 也集成了 Ribbon 组件来实现客户端负载均衡。Ribbon 组件会从注册中心服务器中获取所有已注册服务的列表。一旦获取了服务列表，Ribbon 就能通过各种负载均衡策略实现服务调用。Spring Cloud Netflix Ribbon 在 Ribbon 的基础上封装了多种使用方式，并能与 RestTemplate 实现无缝整合。我们会在第 10 章中讨论 HealthMonitor 案例系统的限界上下文的集成过程时，对 Spring Cloud 注册中心进行详细说明。

2. Spring Cloud Gateway

Spring Cloud Gateway 是 Spring 官方开发的一款 API 网关。在技术体系上，Spring Cloud Gateway 基于最新的 Spring 5 和 Spring Boot 2 以及具备响应式编程能力的 Project Reactor 框架，提供响应式、非阻塞式的 I/O 模型，所以 Spring Cloud Gateway 在性能上的表现非常出色。

在引入 Spring Cloud Gateway 之后，我们先来重点讨论它作为服务网关的核心功能，即服务路由。Spring Cloud Gateway 中与服务路由相关的核心概念有两个：一个是过滤器；另一个是谓词。Spring Cloud Gateway 的整体架构如图 4-15 所示。

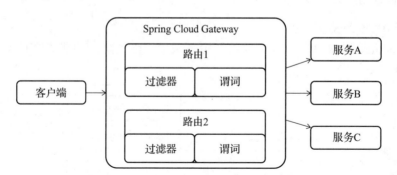

图 4-15　Spring Cloud Gateway 的基本架构

Spring Cloud Gateway 中的过滤器种类非常丰富。Spring Cloud Gateway 中的过滤器和另一个经典网关 Zuul 中的过滤器是类似的概念，都可以在响应 HTTP 请求之前或之后修改请求本身及对应的响应结果，区别在于两者的类型和实现方式有所不同。

所谓谓词，本质上是一种判断条件，用于将 HTTP 请求与路由进行匹配。Spring Cloud Gateway 内置了大量的谓词组件，可以分别对 HTTP 请求的消息头、请求路径等常见的路由媒介进行自动匹配以便决定路由结果。

事实上，除了指定服务的名称和目标服务地址之外，主要使用 Spring Cloud Gateway 的开发工作就是配置谓词和过滤器规则。

Spring Cloud Gateway 作为限界上下文集成过程中的一环，我们同样会在第 10 章中具体介绍它的使用方式。

3. Spring Cloud Config

考虑到服务的数量和配置信息的分散性，一般都需要引入配置中心的设计思想和相关工具。每一个微服务系统都应该有一个配置中心，而微服务使用的所有配置信息都应该维护在配置中心中。对于配置中心的组成结构，我们可以做一层抽象，如图 4-16 所示。

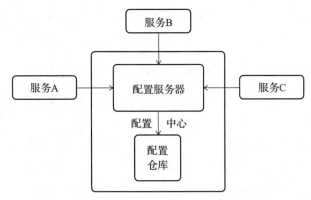

图 4-16 配置中心组成结构

可以看到，一个典型的配置中心存在两个组成部分，即配置服务器和配置仓库。配置服务器的核心作用就是对接来自各个微服务的配置信息请求，这些微服务会通过配置服务器提供的统一接口获取存储在配置中心里的所需的配置信息。因此，配置服务器也是作为独立的微服务存在的。配置服务器可以独立完成配置信息的存储和维护工作，但也可以把这部分工作剥离出来放到一个单独的媒介中，这个媒介就是配置仓库。通过构建独立的配置仓库，我们能够对配置存储过程进行抽象，从而支持 SVN、GitLab 等多种具备版本控制功能的第三方工具，以及自建一个具有持久化或内存存储功能的存储媒介。

基于以上设计思想，Spring Cloud 专门提供了配置中心实现工具 Spring Cloud Config。Spring Cloud Config 同样可以将配置信息保存在文件系统中，但在更多的场景下推荐使用 Git 等配置仓库来存储配置信息。在关键的配置变化通知机制上，Spring Cloud Config 会发送事件到 Spring Cloud 家族中另一款消息总线工具 Spring Cloud Bus，然后由消息总线通知相关的服务。

4.3.2 Spring Cloud Stream

在本章前面的内容中，我们已经介绍了消息通信模型以及具有代表性的消息中间件。而 Spring Cloud 家族专门针对消息通信机制提供了一个 Spring Cloud Stream 组件。Spring Cloud Stream 对整个消息发布和消费过程做了高度抽象，并提供了一系列核心组件。区别于直接使用 RabbitMQ、Kafka 等消息中间件，Spring Cloud Stream 在消息生产者和消费者之间构建了一种桥梁机制，所有的消息都将通过 Spring Cloud Stream 进行发送和接收，而在 Spring Cloud Stream 内部则集成了 RabbitMQ 和 Kafka，它的核心价值是为开发人员屏蔽各种消息中间件在使用上的差异。如图 4-17 所示。

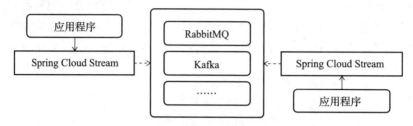

图 4-17　Spring Cloud Stream 的桥梁机制示意图

在第 9 章中讨论 HealthMonitor 案例系统的领域事件实现过程时，我们会对 Spring Cloud Stream 的功能特性和使用方式做详细讲解。

作为总结，我们在 Spring Boot 的基础上梳理了 Spring Cloud 框架的主要功能特性，并进一步丰富了 DDD 应用程序的技术组件，如图 4-18 所示。

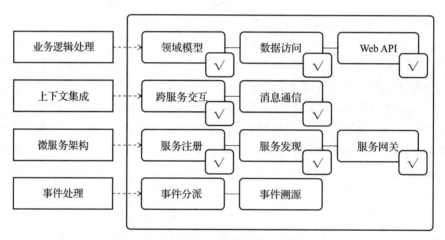

图 4-18　Spring Cloud 所提供的技术组件

4.4　Axon 与 DDD 实现模型

Axon 诞生于 2010 年，其定位是一款基于 Java 语言、纯开源的 CQRS/ES 开发框架。这里 CQRS 的全称是 Command Query Responsibility Segregation，即命令查询职责分离。而 ES 指的是 Event Sourcing，即事件溯源。在介绍 Axon 框架之前，我们先对这两个概念做简要讲解。

4.4.1　CQRS 和事件溯源

CQRS 代表一种架构体系模式，对命令和查询的实现进行分离。其中命令能够改变模型状态，而查询则获取模型状态。CQRS 属于 DDD 应用领域的一个模式，通常也可以作为一种数据管理的有效手段。

数据操作的基本表现就是增加（Create）、检索（Retrieve）、更新（Update）和删除（Delete），即 CRUD。进一步分析 CRUD，会发现其实可以把它更简单地分为读和写：当一个方法需要针对请求返回结果时，它就具有查询的性质，也就是读的性质；当一个方法要改变对象的状态，它就具有命令的性质，也就是写的性质。通常，一个方法可能是单一的命令模式，或者是单一的查询模式，再或者是两者混合的模式。但在设计接口时，我们应该尽量使接口单一化，严格遵循命令或者查询的操作语义。这样查询方法不会改变对象的状态，没有副作用，而会改变对象状态的方法不可能有返回值。查询功能和命令功能的分离有利于提升系统的性能，也有利于保证系统的安全性。图 4-19 展示了 CQRS 模式的一种结构。

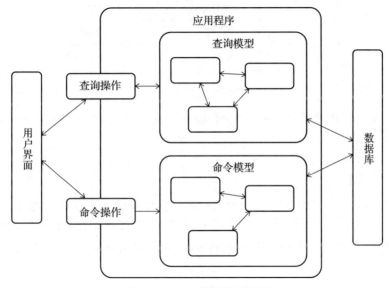

图 4-19　CQRS 结构示意图

介绍完 CQRS 架构模式，接下来看另一个核心概念——事件溯源。在传统模式下，我们在对对象执行一定操作之后会把对象的最新状态持久化到数据库中，也就是说数据库中的数据反映了对象当前的最新状态。而事件溯源则相反，保存的不是对象的最新状态，而是这个对象所经历的每个事件，所有由对象产生的事件会按照时间先后顺序被有序地存放在数据库中。当我们想要获取对象的最新状态时，只需要先创建一个空的对象，然后把与该对象相关的所有事件按照发生的先后顺序来执行一遍，这个过程就是事件溯源，如图 4-20 所示。

从图 4-20 中可以看到，事件溯源的核心设计思想在于：不保存对象的最新状态，而保存导致对象状态发生变化的所有事件，这样就可以通过对这些事件进行溯源而得到对象的最新状态。

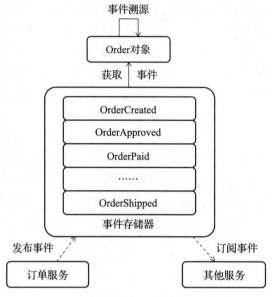

图 4-20　事件存储和事件溯源示意图

关于 CQRS 架构模式和事件溯源机制的设计理念及其实现策略，我们将在第 11 章中进一步展开讨论。

4.4.2　Axon 框架

Axon 框架在过去几年中有了很大发展。除了内核框架之外，Axon 框架还提供了一个服务器选项，包括一个事件存储器和一个事件路由器。Axon 内核框架与服务器相结合，对实现 CQRS 或事件溯源模式所需的复杂基础设施进行了高度抽象。基于 Axon 框架的应用架构如图 4-21 所示。

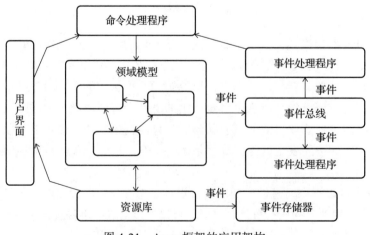

图 4-21　Axon 框架的应用架构

在图 4-21 中，我们看到了一组 Axon 领域模型组件，包括 CommandHandler、Query-Handler 以及 EventSourceHandler，这些组件分别与命令、查询和事件溯源概念相对应。我们也注意到 Axon 专门提供了一个事件存储器来存储领域事件。

同时，Axon 还提供了一组分派模型组件，包括 CommandBus、QueryBus 和 EventBus。基于这些技术组件，开发人员不需要从零开始实现 CQRS 架构模式和事件溯源机制，只需要关注业务逻辑的实现过程。我们会在第 11 章中对 Axon 框架中这些技术组件的功能特性和使用方式做详细阐述。

作为总结，我们也梳理了 Axon 提供的附加技术组件，如图 4-22 所示。

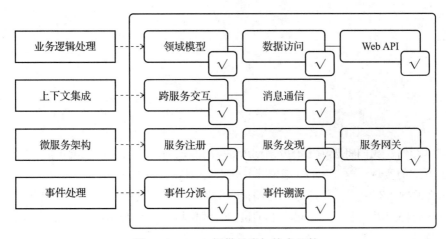

图 4-22　Axon 提供的附加技术组件

可以看到，在 Spring Boot、Spring Cloud 和 Axon 这 3 个开源框架中，能找到实现 DDD 应用程序所需的各种技术组件。

4.5　本章小结

本章详细讨论了 DDD 应用程序的实现技术。我们可以使用 Spring Boot 完成领域模型对象、资源库的构建，并实现基于 Web API 和消息通信的跨限界上下文的交互需求。而 Spring Cloud 框架构建在 Spring Boot 框架之上，可以简化消息通信等机制的实现过程，从而帮助开发人员更加轻松地开发 DDD 应用程序。这两个框架都是目前主流的通用型开源框架。

另外，在 DDD 的世界中也存在一些专用的开发框架，例如本章介绍的 Axon 框架。Axon 框架的核心价值在于为我们提供了强大的事件分派和事件溯源机制。结合 Axon 和 Spring Boot、Spring Cloud 等框架，我们具备了开发一个 DDD 应用程序所需的各项技术组件。

案例实现：限界上下文

从本章开始，我们将进入 HealthMonitor 案例系统的具体实现过程的讲解。本章关注的是限界上下文的实现，这是 DDD 战略设计的核心内容。我们将从第一个限界上下文开始，详细剖析案例中所有上下文所应该具备的代码结构，并基于这个代码结构给出限界上下文中的各种技术组件的组织形式。通过本章的讲解，我们可以从零开始勾画出面向领域的业务系统的代码模型。

在实现 HealthMonitor 案例系统的过程中，我们将使用 Spring Boot 来构建每一个限界上下文。因此，在介绍具体的限界上下文的代码结构之前，我们有必要对 Spring Boot 应用程序代码的组织方法有一定的了解。本章先简要回顾 Spring Boot 应用程序的创建过程，有助于我们深入理解普通应用程序与面向领域应用程序的代码模型之间的差异。

5.1 Spring Boot 应用程序

在 Java EE 的世界中，Spring 无疑是当下最主流的开发框架，没有之一。但从 Spring 的组成而言，实际上我们已经很难把它看作一个单独的框架，它是一个由一组框架构成的生态系统。在这个生态系统中，Spring Boot 作为 Spring 家族中的一员，在传统 Spring 框架的基础上做了创新和优化，将开发人员从以往烦琐的配置工作中解放出来，并提供了大量即插即用的集成化组件，可以减少开发过程中各种组件之间复杂的整合，提高开发效率，降低维护成本。因此，在本书中我们将基于 Spring Boot 来构建 DDD 应用程序。在本节中，我们首先回顾传统 Spring Boot 应用程序的开发模式，然后引出基于 DDD 的 Spring Boot 应用程序的实现方案。

5.1.1　传统 Spring Boot 应用程序

针对一个基于 Spring Boot 开发的 Web 应用程序，其代码组织方式需要遵循一定的项目结构。在接下来的内容中，我们将给出这一项目结构，并提供一个 Spring Boot Web 应用程序示例。

在本书中，如果不特殊说明，我们都将使用 Maven 来管理代码工程的结构和包依赖。请注意，在没有采用 DDD 的业务系统中，一个典型的 Web 应用程序的代码组织结构如代码清单 5-1 所示。

代码清单 5-1　典型 Web 应用程序的代码组织结构

```
demo-service
    src/main/java
        com.spring.demo
            DemoApplication.java          →启动类
        com.spring.demo.controller        →控制器组件
        com.spring.demo.repository        →数据访问层组件
        com.spring.demo.service           →业务逻辑层组件
        com.spring.demo.domain            →领域实体
    src/main/resources
        application.yml                   →配置文件
    pom.xml                               →包依赖
```

在这里有几个地方需要特别注意，分别是包依赖、启动类、控制器组件以及配置文件。

（1）包依赖

Spring Boot 提供了一系列 starter 工程来简化各种组件之间的依赖关系。以开发 Web 服务为例，我们需要引入 spring-boot-starter-web 这个工程。在应用程序中引入 spring-boot-starter-web 组件就像引入一个普通的 Maven 依赖一样，如代码清单 5-2 所示。

代码清单 5-2　spring-boot-starter-web 依赖包引入代码

```
<dependency>
    <groupId>org.springframework.boot</groupId>
    <artifactId>spring-boot-starter-web</artifactId>
</dependency>
```

一旦 spring-boot-starter-web 组件引入完毕，我们就可以充分利用 Spring Boot 提供的自动配置机制来开发 Web 应用程序。请注意，spring-boot-starter-web 包在命名上使用了一个特殊的约定标识，即 -starter，代表着 Spring Boot 所特有的 starter 机制。Spring Boot 中的 starter 机制是一种非常重要的机制，使 Spring Boot 能够抛弃以前繁杂的配置，将这些配置统一集成到内部。开发人员只需要在 Maven 中引入 starter 依赖，Spring Boot 就能自动扫描到要加载的信息并启动相应的默认配置。

我们来看一下 spring-boot-starter-web 工程中的组成部分，可以看到其中并没有具体的代码，而只包含了一些 pom 依赖，如代码清单 5-3 所示。

代码清单 5-3 spring-boot-starter-web 工程中的 pom 依赖

代码清单 5-3 spring-boot-starter-web 工程中的 pom 依赖

```
org.springframework.boot:spring-boot-starter
org.springframework.boot:spring-boot-starter-tomcat
org.springframework.boot:spring-boot-starter-validation
com.fasterxml.jackson.core:jackson-databind
org.springframework:spring-web
org.springframework:spring-webmvc
```

可以看到这里包含了传统 Spring WebMVC 应用程序会使用的 spring-web 和 spring-webmvc 组件，Spring Boot 在底层实现上还是基于这两个组件完成了对 Web 请求响应流程的构建。

（2）启动类

使用 Spring Boot 的最重要的一个步骤是创建一个 Bootstrap 启动类。Bootstrap 类结构简单且比较固化，如代码清单 5-4 所示。

代码清单 5-4 Spring Boot Bootstrap 类示例代码

```
import org.springframework.boot.SpringApplication;
import org.springframework.boot.autoconfigure.SpringBootApplication;

@SpringBootApplication
public class DemoApplication {
    public static void main(String[] args) {
        SpringApplication.run(DemoApplication.class, args);
    }
}
```

显然，这里引入了一个全新的注解 @SpringBootApplication。在 Spring Boot 中，添加了该注解的类就是整个应用程序的入口，它一方面会启动整个 Spring 容器，另一方面会自动扫描代码包结构下的 @Component、@Service、@Repository、@Controller 等注解，并把这些注解对应的类转化为 Bean 对象再全部加载到 Spring 容器中。

（3）控制器类

Bootstrap 类为我们提供了 Spring Boot 应用程序的入口，相当于应用程序具备了最基本的骨架。接下来我们就可以添加针对 HTTP 请求的访问入口，该入口表现在 Spring Boot 中就是一系列的 Controller 类。这里的 Controller 与 Spring WebMVC 中的 Controller 在概念上是一致的，一个典型的 Controller 类如代码清单 5-5 所示。

代码清单 5-5 Controller 类示例代码

```
@RestController
@RequestMapping(value="users")
public class UserController {
    @GetMapping(value = "/{id}")
    public User getUserById(@PathVariable Long id) {
        User user = new User();
```

```
        user.setId(id);
        user.setName("Tianyalan");
        user.setPassword("123456");
        return user;
    }
}
```

请注意，这里为了演示方便，使用硬编码完成了对一个 HTTP GET 请求的响应处理。上述代码包含了 @RestController、@RequestMapping 和 @GetMapping 这 3 个注解。其中，@RequestMapping 用于指定请求地址的映射关系，@GetMapping 等同于指定了 GET 请求的 @RequestMapping 注解。而 @RestController 注解是传统 Spring MVC 中的 @Controller 注解的升级版，相当于 @Controller 和 @ResponseEntity 注解的结合体，会自动使用 JSON 实现序列化和反序列化操作。

（4）配置文件

最后，我们来看配置文件。请注意配置文件可以是空的，开发人员如果不需要特别指定服务器端口等信息，那么完全可以基于 Spring Boot 内置的默认配置来运行 Web 应用程序。默认情况下，Spring Boot 会将 8080 作为监听 HTTP 请求的服务端口。

Spring Boot 中的配置体系非常有特色，充分遵循了"约定优于配置"这一设计理念。在这一理念下，开发人员需要设置的配置信息数量将大大少于传统 Spring 框架。

为了达到集中化管理的目的，Spring Boot 对配置文件的命名做了一定的约定，分别使用 label 和 profile 概念来指定配置信息的版本以及运行环境。其中 label 表示配置版本控制信息，而 profile 则指定该配置文件对应的环境。在 Spring Boot 中，配置文件同时支持 .properties 和 .yml 两种文件格式，结合 label 和 profile 的概念，如代码清单 5-6 所示的配置文件的命名都是常见和合法的。

代码清单 5-6　合法的 Spring Boot 配置文件命名示例

```
/{application}.yml
/{application}-{profile}.yml
/{label}/{application}-{profile}.yml
/{application}-{profile}.properties
/{label}/{application}-{profile}.properties
```

YAML 的语法和其他高级语言类似，可以非常直观地表示各种列表、清单、标量等数据形态，特别适合展示或编辑数据结构和各种配置文件。例如，我们可以指定如代码清单 5-7 所示的数据源配置，这里使用了 .yml 文件。

代码清单 5-7　基于 .yml 文件的数据源配置示例

```
spring:
    datasource:
        driver-class-name: com.mysql.cj.jdbc.Driver
        url: jdbc:mysql://127.0.0.1:3306/user
```

```
username: root
password: root
```

显然，类似的数据源通常会根据环境的多样而存在很多套配置。通常，推荐的做法是为每个不同的环境创建一个独立的配置文件。例如我们可以分别针对生产环境、测试环境、用户验收测试环境等提供对应的配置文件，如代码清单 5-8 所示。

代码清单 5-8　针对不同环境的配置文件名示例

```
application-prod.properties
application-uat.properties
application-test.properties
application.properties
```

注意，这里有一个没有添加任何环境后缀的 application.properties 配置文件。在 Spring Boot 中，这个 application.properties 就是主配置文件，是所有配置信息管理的入口。Spring Boot 在获取配置信息时，会先从这个主配置文件中读取相应的配置。因此，我们可以把那些适用于所有环境的全局配置信息放在 application.properties 中。

关于 Spring Boot 应用程序的创建过程我们就介绍到这里。Spring Boot 的内容非常丰富，你可以参考笔者所著的《Spring Boot 进阶：原理、实战与面试题分析》一书。当我们面对普通应用程序时，本节所介绍的内容就能够满足日常开发需求了。但对于一个 DDD 应用程序，代码的组织结构则是完全不同的，我们来具体分析一下。

5.1.2　基于 DDD 的 Spring Boot 应用程序

上一节所介绍的 Spring Boot 功能特性和开发步骤是通用的，区别主要在代码工程结构上，而代码工程结构的组织方式与建模方法有着直接关系。

在传统应用程序中，我们通常采用的是经典的 3 层架构，如图 5-1 所示。

可以看到整个调用链路是从 Web 服务层到业务逻辑层再到数据访问层。而在 DDD 中，架构风格则如图 5-2 所示。

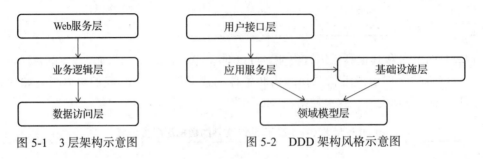

图 5-1　3 层架构示意图　　　　图 5-2　DDD 架构风格示意图

在这种架构风格下，组件之间的依赖关系发生了显著的变化，我们需要引入专门的应用服务、基础设施类组件来满足领域模型的设计需要。

同时，我们也注意到在传统应用程序中，虽然也有代表领域模型的 domain 包结构，但整体设计并不是由领域对象驱动的，domain 层中的领域对象基本都只是简单的 getter/setter 方法，如代码清单 5-9 所示。

代码清单 5-9　传统开发模式下的领域对象示例代码

```java
public class User {
    private String id;
    private String userCode;
    private String userName;

    public User(String id, String userCode, String userName) {
        this.id = id;
        this.userCode = userCode;
        this.userName = userName;
    }

    public String getId() {
        return id;
    }
    public void setId(String id) {
        this.id = id;
    }
    public String getUserCode() {
        return userCode;
    }
    public void setUserCode(String userCode) {
        this.userCode = userCode;
    }
    public String getUserName() {
        return userName;
    }
    public void setUserName(String userName) {
        this.userName = userName;
    }
}
```

显然，类似的 User 对象并不是真正意义上的领域对象，只是代表了一种数据对象而已。正如我们在第 2 章中讨论的，基于这种数据对象的设计方法通常被称为贫血模型。当采用贫血模型时，领域逻辑是分散在系统的各层组件中的。与之对应，DDD 采用的是一种充血模型。在 DDD 中，这里的 User 应该是一个聚合对象，需要包含创建 User 等一系列领域操作，如代码清单 5-10 所示。

代码清单 5-10　DDD 开发模式下的领域对象示例代码

```java
public class User {
    ...
    public User(ApplyUserCommand applyUserCommand){
        // 包含创建 User 的领域逻辑
    }
```

```
public void updateUser(UpdateUserCommand updateUserCommand){
    // 包含更新 User 的领域逻辑
}
}
```

在上述代码中，我们通过构造函数传入了一个 ApplyUserCommand 命令对象，然后在该构造函数中完成了一系列创建 User 的领域逻辑。而在 updateUser 方法中，我们传入一个 UpdateUserCommand 命令对象，完成对 User 对象的状态更新操作。这是一种典型的 DDD 实现方法。

最后，我们也应该注意到，在传统应用程序中并没有考虑领域对象状态的变化，整个调用链路采用的是命令式的代码执行流程，也就没有引入专门的组件来处理代表领域状态变化的领域事件。

通过上述分析，我们明确了传统应用程序与 DDD 应用程序之间的主要区别。接下来，让我们基于 Spring Boot 来创建第一个限界上下文，看看两者之间的这些区别在代码结构上如何具体体现。

5.2 创建第一个限界上下文

本节将创建 HealthMonitor 案例系统中的第一个限界上下文，即 Monitor 限界上下文。对于创建限界上下文而言，核心的工作是完成代码模型的设计。因此，我们将先给出 Monitor 限界上下文的代码组织结构，并对其中的组成部分一一展开讲解。

5.2.1 代码包结构

对一个 Spring Boot 应用程序而言，我们首先需要明确的是包结构。包结构体现的是一种将各个可执行组件进行分组的逻辑。这种逻辑上的分组决定了我们应该放置其中的组件类型，从而提供了实现限界上下文的总体解决方案。

图 5-3 展示了基于 Astah UML 描绘的 Monitor 限界上下文顶层包结构，其中包括领域模型对象、应用服务、基础设施以及接口与集成这五大类包结构。

我们可以把包结构分成两大类，第一类侧重于限界上下文内部组件的管理，第二类则关注该限界上下文与其他上下文或外部系统的交互过程。在图 5-3 中，domain、application 和 infrastructure 这 3 个包结构属于第一类，interfaces⊖和 integration 则属于第二类。

对于第一类组件，domain 包包含限界上下文中所有的领域模型对象和领域事件对象。application 包包含查询服务和命令服务这两大类应用服务。infrastructure 包包含资源库具体实现类、消息通信工具类等基础设施类组件。

⊖ 在本书中关于包结构的命名都采用单数，但 interface 是 Java 中的关键词，所以这里使用了复数。

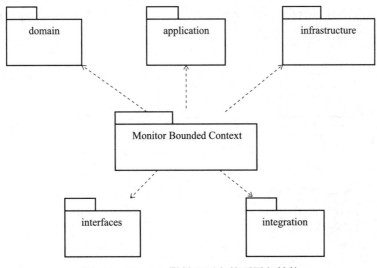

图 5-3　Monitor 限界上下文的顶层包结构

对于第二类组件，我们需要重点关注系统交互过程中数据的流向。一方面，限界上下文需要暴露入口供其他上下文使用，站在当前上下文的角度看，这是一个数据入站的操作；而当某一个上下文向外部上下文发起请求时，这是一个数据出站的操作。图 5-4 展示了数据入站和数据出站的结构。

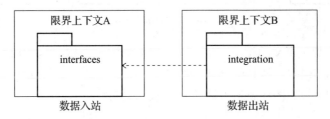

图 5-4　Monitor 限界上下文的数据入站 / 出站结构

在本书中，我们把涉及入站操作的组件放在 interfaces 包中，而把涉及出站操作的组件放在 integration 包中。

图 5-5 展示了 Eclipse 所呈现的 Monitor 限界上下文的顶层包结构，你可以使用你所熟悉的 IDE 来实现类似的代码组织方式。

接下来，我们针对图 5-5 中各个包结构的组件的组织方式展开详细的讨论。

图 5-5　Monitor 限界上下文的
顶层包结构示意图

5.2.2　领域对象

我们把领域模型对象、资源库、领域事件以及应用服务所涉及的命令和查询对象都归为领域对象，其中领域模型对象又可以分为聚合、实体和值对象这三大类。因此，领域对象实际上分成了两个层次，如图 5-6 所示。

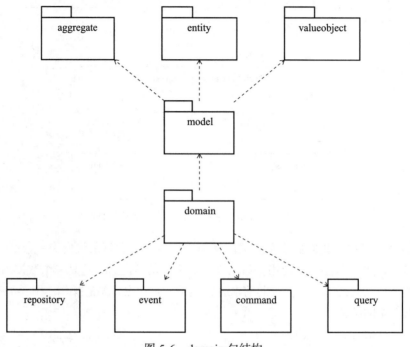

图 5-6 domain 包结构

领域对象是限界上下文的核心，包含核心业务逻辑的实现过程。图 5-6 中有一个点需要注意，在这里的 repository 包中是资源库的定义，而不是实现。在 DDD 分层架构中，包括数据持久化在内的资源库的抽象位于领域层，而具体实现则可以位于基础设施层。

5.2.3　应用服务

应用服务起到限界上下文中领域模型外观的作用。它们提供一种服务，向底层领域模型发送命令和查询对象。基于命令和查询机制，应用服务也是我们对其他限界上下文进行出站调用的地方。应用服务的包结构如图 5-7 所示。

可以看到，application 包结构非常简单，只包含代表命名服务的 commandservice 和代表查询服务的 queryservice 这两个子包结构。但是，应用服务所具备的功能还是非常重要的，主要包括：

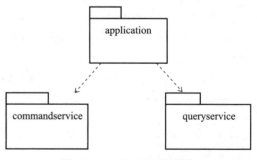

图 5-7 application 包结构

❑ 命名操作和查询操作的分派；

❑ 与基础设施组件进行交互；

❑ 对其他限界上下文进行调用等。

同时，如果我们需要在限界上下文中添加诸如日志记录、安全控制等面向切面的功能时，应用服务也是首选的切点。

5.2.4　基础设施

在一个限界上下文中，基础设施类的组件主要来自两个方面，即资源库和消息通信。对应的包结构如图 5-8 所示。

请注意，这里同样出现了一个 repository 包结构，但这个包结构中是资源库的具体实现，而不是定义。关于资源库的定义部分的内容应该包含在 domain 包中。

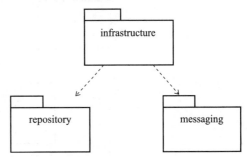

图 5-8　infrastructure 包结构

我们知道任何一个业务系统势必需要数据访问，因此我们需要一个底层的资源库组件来完成这类操作。在 HealthMonitor 案例系统中，我们使用关系型数据库来实现数据访问。对关系型数据访问而言，如果我们采用 Spring Boot 来构建限界上下文，那么正如在上一章中所介绍的，Spring Data JPA 是我们的首选。当然，你也可以基于 Spring JDBC 来实现数据的持久化操作。

另外，领域事件的实现依赖于消息通信机制。当某一个限界上下文中的领域模型发生变化时，我们需要引入事件处理相关的基础设施来实现消息的发布和订阅，这部分组件主要来自各种消息中间件以及构建在这些消息中间件之上的实现框架。

当然，除了资源库和消息通信，如果一个应用程序中需要引入其他任何技术相关的组件，也可以将它们放在 infrastructure 包中。

5.2.5　接口

根据不同种类的通信协议，interfaces 包将所有入站操作封装到当前的限界上下文中。该包的主要用途是基于领域模型暴露对外的接口，这些接口的形式可以是 REST API、WebSocket、RSocket，以及各种自定义协议和交互方式。

在 Monitor 限界上下文中，interfaces 包支持两大类接口，一类是基于 HTTP 协议的 REST API，用来将外部请求转化为内部的 Command 和 Query 对象并交由应用服务处理。在转化过程中，通常需要引入专门的 DTO 对象和组装器（Assembler）对象。

同时，我们还需要使用 interfaces 包中另一种基于消息通信的事件处理器（Event Handler），响应来自外部限界上下文的领域事件。

基于以上分析，我们可以得到 interfaces 包的结构，如图 5-9 所示。

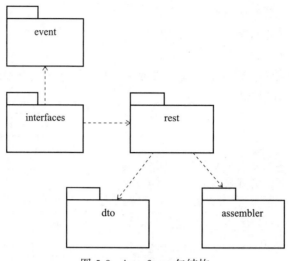

图 5-9　interfaces 包结构

图 5-9 中我们把事件处理器所在的包也命名为 event，注意区分它与领域对象中的 event 包。

5.2.6　集成

最后，我们来看 integration 包。站在某一个限界上下文的角度，integration 包完成的是数据出站操作，而 interfaces 包则提供数据入站的入口，所以 integration 包中的组件实际上是和 interfaces 包中的组件一一对应的，两者之间的结构如图 5-10 所示。

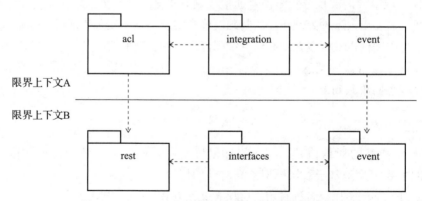

图 5-10　integration 包和 interfaces 包的结构及交互

在 integration 包中，event 包的作用是对外发送领域事件，而 acl 包的作用则是封装远程请求 REST API。这里使用了 2.1 节中所介绍的 ACL 来命名该包，说明该包的作用就是在内部领域对象与外部端点之间形成一个防腐层。

至此，Monitor 限界上下文中的所有包结构已经介绍完毕。图 5-11 展示了该限界上下文中的各层包结构。

图 5-11　Monitor 限界上下文的包结构

请注意，在图 5-11 中，我们还可以进一步明确各个包之间的依赖关系。以 com.
healthmonitor.monitor.domain.model.aggregate 包为例，我们可以得到如图 5-12 所示的依赖关系。

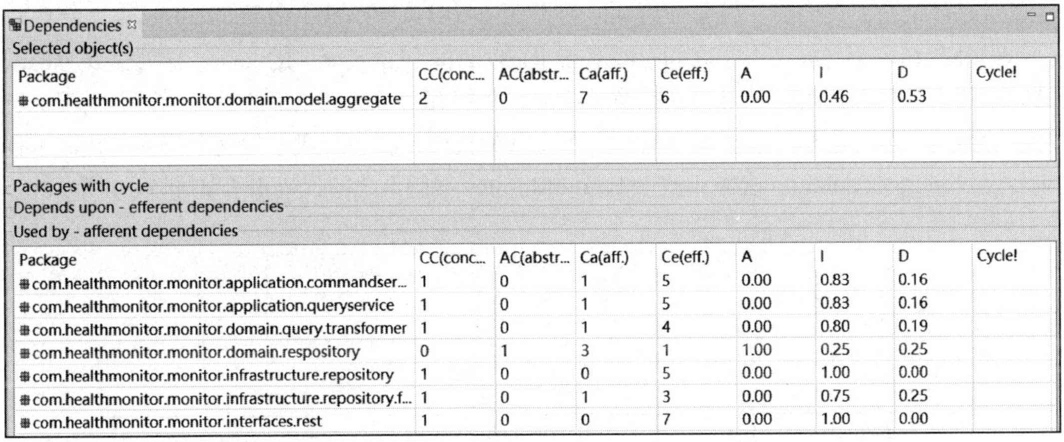

Dependencies ⌐								
Selected object(s)								
Package	CC(conc...	AC(abstr...	Ca(aff.)	Ce(eff.)	A	I	D	Cycle!
⊞ com.healthmonitor.monitor.domain.model.aggregate	2	0	7	6	0.00	0.46	0.53	
Packages with cycle								
Depends upon - efferent dependencies								
Used by - afferent dependencies								
Package	CC(conc...	AC(abstr...	Ca(aff.)	Ce(eff.)	A	I	D	Cycle!
⊞ com.healthmonitor.monitor.application.commandser...	1	0	1	5	0.00	0.83	0.16	
⊞ com.healthmonitor.monitor.application.queryservice	1	0	1	5	0.00	0.83	0.16	
⊞ com.healthmonitor.monitor.domain.query.transformer	1	0	1	4	0.00	0.80	0.19	
⊞ com.healthmonitor.monitor.domain.respository	0	0	3	1	1.00	0.25	0.25	
⊞ com.healthmonitor.monitor.infrastructure.repository	1	0	0	5	0.00	1.00	1.00	
⊞ com.healthmonitor.monitor.infrastructure.repository.f...	1	0	1	3	0.00	0.75	0.25	
⊞ com.healthmonitor.monitor.interfaces.rest	1	0	0	7	0.00	1.00	0.00	

图 5-12　限界上下文包结构及其依赖关系示例

以上结果来自 JDepend 这款用来评价 Java 代码是否遵循组件设计原则的便捷工具，
我们可以从中看出代码工程中包与包之间的依赖关系，并分析出每个包的稳定性和抽象
程度以及是否存在循环依赖等。在图 5-12 中，我们可以看到作为领域模型的核心，com.
healthmonitor.monitor.infrastructure.aggregate 包被应用服务、领域模型、基础设施以及接口
层依赖，这是合理的。而如果分析 com.healthmonitor.monitor.infrastructure.repository 包的依

赖关系，你会发现没有任何组件依赖该包，这同样符合设计原则。

如图 5-12 所示的结构比较复杂，但已经把一个典型的限界上下文中所有的组件及其关联关系清晰地表现出来，对我们设计和实现一个限界上下文中的技术组件有很高的参考价值。

5.3 实现 HealthMonitor 限界上下文

在 HealthMonitor 案例系统中，所有单个限界上下文都将按照图 5-11 的包结构进行组织。但因为案例涉及多个限界上下文，所以我们有必要对整个案例系统的代码工程做相应的约定。

5.3.1 代码工程

前面已经提到，在本书中我们将使用 Maven 来组织代码工程。在 HealthMonitor 案例系统中，我们将针对每一个限界上下文创建一个独立的 Maven 工程，主要如下。

❑ monitor-service：Monitor 限界上下文。

❑ plan-service：Plan 限界上下文。

❑ task-service：Task 限界上下文。

❑ record-service：Record 限界上下文。

这里每一个代码工程都是一个 Spring Boot 应用程序，也都将采用上一节介绍的包结构来组织内部代码。当然，由于具体的业务场景和功能需求不同，并不是每一个限界上下文都具备所有包结构，我们会在后文介绍具体的实现细节时再讨论这个话题。

另外，在多个限界上下文之间存在基于 REST API 和领域事件的交互，这就需要考虑入站数据和出站数据之间的映射关系。简单起见，我们有时候倾向把那些被多个限界上下文所共享的通用领域对象专门抽离出来放在一个公共的代码工程中，我们把这个公共的代码工程命名为 common-domain。这样，整个 HealthMonitor 案例系统的代码工程如图 5-13 所示。

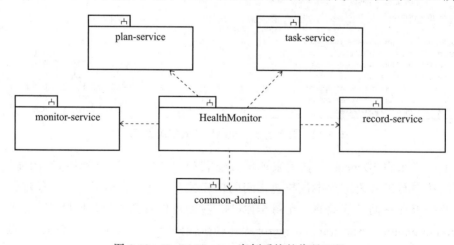

图 5-13　HealthMonitor 案例系统的代码工程

5.3.2　限界上下文映射

梳理完 HealthMonitor 案例系统中的代码工程，我们来看它们之间的依赖关系。代码工程之间的依赖关系取决于限界上下文之间的映射关系，我们已经在第 3 章中分析过这种映射关系，如图 5-14 所示。

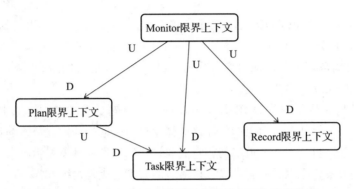

图 5-14　HealthMonitor 案例中的限界上下文映射关系

基于图 5-14，我们可以进一步梳理 HealthMonitor 案例系统中在各个限界上下文中与映射关系相关的包结构，如图 5-15 所示。

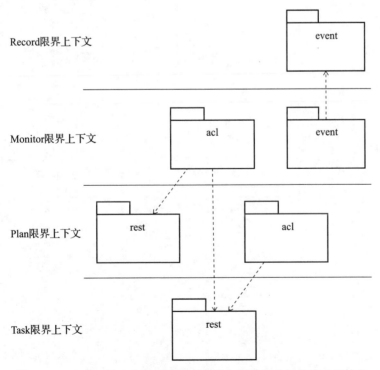

图 5-15　HealthMonitor 案例系统中限界上下文的映射关系和包结构

在图 5-15 中，我们可以通过包结构的依赖关系清晰地看到各个限界上下文之间集成的方式和过程。关于这些集成方式和过程的具体实现我们将在后文给出详细的示例代码。

5.4 本章小结

本章对开发人员实现 DDD 应用程序来说是至关重要的一环，我们回答了一个核心问题：如何组织 DDD 应用程序的代码结构。这是开发 DDD 应用程序的前提。本章从 HealthMonitor 案例系统出发，分别给出了单个限界上下文的代码组织结构，以及多个限界上下文之间的代码交互和集成方式。

事实上，代码结构是困扰 DDD 开发人员的一大难题。DDD 中的很多概念比较晦涩难懂，偏重于理论，业界并没有给出如何让这些概念真正落地的开发规范或约定。开发人员就算理解了这些概念，也苦于不知道如何将它们通过代码的形式具体展示出来。本章针对这一难题给出了解决方案，提供了一套可以直接落地的完整的代码组织方式。

第 6 章 Chapter 6

案例实现：领域模型对象

通过上一章内容，我们已经明确了一个限界上下文所应该有的包结构及代码组织方式，也明确了领域对象包括领域模型对象、领域事件和命令对象这 3 个组成部分。本章将讨论领域对象中的领域模型对象，即如图 6-1 所示的组件。

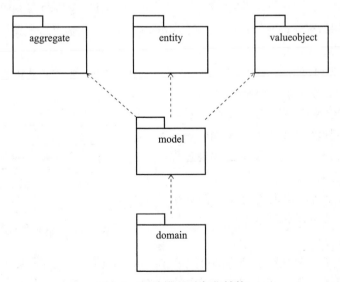

图 6-1　领域模型对象包结构

领域模型对象是 DDD 中的核心组件，本章将从代码实现的角度出发详细讨论如何开发聚合、实体以及值对象，并完成 HealthMonitor 案例系统中领域模型对象的实现过程。

6.1 创建聚合

在本节中，我们同样以 Monitor 限界上下文为例来分析领域模型对象的实现过程。我们在前面获得了针对该限界上下文的核心的业务需求。在第 3 章中，我们已经对该上下文中的核心领域模型做了分析，并初步提取了一组领域模型对象。对于这些领域模型对象，DDD 并没有提供代码开发上的指导原则，开发人员可以采用任何技术手段来实现。但是，我们必须要强调一点，在实现聚合等领域模型对象时，需要保证这些领域模型对象的非技术性，即不要被技术体系污染。例如，在传统应用程序开发过程中，我们通常会在业务对象上添加 JPA 或其他与数据访问技术直接相关的注解，如代码清单 6-1 所示的 User 类。

代码清单 6-1　传统开发模式下的 User 类示例代码

```
@Document("users")
public class User {
    @Id
    private String id;
    @Field("userCode")
    private String userCode;
    @Field("userName")
    private String userName;
    …
}
```

在上述代码中，我们在 User 类上添加了 @Document、@Id、@Field 等 Spring Data MongoDB 这一特定开发框架所提供的专用注解。这样就导致领域模型对象中夹杂着具体的技术实现方案，这是不推荐的。

有时候，考虑到技术实现的简洁性，可能会追求一种在领域模型对象的独立性以及技术实现的可行性上的平衡。但从设计理念上讲，真正的领域模型应该凌驾在技术体系之上。那么如何做到这一点呢？针对前面所展示的代码，我们在第 8 章讨论资源库的实现过程时会给出具体的实现方案。

接下来讨论如何实现聚合对象。针对聚合对象，我们可以采用如图 6-2 所示的开发步骤。

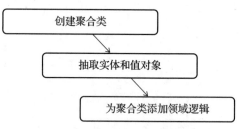

图 6-2　实现聚合对象的 3 个步骤

图 6-2 体现的是一种从总体到局部再到总体的实现思路，即先在限界上下文中创建代表该上下文入口的聚合对象，再根据聚合对象的业务需求抽取对应的实体和值对象，最后把这些实体和值对象以及其他业务属性填充到聚合对象中。

让我们回到 Monitor 限界上下文中，在 3.3 节的讨论中，我们已经明确了该上下文的聚合对象为 HealthMonitor。任何一个聚合对象都需要具备一个聚合标识符。通常，我们会创建一个独立的对象来代表这个聚合标识符，如代码清单 6-2 所示。

代码清单 6-2 作为独立对象的聚合标识符示例代码

```
/**
 * HealthMonitor 聚合的聚合标识符
 */
public class MonitorId {
    private String monitorId;
    // 省略 getter/setter
}
```

可以看到，我们将 HealthMonitor 聚合的聚合标识符命名为 MonitorId，内部包含了一个 String 类型的 monitorId 值。请注意，这是一种比较简单的聚合标识符，而聚合标识符的复杂度取决于如何确定聚合对象的唯一性，这种唯一性是业务含义上的而不是技术实现上的。在日常开发过程中，聚合标识符可能会非常复杂，由一组不同的字段组成，然后这组字段形成了聚合的唯一性。但是，如果一个聚合标识符的设计过于复杂，可能是设计问题的一种 "症状"，建议对聚合的设计做一次回顾，看看聚合的设计是否合理。

现在，围绕 HealthMonitor 聚合，我们可以得到如图 6-3 所示的类图。

从领域模型对象的类型而言，聚合标识符本质上应该属于一种值对象。但是考虑到聚合标识符应该与聚合一起存在，所以在代码组织上，我们往往把它和聚合放在同一个包结构，也就是 Monitor 限界上下文的 com.healthmonitor.monitor.domain.model.aggregate 包结构。

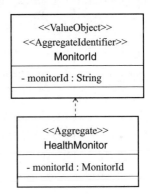

图 6-3 HealthMonitor 聚合类图（版本 1）

6.2 抽取实体和值对象

实体和值对象都是聚合的组成部分，区别在于实体具有唯一标识和状态性。本节先来完成对 Monitor 限界上下文中实体和值对象的抽取过程。

6.2.1 抽取实体

从 Monitor 限界上下文的业务描述入手，我们可以首先抽象出一个实体对象，即代表健康检测单的 HealthTestOrder。作为一个订单类型的实体，其唯一标识符显然应该是订单 ID（OrderId），而订单也应该具有一个目标用户账户（Account）。同时，健康检测单所携带的信息还包括用户的既往病史以及目前的症状描述。最后，我们基于 "同一个用户在上一个健康检测单没有完成之前无法申请新的检测单" 这条业务需求，抽取一个对象来代表健康检测单当前的执行状态（OrderStatus）。作为示例，代码清单 6-3 展示了 HealthTestOrder 的代码实现。

代码清单 6-3　HealthTestOrder 示例代码

```
public class HealthTestOrder {
    private String orderNumber;          // 检测单编号
    private String account;              // 用户账户
    private Anamnesis anamnesis;         // 既往病史
    private Symptom symptom;             // 症状
    private OrderStatus orderStatus;     // 检测单状态

    public HealthTestOrder(Anamnesis anamnesis, Symptom symptom) {
        super();
        this.anamnesis = anamnesis;
        this.symptom = symptom;
    }

    public HealthTestOrder(String orderNumber, String account, Anamnesis anamnesis,
        Symptom symptom) {
        this(anamnesis, symptom);
        this.orderNumber = orderNumber;
        this.account = account;
    }

    public String getOrderNumber() {
        return orderNumber;
    }
    public String getAccount() {
        return account;
    }
    public Anamnesis getAnamnesis() {
        return anamnesis;
    }
    public Symptom getSymptom() {
        return symptom;
    }
    public OrderStatus getOrderStatus() {
        return orderStatus;
    }
    public void setOrderNumber(String orderNumber) {
        this.orderNumber = orderNumber;
    }
    public void setAccount(String account) {
        this.account = account;
    }
    public void setAnamnesis(Anamnesis anamnesis) {
        this.anamnesis = anamnesis;
    }
    public void setSymptom(Symptom symptom) {
        this.symptom = symptom;
    }
```

```
    public void setOrderStatus(OrderStatus orderStatus) {
        this.orderStatus = orderStatus;
    }
}
```

请注意，这里故意将各种 getter/setter 方法都展示出来，为了说明对实体对象而言，所有的属性原则上都是可以修改的。我们可以通过不同的构造函数来初始化部分字段，再通过一组 setter 方法来改变它们的状态。这点是实体和值对象在具体代码实现上的显著区别。

接下来需要提取的实体是代表健康计划的 HealthPlanProfile，每一个计划显然都应该具备唯一的标识符，即 planId。除了计划的基本描述之外，HealthPlanProfile 包含目标用户账户信息、制定计划的医生信息以及计划中的健康任务信息，如代码清单 6-4 所示。

代码清单 6-4　HealthPlanProfile 示例代码

```
public class HealthPlanProfile {
    private String planId;
    private String account;
    private String doctor;
    private String description;
    private List<HealthTaskProfile> tasks;

    public HealthPlanProfile() {
    }

    public HealthPlanProfile(String planId, String account, String doctor,
        String description, List<HealthTaskProfile> tasks) {
        super();
        this.planId = planId;
        this.account = account;
        this.doctor = doctor;
        this.description = description;
        this.tasks = tasks;
    }
    // 省略 getter/setter
}
```

我们看到在 HealthPlanProfile 中保存了一组代表健康任务的 HealthTaskProfile 对象，该对象同样是一个实体。作为健康任务，除了任务名称、描述等基础属性之外，还具备健康积分这一核心属性。用户在执行完一个健康任务之后，就可以获取该 HealthTaskProfile 中的 taskscore 值，并更新健康档案。HealthTaskProfile 实体的定义如代码清单 6-5 所示。

代码清单 6-5　HealthTaskProfile 示例代码

```
public class HealthTaskProfile {
    private String taskId;
    private String taskName;
    private String description;
```

```
    private int taskScore;

    public HealthTaskProfile(String taskId, String taskName, String description,
        int taskScore) {
        super();
        this.taskId = taskId;
        this.taskName = taskName;
        this.description = description;
        this.taskScore = taskScore;
    }
    // 省略 getter/setter
}
```

基于以上分析，我们可以进一步获取 HealthMonitor 聚合中的实体类图结构，如图 6-4 所示。

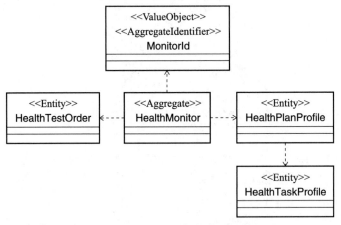

图 6-4　HealthMonitor 聚合类图（版本 2）

6.2.2　抽取值对象

在前面对实体的抽取过程中，实际上我们已经同时抽取了部分值对象，包括 Anamnesis 和 Symptom。这是两个典型的值对象，因为每个人都可以提供自己的既往病史和症状，这些不会随着业务的发展而发生变化。这里给出 Anamnesis 对象的实现代码，如代码清单 6-6 所示。

代码清单 6-6　Anamnesis 示例代码

```
public class Anamnesis {
    private String allergy;             // 过敏史
    private String injection;           // 预防注射史
    private String surgery;             // 外科手术史

    public Anamnesis(String allergy, String injection, String surgery) {
        super();
        this.allergy = allergy;
        this.injection = injection;
```

```
        this.surgery = surgery;
    }

    public String getAllergy() {
        return allergy;
    }
    public String getInjection() {
        return injection;
    }
    public String getSurgery() {
        return surgery;
    }
}
```

再次注意，与实体不同，一个值对象应该只包括一个全参构造函数以及一组 getter 方法，而不应该有任何 setter 类型的操作。这是因为值对象是不可变的，在通过构造函数成功创建对象之后就不应该对该对象做任何变更。如果想要使用不同状态的值对象，唯一的办法就是重新创建一个。

另外，在一个限界上下文中，代表聚合和实体状态变化的对象一般都是值对象。比如，为了确保用户有且仅有一个正在生效的健康检测单，我们可以提取一个代表健康检测单状态的 OrderStatus 值对象。再比如，想要表示用户申请健康检测是否成功，我们可以引入一个 MonitorStatus 值对象，该值对象也可以在健康检测完毕时控制 HealthMonitor 聚合的当前状态。这里给出 MonitorStatus 的实现代码，如代码清单 6-7 所示，可以看到这就是一个 Java 中的枚举。

代码清单 6-7 MonitorStatus 示例代码

```
public enum MonitorStatus {
    INITIALIZED, CLOSED;
}
```

这里值得讨论的是代表健康积分的 HealthScore 对象。从业务逻辑上讲，我们需要基于用户健康任务的完成情况来动态调整用户的健康积分，所以 HealthScore 对象原则上是可变的，这点符合实体的定义。但是请注意，HealthScore 并不具备唯一性，为一个分值设置唯一标识没有意义。所以，HealthScore 也是一种值对象。

基于以上分析，我们再次更新 HealthMonitor 聚合中的类图结构，如图 6-5 所示。

图 6-5 展示了 Monitor 限界上下文中的主要领域模型对象。作为总结，我们罗列 Health-Monitor 聚合所包含的业务属性，如下。

❑ MonitorId：HealthMonitor 聚合的标识符。

❑ HealthTestOrder：健康检测单，包括当前用户的既往病史和症状等信息。

❑ HealthPlanProfile：健康计划，包含一组健康任务信息。

❑ HealthScore：健康积分，代表健康监控的结果。

❑ MonitorStatus：健康监控的状态。

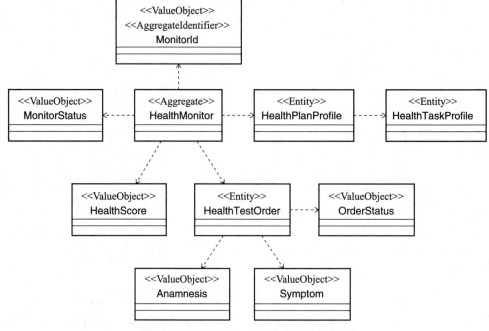

图 6-5　HealthMonitor 聚合类图（版本 3）

　　围绕 HealthMonitor 聚合的这些业务属性，接下来讨论如何基于这些业务需求来实现该聚合的领域逻辑。

6.3　为聚合添加领域逻辑

　　对 HealthMonitor 聚合而言，领域逻辑主要包括 3 部分内容，即用户申请健康监控、为用户创建健康计划以及用户执行健康任务。我们可以引入 UML 中的用例图来展开阐述，如图 6-6 所示。

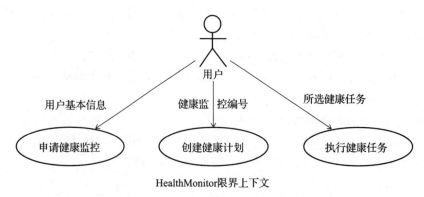

图 6-6　HealthMonitor 聚合的领域逻辑用例图

6.3.1　实现申请健康监控领域逻辑

我们先讨论用户申请健康监控的领域逻辑的实现过程。显然，HealthMonitor 聚合对象的创建相当于发生了申请健康监控这一领域操作，所以我们在 HealthMonitor 类中添加一个构造函数，其定义如代码清单 6-8 所示。

代码清单 6-8　HealthMonitor 的构造函数定义示例代码

```java
public class HealthMonitor {
    private MonitorId monitorId;
    private HealthTestOrder order;
    private HealthPlanProfile plan;
    private HealthScore score;
    private MonitorStatus status;

    public HealthMonitor(ApplyMonitorCommand applyMonitorCommand) {
        ...
    }
}
```

注意到在 HealthMonitor 的构造函数中传入了一个命令对象 ApplyMonitorCommand。关于命令对象以及命令服务的详细讨论我们放在下一章中，这里只需要知道通过这个 ApplyMonitorCommand 命名对象，我们能够获取申请健康监控这一领域操作所有的输入参数。ApplyMonitorCommand 的定义如代码清单 6-9 所示。

代码清单 6-9　ApplyMonitorCommand 命令对象示例代码

```java
public class ApplyMonitorCommand {
    private String monitorId;               // 健康监控编号
    private String account;                 // 用户账号
    private String allergy;                 // 过敏史
    private String injection;               // 预防注射史
    private String surgery;                 // 外科手术史
    private String symptomDescription;      // 症状描述
    private String bodyPart;                // 身体部位
    private String timeDuration;            // 持续时间

    public ApplyMonitorCommand(String account, String allergy, String injection,
        String surgery, String symptomDescription, String bodyPart, String
        timeDuration) {
        super();
        this.account = account;
        this.allergy = allergy;
        this.injection = injection;
        this.surgery = surgery;
        this.symptomDescription = symptomDescription;
        this.bodyPart = bodyPart;
        this.timeDuration = timeDuration;
    }
```

```
    // 省略 getter/setter
}
```

明确了 ApplyMonitorCommand 命令对象之后，我们来看 HealthMonitor 的构造函数实现过程，如代码清单 6-10 所示。

代码清单 6-10　HealthMonitor 的构造函数实现示例代码

```
public HealthMonitor(ApplyMonitorCommand applyMonitorCommand) {
    //1. 设置聚合标识符
    this.monitorId = new MonitorId(applyMonitorCommand.getMonitorId());

    //2. 构建 HealthTestOrder 实体对象
    Anamnesis anamnesis = new Anamnesis(
        applyMonitorCommand.getAllergy(),
        applyMonitorCommand.getInjection(),
        applyMonitorCommand.getSurgery());
    Symptom symptom = new Symptom(
        applyMonitorCommand.getSymptomDescription(),
        applyMonitorCommand.getBodyPart(),
        applyMonitorCommand.getTimeDuration());
    String orderNumber = "Order" + UUID.randomUUID().toString().toUpperCase();
    HealthTestOrder order = new HealthTestOrder(
        orderNumber,
        applyMonitorCommand.getAccount(),
        anamnesis, symptom);

    //3. 初始化聚合状态
    this.order = order;
    this.status = MonitorStatus.INITIALIZED;
    this.score = new HealthScore(0);

    //4. TODO: 发送领域事件
}
```

我们通过注释把 HealthMonitor 构造函数中的代码结构分成 4 个部分。

首先，我们从 ApplyMonitorCommand 命令对象中获取了一个 String 类型的 monitorId，并基于这个 monitorId 构建了聚合标识符 MonitorId。这是任何聚合对象初始化都需要实现的一个步骤。请注意，负责生成 monitorId 的并不是聚合对象本身，而是命令服务。

然后，我们通过 ApplyMonitorCommand 命令对象的参数构建 HealthTestOrder。这部分内容比较简单，只是创建了 Anamnesis 和 Symptom 这两个值对象，并完成对 HealthTestOrder 实体对象中检测单编号和目标用户账户等信息的赋值。

接着，我们需要在构造函数中完成对 HealthMonitor 聚合对象中自身状态信息的初始化，包括对 MonitorStatus 和健康积分 HealthScore 对象进行赋值。

最后，作为一个聚合对象，HealthMonitor 还需要实现发送领域事件功能。这部分功能我们放在第 9 章中详细讨论。

6.3.2　实现创建健康计划领域逻辑

接下来讨论如何实现创建健康计划这一领域逻辑。当用户成功申请健康监控之后，HealthMonitor 聚合就会返回一个有效的聚合标识符 MonitorId。然后，用户就可以根据这个 MonitorId 进一步创建健康计划。为此，我们在 HealthMonitor 聚合对象中添加如代码清单 6-11 所示的 generateHealthPlan 方法。

代码清单 6-11　HealthMonitor 的 generateHealthPlan 方法示例代码

```
public void generateHealthPlan(CreatePlanCommand createPlanCommand) {
    // 验证 monitorId 对当前 HealthMonitor 对象是否有效
    String monitorId = createPlanCommand.getMonitorId();
    if(!monitorId.equals(this.monitorId.getMonitorId())) {
        return;
    }

    // 创建 HealthPlanProfile 实体
    HealthPlanProfile healthPlanProfile = new HealthPlanProfile(
        createPlanCommand.getPlanId(),
        createPlanCommand.getAccount(),
        createPlanCommand.getDoctor(),
        createPlanCommand.getDescription(),
        createPlanCommand.getTasks());

    // 更新业务属性
    this.plan = healthPlanProfile;

    // TODO: 发送领域事件
}
```

上述 generateHealthPlan 方法的实现过程并不复杂，这里也引入了一个新的命令对象 CreatePlanCommand。我们先根据 CreatePlanCommand 所传入的 monitorId 来判断该次业务操作是否合法。至于如何合法，可以创建一个 HealthPlanProfile 实体并赋值给 HealthMonitor 聚合中对应的业务属性。

讲到这里，你可能会奇怪 CreatePlanCommand 中与健康计划相关的数据是从哪里来的呢？这个问题我们放到下一章讨论应用服务时回答。

6.3.3　实现执行健康任务领域逻辑

HealthMonitor 聚合对象中最后一个主要的业务逻辑是执行健康任务，用户可以在健康计划中选择一个健康任务并执行。为此，我们同样在 HealthMonitor 聚合对象中添加如代码清单 6-12 所示的 performHealthTask 方法。

代码清单 6-12 HealthMonitor 的 performHealthTask 方法示例代码

```
public void performHealthTask(PerformTaskCommand performTaskCommand) {
    int taskScore = performTaskCommand.getHealthTaskProfile().getTaskScore();
    this.score.plusScore(taskScore);

    // TODO：发送领域事件
}
```

在系统实现层面，用户执行健康任务的结果就是获取该任务中的健康积分并累计到 HealthMonitor 中，上述代码实现了这一逻辑。当然，这里同样需要发送领域事件来将这些信息同步到用户的健康记录中。

至此，Monitor 限界上下文中的领域模型对象就都介绍完了。作为总结，我们给出 HealthMonitor 聚合的完整版类图，如图 6-7 所示。

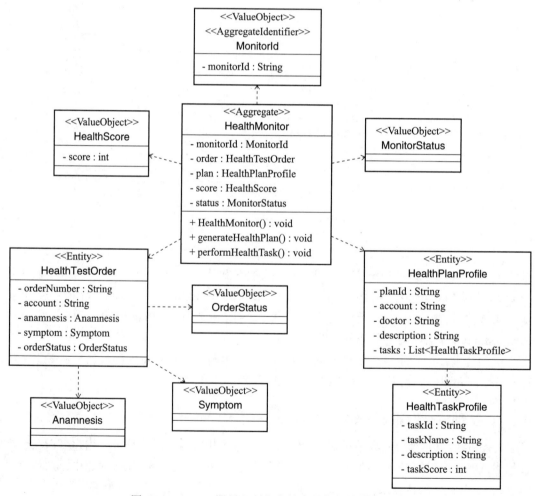

图 6-7 Monitor 限界上下文中的完整版领域模型对象

在图 6-5 的基础上，我们给出了 HealthMonitor 聚合类、HealthTestOrder、HealthPlanProfile
和 HealthTaskProfile 等实体类中的关键属性，并重点展示了 HealthMonitor 聚合中的业务逻辑。

6.4　实现 HealthMonitor 领域模型对象

在本节中，让我们回顾 HealthMonitor 案例系统，图 6-8 展示了该案例各个限界上下文
中的聚合对象及其聚合标识符。

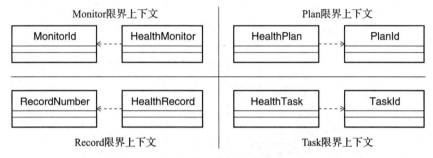

图 6-8　HealthMonitor 案例限界上下文中的聚合

接下来，我们将在 HealthMonitor 聚合对象的基础上，继续讨论 HealthMonitor 案例系
统中其余 3 个限界上下文的聚合对象，分别是 HealthPlan、HealthTask 和 HealthRecord。

6.4.1　HealthPlan 聚合

我们给出 Plan 限界上下文中的领域模型对象的简略类图，如图 6-9 所示。

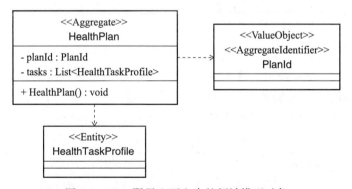

图 6-9　Plan 限界上下文中的领域模型对象

HealthPlan 聚合的功能比较简单，主要就是根据一组健康任务来创建不同的健康计划。

6.4.2　HealthTask 聚合

Task 限界上下文中的领域模型对象如图 6-10 所示。

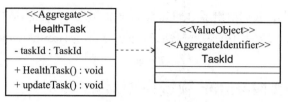

图 6-10　Task 限界上下文中的领域模型对象

可以看到，在案例中，我们把 HealthTask 聚合设计得非常简单，只包含了对健康任务自身的创建和更新操作。

6.4.3　HealthRecord 聚合

最后，我们也可以得到如图 6-11 所示的 Record 限界上下文中的领域模型对象。

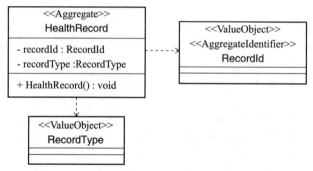

图 6-11　Record 限界上下文中的领域模型对象

HealthRecord 聚合的作用是接收来自 HealthMonitor 聚合的消息并把它们转换为健康记录保存下来，这些消息根据 RecordType 来分类管理。

6.4.4　共享领域对象

我们已经在第 3 章中提到了共享领域对象的概念。在案例系统中，我们专门创建了一个 common-domain 工程来存放这些共享对象，任何限界上下文都可以引入这个工程中的共享对象。位于 common-domain 工程的部分共享对象如图 6-12 所示。

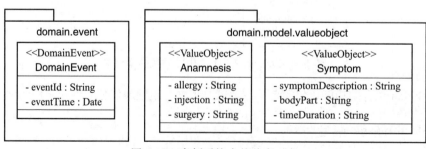

图 6-12　案例系统中的共享对象

可以看到，这里展示了代表既往病史的 Anamnesis 对象以及代表症状的 Symptom 对象。它们都是典型的值对象，可以在不同的限界上下文中进行共享和传递。而 DomainEvent 对象作为对领域事件的基本抽象，显然也可以用于所有生成事件的场景中。

6.5　本章小结

如果你正在开发一个 DDD 应用程序，那么识别系统中的聚合对象并完成对其的建模是一项必不可少的工作。针对系统中的每一个子域以及上下文边界，我们首先需要对系统中存储的各种对象进行区分，在实体、值对象的基础上抽象聚合概念，确保边界的完整性和对象访问的有效性。

聚合建模方法需要考虑业务场景和需求上下文，有时候并没有标准的设计方案，而是取决于设计者对业务模型的理解和分析。本章以 Monitor 限界上下文中的 HealthMonitor 聚合为例，对聚合建模进行了详细的分析，并完成了核心领域逻辑的实现。同时，我们进一步梳理了整个 HealthMonitor 案例系统中的领域模型对象。

案例实现：应用服务

通过上一章内容，我们已经明确了一个限界上下文中聚合对象及其相关的实体和值对象的创建过程。在实现聚合对象的领域逻辑时，我们引入了命令对象。在 DDD 中，命令对象属于应用服务的讨论范畴，本章将对应用服务的实现策略和过程做详细讲解。在一个限界上下文代码中，应用程序包括命令服务和查询服务两大类组件，因此包结构应该如图 7-1 所示。

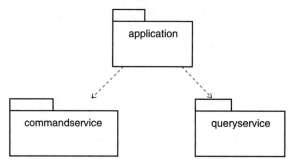

图 7-1　application 包结构

应用服务的作用主要有两方面，一方面是协调一个限界上下文中相关组件的协作关系，另一方面是与其他限界上下文以及外部系统进行交互。本章将基于 HealthMonitor 案例系统演示应用服务这两方面作用，并提供具体的代码实现方式。

7.1　应用服务实现策略

应用服务是 DDD 中一种比较抽象的技术组件，其设计的初衷是想要更好地组织一个限界上下文中各个技术组件之间的交互关系，从而实现各个组件之间的职责分离，避免耦合度过高。在设计模式中存在所谓的外观模式，如图 7-2 所示。

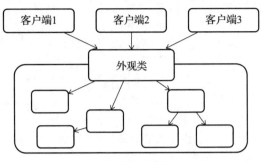

图 7-2 外观模式结构示意图

在实现策略上，应用服务采用的就是这样一种外观模式。在讨论应用服务的实现过程之前，让我们先来系统地梳理一下在 DDD 应用程序中需要应用服务进行协调的各个技术组件及其交互流程，如图 7-3 所示。

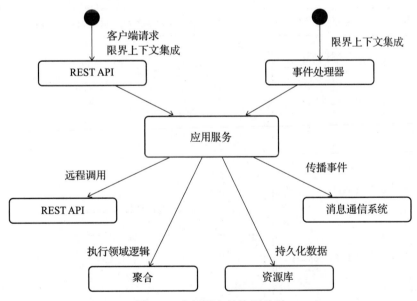

图 7-3 应用服务的协调关系

在图 7-3 中，我们可以看到外部请求无论是通过 REST API 还是事件处理机制流转到限界上下文，都无法直接与聚合、资源库等组件直接交互，需要通过应用服务统一协调。这就是应用服务起到的外观作用。

应用服务分成两大类，一类是命令服务，另一类是查询服务。其中查询服务的实现过程比较简单，通常情况下只需要对资源库开放的数据访问入口进行简单封装即可，如图 7-4 所示。

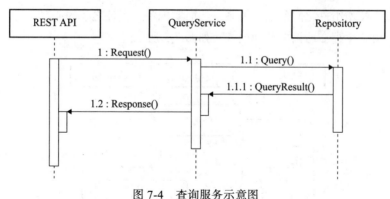

图 7-4　查询服务示意图

图 7-4 采用的是 UML 中时序图的表现形式。在该图中，我们通常会针对查询场景构建专门的查询对象及查询结果。

相比于查询服务，命令服务的实现过程更复杂一点，因为涉及与聚合对象之间的交互，如图 7-5 所示。

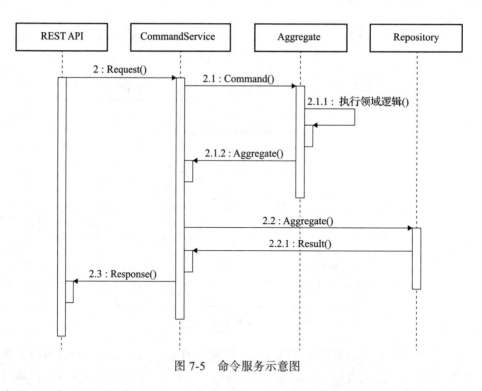

图 7-5　命令服务示意图

在图 7-5 中，通过构建 Command 命令对象，命令服务将来自客户端请求的参数传递到聚合对象，聚合执行对应的领域逻辑之后返回最新的聚合对象给命令服务。然后，命令服务就可以针对最新的聚合对象执行持久化操作并返回。

7.2　实现应用服务

介绍完应用服务的基本实现策略之后，接下来讨论如何实现应用服务。我们首先要介绍的是命令服务的实现方式。

7.2.1　实现命令服务

命名服务的实现过程主要包括两部分，即设计命令对象，以及基于命令对象完成与聚合对象之间的交互。

1. 命令对象

实现命令服务的第一步是创建命令对象。我们已经在上一章中创建了一个命令对象 ApplyMonitorCommand，如代码清单 7-1 所示。

代码清单 7-1　ApplyMonitorCommand 命令对象示例代码

```
public class ApplyMonitorCommand {
    private String monitorId;                       // 健康监控编号
    private String account;                         // 用户账号
    private String allergy;                         // 过敏史
    private String injection;                       // 预防注射史
    private String surgery;                         // 外科手术史
    private String symptomDescription;              // 症状描述
    private String bodyPart;                        // 身体部位
    private String timeDuration;                    // 持续时间

    public ApplyMonitorCommand(String account, String allergy, String injection,
        String surgery, String symptomDescription, String bodyPart, String
        timeDuration) {
        super();
        this.account = account;
        this.allergy = allergy;
        this.injection = injection;
        this.surgery = surgery;
        this.symptomDescription = symptomDescription;
        this.bodyPart = bodyPart;
        this.timeDuration = timeDuration;
    }
    // 省略 getter/setter
}
```

你可能会问，这个 ApplyMonitorCommand 命令对象是在什么时候被创建出来的呢？事实上，命令服务本身并不负责创建命令对象，命令对象的创建需要由命令服务的上层组件完成，通常的做法如图 7-6 所示。

在图 7-6 中，我们看到可以通过 CommandDTOAssembler 装配器组件来完成从 DTO 到命令对象之间的转换，而这个转换过程发生在命令服务的上层组件中，即 REST API 这层。我们会在第 10 章中讨论限界上下文的集成时对这部分内容进一步展开讲解。

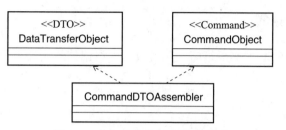

图 7-6 命令对象的创建过程类图

现在让我们回到 Monitor 限界上下文中，回顾 HealthMonitor 聚合对象所使用的命令对象，如图 7-7 所示。

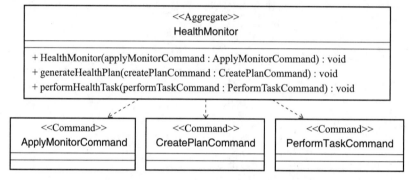

图 7-7 HealthMonitor 聚合和命令对象

图 7-7 展示了 3 个命令对象，分别是 ApplyMonitorCommand、CreatePlanCommand 和 PerformTaskCommand，对应申请健康监测、创建健康计划以及执行健康任务这 3 个领域逻辑。

2. 命令服务

现在，是时候创建一个命令服务了。在 Monitor 限界上下文中，我们在 com.healthmonitor. monitor.application.commandservice 包下创建一个如代码清单 7-2 所示的 HealthMonitorCommand- Service。

代码清单 7-2　HealthMonitorCommandService 命令服务示例代码

```
@Service
public class HealthMonitorCommandService {
    private HealthMonitorRepository healthMonitorRepository;

    public HealthMonitorCommandService(HealthMonitorRepository healthMonitorRepository) {
        this.healthMonitorRepository = healthMonitorRepository;
    }

    public MonitorId handlerHealthMonitorApplication(ApplyMonitorCommand
        applyMonitorCommand){
        // 生成 MonitorId
        String monitorId = "Monitor" + UUID.randomUUID().toString().toUpperCase();
```

```
        applyMonitorCommand.setMonitorId(monitorId);
        // 创建 HealthMonitor
        HealthMonitor healthMonitor = new HealthMonitor(applyMonitorCommand);
        // 通过资源库持久化 HealthMonitor
        healthMonitorRepository.save(healthMonitor);
        // 返回 HealthMonitor 的聚合标识符
        return healthMonitor.getMonitorId();
    }
}
```

上述代码中有几个地方值得我们注意。

首先，我们在 HealthMonitorCommandService 类名上添加了 @Service 注解，这样 Spring Boot 就能自动将该类注入 Spring 容器中。然后，我们看到这里出现了一个 HealthMonitorRepository 接口，该接口代表的是一个资源库。本章不会对 HealthMonitorRepository 的具体实现过程做详细解读，但我们应该明白该接口提供了针对 HealthMonitor 聚合对象的 CRUD 操作。

然后，我们来看这里的 handlerHealthMonitorApplication 方法，该方法的输入参数就是一个 ApplyMonitorCommand 命令对象。在该方法中，我们为 HealthMonitor 聚合创建了唯一标识符 MonitorId，然后通过它的构造函数完成了对领域逻辑的处理。最后，我们通过 HealthMonitorRepository 把这个 HealthMonitor 聚合对象保存到了数据库中。

我们继续来看 HealthMonitorCommandService 中另一个典型的实现方法 handlerHealthPlan-Generation，该方法如代码清单 7-3 所示。

代码清单 7-3　handlerHealthPlanGeneration 方法示例代码

```
@Service
public class HealthMonitorCommandService {
    private HealthMonitorRepository healthMonitorRepository;

    public HealthMonitorCommandService(HealthMonitorRepository healthMonitorRepository) {
        this.healthMonitorRepository = healthMonitorRepository;
    }

    public void handlerHealthPlanGeneration(CreatePlanCommand createPlanCommand){
        // 根据 MonitorId 获取 HealthMonitor
        HealthMonitor healthMonitor = healthMonitorRepository
            .findByMonitorId(createPlanCommand.getMonitorId());

        // TODO: 根据 healthMonitor 调用 Plan 限界上下文获取 HealthPlan
        // 并填充 CreatePlanCommand
        ...
        // 针对 HealthMonitor 创建 HealthPlan
        healthMonitor.generateHealthPlan(createPlanCommand);
        // 通过资源库持久化 HealthMonitor
        healthMonitorRepository.save(healthMonitor);
    }
}
```

在上述方法中，我们传入了一个 CreatePlanCommand 对象，并根据该对象中的 monitorId 变量通过 HealthMonitorRepository 从数据库中获取了 HealthMonitor 聚合对象。这时候的聚合对象保持了在构造函数中的初始化状态。然后我们通过 HealthMonitor 的 generateHealthPlan 方法来生成目标健康计划，并保存到数据库中。

请注意，这里添加了一个 TODO 注释，表明我们还没有实现这个功能。原因在于 CreatePlanCommand 命令对象中关于健康计划 ID、医生 Doctor、健康任务 Task 的信息都需要与 Plan 限界上下文集成才能获取，而这部分工作我们将在第 10 章中讨论限界上下文的集成过程时展开说明。现在，我们只需要明白，当从 Plan 限界上下文获取对应的数据之后，HealthMonitor 聚合就能完成健康计划的制定。而从 Plan 限界上下文中获取健康计划这一动作的发生场所只能是在 HealthMonitorCommandService 这个命令服务中，不能是其他任何地方。最后，我们同样通过 HealthMonitorRepository 把 HealthMonitor 聚合保存到了数据库中。

7.2.2 实现查询服务

相较于命令服务，查询服务的实现过程就显得非常简单。查询服务唯一需要交互的组件就是资源库，我们获取资源库中的聚合对象然后返回给使用方即可。我们可以在 Monitor 限界上下文的 com.healthmonitor.monitor.application.queryservice 包中添加如代码清单 7-4 所示的 HealthMonitorQueryService。

代码清单 7-4　HealthMonitorQueryService 查询服务示例代码

```
@Service
public class HealthMonitorQueryService {
    private HealthMonitorRepository healthMonitorRepository;

    public HealthMonitorQueryService(HealthMonitorRepository healthMonitorRepository) {
        this.healthMonitorRepository = healthMonitorRepository;
    }

    public HealthMonitor findByMonitorId(String monitorId) {
        return healthMonitorRepository.findByMonitorId(monitorId);
    }

    public List<HealthMonitor> findAll() {
        return healthMonitorRepository.findAll();
    }

    public List<MonitorId> findAllMonitorIds() {
        return healthMonitorRepository.findAllMonitorIds();
    }

    public HealthMonitor findByUserAccount(String account) {
        return healthMonitorRepository.findByUserAccount(account);
    }
}
```

可以看到，HealthMonitorQueryService 基本就是对 HealthMonitorRepository 资源库所提供的查询方法的简单转发，本身没有包含任何的业务逻辑。

请注意，正如 HealthMonitorQueryService 所展示的，在查询服务中直接返回聚合对象是合理的。但聚合对象往往比较复杂，有时候一次简单的查询并不一定需要返回聚合对象中的所有业务属性，过多的业务属性反而会让查询的发起者感到困惑。这时候，采用查询结果对象也是一种常见的处理方法。例如，我们可以在 Monitor 限界上下文中创建一个 com.healthmonitor. monitor.domain.query 包结构，并添加如代码清单 7-5 所示的 HealthMonitorSummary 查询结果对象。

代码清单 7-5 HealthMonitorSummary 查询结果对象示例代码

```
public class HealthMonitorSummary {
    private String monitorId;
    private String orderNumber;      // 检测单编号
    private String account;          // 用户账户
    private String planId;           // 计划编号
    private String doctor;           // 医生
    private String status;           // 监控状态
    private int score;               // 健康积分
    // 省略 getter/setter
}
```

可以看到，HealthMonitorSummary 查询结果对象是对 HealthMonitor 聚合对象的一种封装，把原本复杂的数据结构进行了重组。为此，我们需要提供一个转换器来实现 HealthMonitor 到 HealthMonitorSummary 之间的转换，该转换器如代码清单 7-6 所示。

代码清单 7-6 HealthMonitorSummaryTransformer 类示例代码

```
public class HealthMonitorSummaryTransformer {
    public static HealthMonitorSummary toHealthMonitorSummary(HealthMonitor
        healthMonitor) {
        HealthMonitorSummary healthMonitorSummary = new HealthMonitorSummary();
        healthMonitorSummary.setMonitorId(healthMonitor.getMonitorId().getMonitorId());
        healthMonitorSummary.setStatus(healthMonitor.getStatus().toString());
        healthMonitorSummary.setOrderNumber(healthMonitor.getOrder().getOrderNumber());
        healthMonitorSummary.setAccount(healthMonitor.getOrder().getAccount());
        healthMonitorSummary.setDoctor(healthMonitor.getPlan().getDoctor());
        healthMonitorSummary.setPlanId(healthMonitor.getPlan().getPlanId());
        healthMonitorSummary.setScore(healthMonitor.getScore().getScore());
        return healthMonitorSummary;
    }
}
```

上述 HealthMonitorSummaryTransformer 位于 com.healthmonitor.monitor.domain.query.transformer 包中。基于 HealthMonitorSummaryTransformer，我们在 HealthMonitorQueryService 中就可以实现如代码清单 7-7 所示的 findSummaryByMonitorId 查询方法。

代码清单 7-7　findSummaryByMonitorId 查询方法示例代码

```
@Service
public class HealthMonitorQueryService {
    private HealthMonitorRepository healthMonitorRepository;

    public HealthMonitorQueryService(HealthMonitorRepository healthMonitorRepository) {
        this.healthMonitorRepository = healthMonitorRepository;
    }

    public HealthMonitorSummary findSummaryByMonitorId(String monitorId) {
        HealthMonitor healthMonitor = healthMonitorRepository.findByMonitorId(monitorId);
        return HealthMonitorSummaryTransformer.toHealthMonitorSummary(healthMonitor);
    }
}
```

7.3　整合应用服务和聚合

现在，让我们再次回到 Monitor 限界上下文，来回顾 HealthMonitor 聚合对象所涉及的应用服务，如图 7-8 所示。

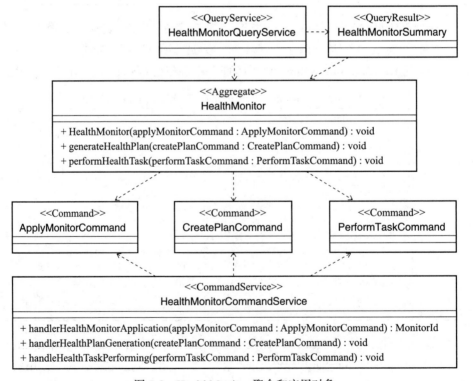

图 7-8　HealthMonitor 聚合和应用对象

从图 7-8 中，我们不难发现有两种方式可以完成命令服务与聚合之间的整合。一种是通过普通的方法调用来实现，另一种则是通过构造函数来实现。聚合的构造函数非常重要，很多领域逻辑的初始化操作发生在这个方法中，这里也是传入命令对象的绝佳场所。而查询服务一般不会直接与聚合的领域逻辑相关联，这也是查询服务与命令服务之间的一大区别。

在 DDD 中，我们通常把那些接收命令对象并执行相关领域逻辑的方法称为命令处理器（Command Handler）。例如，图 7-8 中的 HealthMonitor 构造函数以及 generateHealthPlan 和 performHealthTask 方法就是典型的命令处理器。而那些根据查询条件执行查询操作的方法则被称为查询处理器（Query Handler）。有些 DDD 专用的开发框架（例如第 11 章介绍的 Axon 框架）还专门提供了 CommandHandler 和 QueryHandler 技术组件来分别处理命令操作和查询操作。

7.4　实现 HealthMonitor 应用服务

在本节中，我们将对 HealthMonitor 案例系统中其他 3 个限界上下文中的应用服务进行简要描述，这些应用服务的实现过程都与 Monitor 限界上下文非常类似。

Plan 限界上下文中的应用服务包括 HealthPlanCommandService 和 HealthPlanQueryService，围绕这两个应用服务展开的类层结构如图 7-9 所示。

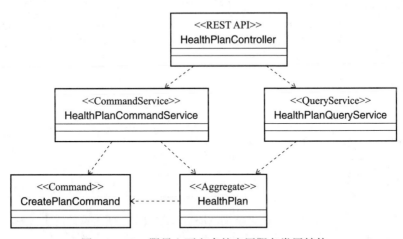

图 7-9　Plan 限界上下文中的应用服务类层结构

Plan 限界上下文的核心业务是创建健康计划，并根据用户信息确定最适合的健康计划。其中，前者通过 HealthPlanCommandService 实现，该命令服务如代码清单 7-8 所示。

代码清单 7-8　HealthPlanCommandService 命令服务示例代码

```
@Service
public class HealthPlanCommandService {
```

```
    private HealthPlanRepository healthPlanRepository;

    public HealthPlanCommandService(HealthPlanRepository healthPlanRepository) {
        this.healthPlanRepository = healthPlanRepository;
    }

    public PlanId handleHealthPlanCreation(CreatePlanCommand createPlanCommand) {
        String planId = "Plan" + UUID.randomUUID().toString().toUpperCase();
        createPlanCommand.setPlanId(planId);

        HealthPlan healthPlan = new HealthPlan(createPlanCommand);
        healthPlanRepository.save(healthPlan);

        return healthPlan.getPlanId();
    }
}
```

而针对如何确定最适合用户的健康计划，我们首先需要获取当前系统中所有的健康计划信息，这部分工作由 HealthPlanQueryService 完成，如代码清单 7-9 所示。

代码清单 7-9　HealthPlanQueryService 查询服务示例代码

```
@Service
public class HealthPlanQueryService {
    private HealthPlanRepository healthPlanRepository;

    public HealthPlanQueryService(HealthPlanRepository healthPlanRepository) {
        this.healthPlanRepository = healthPlanRepository;
    }

    public HealthPlan findByPlanId(String PlanId) {
        return healthPlanRepository.findByPlanId(PlanId);
    }

    public List<HealthPlan> findAll() {
        return healthPlanRepository.findAll();
    }
}
```

我们再来看 Task 限界上下文，该上下文的职责非常明确，就是管理健康任务。我们提供了针对健康任务的创建、更新和查询的支撑性功能，分别由命令服务 HealthTaskCommandService 和查询服务 HealthTaskQueryService 实现。Task 限界上下文的应用服务类层结构如图 7-10 所示。

最后的 Record 限界上下文也比较简单，主要用来完成对用户健康记录的存储和检索功能，其应用服务相关的类如图 7-11 所示。

一般而言，在一个 DDD 应用程序中，复杂的应用服务的实现逻辑往往位于核心限界上下文中。而针对支撑和通用型的限界上下文，应用服务（特别是命令服务）的实现相对会更简单。通过对 HealthMonitor 案例系统的完整分析，我们进一步明确了这一点。

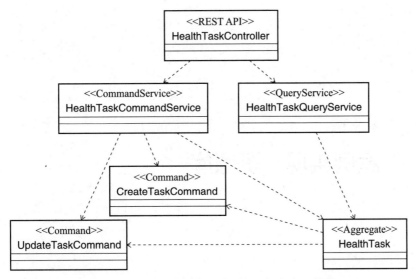

图 7-10　Task 限界上下文中的应用服务类层结构

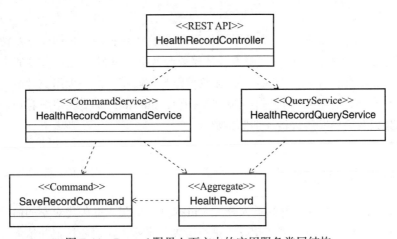

图 7-11　Record 限界上下文中的应用服务类层结构

7.5　本章小结

在 DDD 应用程序的开发过程中，应用服务是非常有特色的一种技术组件，它把针对领域模型的操作分成两种类型，即命令和查询。命令和查询的分离符合架构设计的单一职责原则，而在设计命令服务和查询服务的过程中，我们需要综合考虑命令对象、查询对象，以及这些对象与聚合对象之间的整合过程。本章对这些主题都做了分析，并结合 HealthMonitor 案例系统给出了详细的示例代码。

案例实现：资源库

通过上一章内容，我们已经明确了应用服务在限界上下文中的作用以及使用过程。我们注意到无论是命令服务还是查询服务，都需要与数据存储媒介进行直接的交互，从而完成聚合对象的持久化操作。在 DDD 中，资源库作为领域模型的一大组成部分，封装了应用程序访问数据存储媒介的具体操作。本章将基于 HealthMonitor 案例系统对资源库的实现策略、开发框架以及最佳实践进行详细的讲解。

8.1 资源库实现策略

在 DDD 中引入资源库的目的是为开发人员提供一个获取持久化对象的简单模型，同时将应用服务和领域模型对象与持久化技术进行解耦。当然，在面向接口和依赖注入机制的支持下，资源库也容易通过 Mock 方法来实现，方便测试。我们会在第 12 章中讨论与 DDD 测试相关的话题。

资源库作为一种持久化操作模型，可以分成定义和实现两个部分。其中定义部分面向的是聚合，即我们通过资源库的定义可以操作各种领域模型对象。实现部分则依赖于具体的持久化媒介，所操作的数据对象往往与具体的持久化实现技术相关。图 8-1 展示了这种设计理念下具体的包结构组织方式。

请注意，我们把资源库实现部分所对应的数据模型称为持久化对象（Persistence Object，PO），该持久化对象能够直接与具体的持久化媒介进行映射，从而完成数据访问操作。因此，在应用程序中，我们需要使用一定的机制确保领域模型对象与持久化对象之间的有效转换。

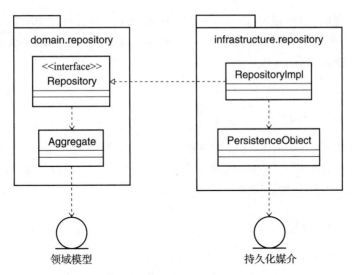

图 8-1　资源库定义和实现示意图

另外，从面向领域的分层架构来看，图 8-1 中的 Repository 接口位于 domain.repository 包中，属于领域模型的一部分。而实现该接口的 RepositoryImpl 类则位于 infrastructure. repository 包中，属于基础设施的一部分。

我们在第 5 章中已经给出了 domain.repository 包结构的组织方式。这里，我们对 infrastructure.repository 包中的内容做一定的讲解，如图 8-2 所示，可以看到这里引入了 3 个新的子包，即 po 包、mapper 包和 factory 包。

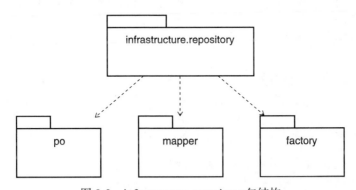

图 8-2　infrastructure.repository 包结构

映射思想在软件设计过程中非常常用，主要用于分离不同层次的耦合数据。对数据访问而言，我们需要进一步引入数据映射器的概念。在确保业务对象与数据库彼此独立的情况下，数据映射器充当了一个在二者之间移动数据的映射器层，位于 mapper 包中。

而针对 factory 包，我们将引入各种工厂类。工厂类的作用很明确，就是根据持久化对象完成对聚合对象的创建过程，反之亦然。

到这里我们应该已经明白，在实现资源库的过程中，与具体技术直接相关的组件实际上位于 mapper 包中。在本章接下来的内容中，我们将基于 Spring Data JPA 来实现面向关系型数据库访问的 Data Mapper 组件。

8.2　Spring Data JPA

Spring Data JPA 是 Spring Data 家族中基于 JPA 规范提供的数据访问层开发框架。Spring Data JPA 构建在 Spring Data 之上，因此在具体介绍 Spring Data JPA 的使用方式之前，让我们先来了解 Spring Data 的核心功能。

8.2.1　Spring Data 抽象

Spring Data 对数据访问过程的抽象主要体现在两个方面，一方面是提供了一套完整的 Repository 接口定义及实现，另一方面则是实现了各种多样化的查询支持。

Repository 接口是 Spring Data 中对数据访问的最高层抽象，我们通常可以使用它的子接口 CrudRepository 来实现数据访问。CrudRepository 接口添加了对领域实体的 CRUD 功能，包括保存单个实体、保存集合、根据 ID 查找实体、根据 ID 判断实体是否存在、查询所有实体、查询实体数量、根据 ID 删除实体、删除一个实体的集合以及删除所有实体等常见操作。CrudRepository 接口的定义如代码清单 8-1 所示。

代码清单 8-1　CrudRepository 接口定义示例代码

```
public interface CrudRepository<T, ID> extends Repository<T, ID> {
    // 保存单个实体对象
    <S extends T> S save(S entity);
    // 保存一组实体对象
    <S extends T> Iterable<S> saveAll(Iterable<S> entities);
    // 根据 ID 查询单个实体对象
    Optional<T> findById(ID id);
    // 判断指定 ID 的对象是否存在
    boolean existsById(ID id);
    // 获取所有实体对象
    Iterable<T> findAll();
    // 根据一组 ID 获取对应的一组实体对象
    Iterable<T> findAllById(Iterable<ID> ids);
    // 获取对象总数
    long count();
    // 根据 ID 删除实体对象
    void deleteById(ID id);
    // 根据实体对象执行删除操作
    void delete(T entity);
    // 删除一组实体对象
    void deleteAll(Iterable<? extends T> entities);
    // 删除所有实体对象
```

```
    void deleteAll();
}
```

通常情况下，基于 Spring Data 所提供的这个 CrudRepository 接口，我们就可以完成日常开发过程中大部分数据访问操作了。

8.2.2　JPA 规范

要想在 Spring Boot 应用程序中使用 Spring Data JPA，我们需要在 pom 文件中引入 spring-boot-starter-data-jpa 依赖，如代码清单 8-2 所示。

代码清单 8-2　spring-boot-starter-data-jpa 组件依赖示例代码

```
<dependency>
    <groupId>org.springframework.boot</groupId>
    <artifactId>spring-boot-starter-data-jpa</artifactId>
</dependency>
```

在介绍这一组件的使用方法之前，我们有必要对 JPA 规范做一定的了解。JPA 全称是 Java Persistence API，即 Java 持久化 API，是一种 Java 应用程序接口规范，充当面向对象的领域模型和关系型数据库系统之间的桥梁，属于一种 ORM（Object Relational Mapping，对象关系映射）技术。与 JDBC 规范一样，JPA 规范也有一大批实现工具和框架，其中有代表性的包括老牌的 Hibernate 以及今天要介绍的 Spring Data JPA。但是请注意，JPA 只是一种规范，并不是具体的实现。诸如 Hibernate 等框架遵循 JPA 规范，并且添加了一些自己的附加特性。

在 JPA 规范中定义了一些概念和约定，表现为一系列注解。这些注解集中于 javax.persistence 包中，常见的注解如下。

- □ @Entity：用在实体类上，表示该实体类将映射到指定的数据库表，默认情况下实体类名和表名一致。
- □ @Table：当实体类名和表名不一致时，可以使用该注解指定数据库中的表名。
- □ @Column：在属性名和表中的列名不一致时，可以使用该注解指定具体的列名。
- □ @GeneratedValue：用于标注主键的不同生成策略。
- □ @Id：用于声明一个实体类的属性映射为数据库的主键列。

除了上述基础注解之外，在基于 DDD 的应用程序开发过程中，因为在一个聚合中通常涉及多个实体和值对象，而这些实体和值对象都不是 JDK 中的基础数据类型，所以我们需要采用特殊的机制完成对象和数据库数据之间的映射关系。尤其，一个实体或值对象需要在多个不同的场景下被使用而又不需要独立生成一个数据库表时，就可以使用 @Embedded 和 @Embeddable 这两个注解。

@Embeddable 注解作用于 Java 类，表示该类是嵌入类。而 @Embedded 注解则作用于属性，表示该属性所代表的类是嵌入类。它们的基本使用方法如代码清单 8-3 所示。

代码清单 8-3　@Embeddable 和 @Embedded 注解使用方法示例代码

```
@Table(name="aggregate")
public class Aggregate {
    @Embedded
    private Entity entity;
}

@Embeddable
public class Entity {
}
```

可以看到，我们可以在一个实体的类定义上添加 @Embeddable 注解，而在一个聚合中通过 @Embedded 注解把该实体对象嵌入进来。通过这种方式，实体对象包含的各个字段都可以自动映射到聚合对象所在的那张表中。

8.2.3　多样化查询

Spring Data 为开发人员提供了一组即插即用的多样化查询机制，这些机制功能强大而且使用非常方便，让我们一起来看一下。

1. @Query 注解和命名查询

在日常开发过程中，开发人员对数据的查询操作需求远高于新增、删除和修改操作，所以 Spring Data 除了对领域对象提供默认的 CRUD 操作之外，还重点对查询场景做了高度抽象并提供了一系列解决方案，其中最典型的就是 @Query 注解和方法名衍生查询机制。

我们可以通过 @Query 注解直接在代码中嵌入查询语句和条件，从而提供类似 ORM 框架的强大查询功能。代码清单 8-4 所示的就是使用 @Query 注解进行查询的典型例子。

代码清单 8-4　@Query 注解使用方法示例代码

```
public interface OrderRepository extends JpaRepository<Order, Long>
{
    @Query("select o from Order o where o.orderNumber = ?1")
    Order getOrderByOrderNumberWithQuery(String orderNumber);
}
```

这里的 @Query 注解虽然使用了类似 SQL 语句的语法，却能自动完成领域对象 Order 与数据库数据之间的相互映射。我们在这里使用的是 JpaRepository，这种类似 SQL 语句的语法实际上是一种 JPA 查询语言，也就是所谓的 JPQL（Java Persistence Query Language，Java 持久化查询语言）。JPQL 的基本语法如代码清单 8-5 所示。

代码清单 8-5　JPQL 基本语法

```
SELECT 子句 FROM 子句
```

```
[WHERE 子句]
[GROUP BY 子句]
[HAVING 子句]
[ORDER BY 子句]
```

是不是和原生的 SQL 语句非常类似？唯一的区别应该就是 JPQL FROM 语句后面跟的是对象，而原生 SQL 中对应的是数据表的表名。

说到 @Query 注解，JPA 还提供了一个 @NamedQuery 注解，用于对 @Query 注解中的语句进行命名。@NamedQuery 注解的使用方式如代码清单 8-6 所示。

代码清单 8-6　@NamedQuery 注解使用方式示例代码

```
@Entity
@Table(name = "`order`")
@NamedQueries({ @NamedQuery(name = "getOrderByOrderNumberWithQuery", query =
    "select o from Order o where o.orderNumber = ?1") })
public class Order implements Serializable {
}
```

在上述示例中，我们在实体类 Order 上添加了一个 @NamedQueries 注解，该注解可以将一批 @NamedQuery 注解整合在一起使用。这里我们使用 @NamedQuery 注解定义了一个 getOrderByOrderNumberWithQuery 查询，并指定了对应的 JPQL 语句。如果想要使用这个命名查询，只需要在 Repository 中定义与该命名一致的方法即可。

2. 方法名衍生查询

方法名衍生查询也是 Spring Data 的查询特色之一，通过在方法命名上直接使用查询字段和参数，Spring Data 就能自动识别相应的查询条件并组装对应的查询语句。典型的示例如代码清单 8-7 所示。

代码清单 8-7　方法名衍生查询示例代码

```
public interface AccountRepository extends JpaRepository<Account, Long>
{
    Order findByFirstNameAndLastname(String firstName, String lastName);
}
```

在上面的例子中，通过 findByFirstNameAndLastname 这种符合普通语义的方法名，并在参数列表中按照方法名中参数的顺序和名称（即第一个参数是 firstName，第二个参数 lastName）传入相应的参数，Spring Data 就能自动组装 SQL 语句，从而实现衍生查询。

3. QueryByExample

接下来我们将介绍另一种强大的查询机制，即 QueryByExample 机制。针对 Order 对象，假如我们希望根据 OrderNumber 以及 DeliveryAddress 中的一个或多个条件进行查询，那么按照方法名衍生查询的方式构建查询方法会得到如代码清单 8-8 所示的方法定义。

代码清单 8-8　findByOrderNumberAndDeliveryAddress 方法示例代码

```
List<Order> findByOrderNumberAndDeliveryAddress(String orderNumber, String
    deliveryAddress);
```

我们可以想象，如果查询条件中使用的字段非常多，那么上面这个方法名可能非常长，并需要设置一批参数。显然，这种查询方法的定义存在缺陷，因为不管查询条件的个数是多少，我们都必须填充所有参数，哪怕部分参数根本没有被用到。而且，如果将来需要再添加一个新的查询条件，该方法就必须调整，从可扩展性上讲也存在问题。为了解决这些问题，我们可以引入 QueryByExample 机制。

QueryByExample 可以翻译成"按示例查询"，是一种用户友好的查询技术。它允许动态创建查询，并且不需要编写包含所有字段名称的查询方法。实际上，按示例查询不需要使用特定的数据库查询语言来编写查询语句。

从组成结构上讲，QueryByExample 包括 Probe、ExampleMatcher 和 Example 这 3 个基本组件。其中 Probe 包含对应字段的实例对象；ExampleMatcher 携带有关匹配特定字段的详细信息，相当于匹配条件；Example 则由 Probe 和 ExampleMatcher 组成，用于构建具体的查询操作。

现在，让我们基于 QueryByExample 机制来重构根据 OrderNumber 查询订单的实现过程。首先，我们需要在 OrderRepository 接口的定义中继承 QueryByExampleExecutor 接口，如代码清单 8-9 所示。

代码清单 8-9　OrderRepository 接口定义示例代码

```
public interface OrderRepository extends JpaRepository<Order, Long>,
    QueryByExampleExecutor<Order> {
```

然后，我们在 OrderService 中实现如代码清单 8-10 所示的 getOrderByOrderNumberByExample 方法，如代码清单 8-10 所示。

代码清单 8-10　OrderService 中 getOrderByOrderNumberByExample 方法示例代码

```
public Order getOrderByOrderNumberByExample(String orderNumber) {
    Order order = new Order();
    order.setOrderNumber(orderNumber);

    ExampleMatcher matcher = ExampleMatcher.matching().withIgnoreCase()
        .withMatcher("orderNumber", GenericPropertyMatchers.exact())
        .withIncludeNullValues();
    Example<Order> example = Example.of(order, matcher);

    return orderRepository.findOne(example).orElse(new JpaOrder());
}
```

在上述代码中，我们首先构建了一个 ExampleMatcher 对象用于初始化匹配规则，然后通过传入 Order 对象实例和 ExampleMatcher 实例构建了一个 Example 对象，最后通过 QueryByExampleExecutor 接口中的 findOne 方法实现了 QueryByExample 机制。

4. Specification

资源库实质上为我们提供了面向领域而不是纯粹面向数据的数据访问方式，因此，我们可以在资源库中引入 Specification、Criteria 等业务领域相关的规约化查询对象。这里以 Specification 机制为例展开讨论。

考虑这样一种场景：我们需要查询某个实体，而查询条件是不固定的，这时候就需要动态构建相应的查询语句。在 Spring Data JPA 中可以通过 JpaSpecificationExecutor 接口实现这类查询。相比于 JPQL，Specification 机制的使用优势是类型安全。继承了 JpaSpecificationExecutor 的 OrderRepository 接口定义如代码清单 8-11 所示。

代码清单 8-11　继承了 JpaSpecificationExecutor 的 OrderRepository 接口定义代码

```
public interface OrderRepository extends JpaRepository<Order, Long>,
    JpaSpecificationExecutor<Order>{
```

JpaSpecificationExecutor 接口继承的就是 Specification 接口。我们可以简单理解为该接口的作用就是构建查询条件。Specification 接口的核心方法只有一个，如代码清单 8-12 所示。

代码清单 8-12　Specification 接口的核心方法定义代码

```
Predicate toPredicate(Root<T> root, CriteriaQuery<?> query, CriteriaBuilder
    criteriaBuilder);
```

其中 Root 对象代表所查询的根对象，可以通过 Root 获取实体中的属性；CriteriaQuery 代表一个顶层查询对象，用来实现自定义查询；而 CriteriaBuilder 显然是用来构建查询条件的。

基于 Specification 机制，我们同样对根据 OrderNumber 查询订单的实现过程进行重构，重构后的 getOrderByOrderNumberBySpecification 方法如代码清单 8-13 所示。

代码清单 8-13　getOrderByOrderNumberBySpecification 方法示例代码

```
public Order getOrderByOrderNumberBySpecification(String orderNumber) {
    Order order = new Order();
    order.setOrderNumber(orderNumber);

    Specification<Order> spec = new Specification<Order>() {
        @Override
        public Predicate toPredicate(Root<Order> root, CriteriaQuery<?> query,
            CriteriaBuilder cb) {
            Path<Object> orderNumberPath = root.get("orderNumber");
            Predicate predicate = cb.equal(orderNumberPath, orderNumber);
            return predicate;
```

```
        }
    };

    return orderRepository.findOne(spec).orElse(new Order());
}
```

可以看到，在这里的 toPredicate 方法中，我们从 root 中获取了 orderNumber，然后通过 cb.equal 方法将该属性与传入的 orderNumber 参数进行比对，从而完成查询条件的构建。

8.3 实现资源库

资源库的实现步骤比较固化，如图 8-3 所示。

8.3.1 创建 PO 和工厂

引入 PO 是为了更好地实现系统组件之间的解耦，我们把与具体技术相关的实现细节封装在 PO 中，从而确保领域模型对象的技术无关性。而工厂类的作用也是实现持久化对象和领域模型对象之间的解耦。

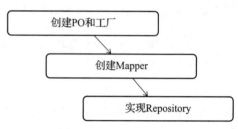

图 8-3　资源库的实现步骤

1. 创建 PO

我们先讨论如何创建 PO。PO 的设计原则只有一条，就是尽量以符合数据存储要求这一标准来规划字段的类型和数量。针对 Monitor 限界上下文中的 HealthMonitor 聚合，对应的 PO 对象 HealthMonitorPO 的一种可能形态如代码清单 8-14 所示。

代码清单 8-14　HealthMonitorPO 类的形态示例代码

```
@Entity
@Table(name = "health_monitor")
public class HealthMonitorPO {
    @Id
    @GeneratedValue(strategy = GenerationType.IDENTITY)
    private Long id;

    // HealthMonitor
    @Column(name = "monitor_id")
    private String monitorId;
    @Enumerated(EnumType.STRING)
    private MonitorStatus status;
    private int score;

    // HealthTestOrder
    @Column
    private String orderNumber;                    // 检测单编号
```

```
    @Column
    private String allergy;                    // 过敏史
    @Column
    private String injection;                  // 预防注射史
    @Column
    private String surgery;                    // 外科手术史
    @Column
    private String symptomDescription;         // 症状描述
    @Column
    private String bodyPart;                   // 身体部位
    @Column
    private String timeDuration;               // 持续时间
    @Enumerated(EnumType.STRING)
    private OrderStatus orderStatus;           // 检测单状态

    // HealthPlanProfile
    @Column
    private String planId;
    @Column
    private String doctor;
    @Column
    private String description;
    @Column
    private String tasks;

    // 共享
    @Column
    private String account;                    // 用户账户
    // 省略 getter/setter
}
```

上述 HealthMonitorPO 类代码中有几个地方值得注意。

首先，我们在 HealthMonitorPO 类的定义上添加了一个 @Entity 注解和一个 @Table 注解，这两个注解都来自 JPA 规范，用来指明该 PO 对象与数据库的映射关系。然后，我们看到在 HealthMonitorPO 中出现了一个添加了 @Id 和 @GeneratedValue 注解的 id 字段，表明这是一个数据库自增字段。而在 HealthMonitor 聚合对象中，这个 id 字段并不存在，也不需要存在，因为该字段只与数据持久化相关，而与领域模型无关。这是 PO 对象和领域对象的区别所在。

另外，我们看到 HealthMonitorPO 把原本 HealthMonitor 聚合中的部分字段进行了重新组织，即所有实体和值对象都被拆分成一个个独立的字段，分别对应数据库中的列名。我们可以在这些字段上添加 @Column 注解，正如 monitorId 字段上的 @Column(name = "monitor_id")。如果不在 @Column 注解中指定 name 属性，那么系统会自动根据字段名和数据库中的列名进行匹配。例如，monitorId 就会被映射成 monitor_id 列名。在 HealthMonitorPO，我们大量使用了这种默认的映射关系。

在设计 PO 对象时，对聚合对象中的字段进行重新组合是一种推荐的做法，因为我们可以根据需要对字段名称和类型进行灵活的控制。另外，如果我们只是希望实现字段之间的简单映射，那么也可以使用前面介绍的 JPA 注解，即 @Embeddable 和 @Embedded 注解，这样部分实体和值对象的定义就可以得到复用。

2. 创建工厂

工厂类的创建方式比较简单，该类的命名一般都是采用"聚合 + Factory 后缀"的方式，如代码清单 8-15 所示。

代码清单 8-15　HealthMonitorFactory 类示例代码

```
@Service
public class HealthMonitorFactory {
    public HealthMonitorPO creatHealthMonitorPO(HealthMonitor healthMonitor){
        HealthMonitorPO healthMonitorPO = new HealthMonitorPO();
        // 省略从 HealthMonitor 到 HealthMonitorPO 的字段转换代码
        return healthMonitorPO;
    }

    public HealthMonitor creatHealthMonitor(HealthMonitorPO healthMonitorPO){
        HealthMonitor healthMonitor = new HealthMonitor();
        // 省略从 HealthMonitorPO 到 HealthMonitor 的字段转换代码
        return healthMonitor;
    }
}
```

可以看到，这里通过 creatHealthMonitorPO(HealthMonitor healthMonitor) 和 creatHealth-Monitor(HealthMonitorPO healthMonitorPO) 这两个工厂方法完成了 HealthMonitor 和 HealthMonitorPO 之间的相互转换。

在有些实现方案中，工厂类的作用不仅仅是简单完成聚合对象和 PO 对象之间的转换与创建，还包括引入 Mapper 组件实现部分数据查询功能，这样工厂类的实现就会变得比较"重"。在本书中，我们还是建议采用前面介绍的轻量级的工厂类实现方案。

8.3.2　创建 Mapper

接下来创建 Mapper 组件，该组件真正完成了底层的数据访问操作。在 Mapper 组件中，我们将引入上一节中介绍的 Spring Data JPA 中的 Repository 组件以及各种多样化查询技术。

1. 使用 JpaRepository

在 Monitor 限界上下文中的 com.healthmonitor.monitor.infrastructure.repository.mapper 包中，我们新建一个 HealthMonitorMapper 接口，如代码清单 8-16 所示。

代码清单 8-16　HealthMonitorMapper 接口定义示例代码

```
@Repository
public interface HealthMonitorMapper extends JpaRepository<HealthMonitorPO, Long> {
}
```

请注意，HealthMonitorMapper 接口扩展了 JpaRepository 接口，而 JpaRepository 又扩展了 Spring Data 中的 CrudRepository 接口。与 JpaRepository 接口相关的类层结构如图 8-4 所示。

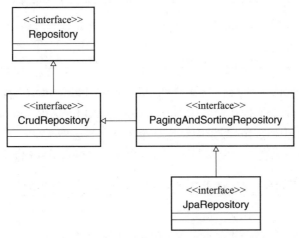

图 8-4　JpaRepository 接口相关类层结构

可以看到，JpaRepository 在 CrudRepository 接口的基础上添加了分页和排序功能，而原本的 CRUD 功能都可以直接使用。因此，现在的 HealthMonitorMapper 已经满足了针对 HealthMonitorPO 的保存、更新及根据注解进行查询等常规操作的需求。

2. 使用多样化查询

接下来讨论如何在 HealthMonitorMapper 中添加各种多样化查询机制。代码清单 8-17 所示的就是一个典型的 @Query 注解使用示例。

代码清单 8-17　HealthMonitorMapper 中 @Query 注解使用示例代码

```
@Query("select h from HealthMonitorPO h where h.account = ?1")
HealthMonitorPO findByUserAccount(String account);
```

而方法名衍生查询示例也非常简单，如代码清单 8-18 所示。

代码清单 8-18　HealthMonitorMapper 中方法名衍生查询示例代码

```
HealthMonitorPO findByMonitorId(String monitorId);
```

我们来看一个稍微复杂一点的示例，我们在 HealthMonitorMapper 中添加如代码清单 8-19 所示的查询操作。

代码清单 8-19　HealthMonitorMapper 中 findAllMonitorIds 方法定义代码

```
List<String> findAllMonitorIds();
```

针对这个查询场景，方法名衍生查询机制显然无法生效，这时候就可以使用命名查询。

具体做法就是在 HealthMonitorPO 类上添加如代码清单 8-20 所示的 @NamedQuery 注解。

代码清单 8-20　命名查询和 @NamedQuery 注解使用示例代码

```
@NamedQueries({
    @NamedQuery(name = "HealthMonitorPO.findAllMonitorIds",
        query = "Select h.monitorId from HealthMonitorPO h") })
public class HealthMonitorPO {
```

借助于 @NamedQuery 注解，查询语句可以与 HealthMonitorMapper 中的方法名相对应。同时，我们把这个查询操作命名为 HealthMonitorPO.findAllMonitorIds，这样，该查询就可以被复用到任何想要使用的场景中。这是命名查询的优势所在。

基于这些多样化查询机制，完整版的 HealthMonitorMapper 实现如代码清单 8-21 所示。

代码清单 8-21　完整版 HealthMonitorMapper 实现示例代码

```
@Repository
public interface HealthMonitorMapper extends JpaRepository<HealthMonitorPO, Long> {
    HealthMonitorPO findByMonitorId(String monitorId);

    List<String> findAllMonitorIds();

    @Query("select h from HealthMonitorPO h where h.account = ?1")
    HealthMonitorPO findByUserAccount(String account);
}
```

当然，我们也可以使用 QueryByExample 和 Specification 机制来实现更为复杂的自定义查询。这些自定义查询的实现步骤与我们在 8.2.2 节中介绍的非常类似，我们只需要基于这些案例代码简单调整查询条件即可，这里不作赘述。

8.3.3　实现 Repository

最后，我们来实现面向领域的资源库组件 HealthMonitorRepository。再次强调，该接口位于 com.healthmonitor.monitor.domain.respository 包中，定义如代码清单 8-22 所示。

代码清单 8-22　HealthMonitorRepository 接口定义示例代码

```
public interface HealthMonitorRepository {
    void save(HealthMonitor healthMonitor);
    HealthMonitor findByMonitorId(String monitorId);
    List<HealthMonitor> findAll();
    List<MonitorId> findAllMonitorIds();
    HealthMonitor findByUserAccount(String account);
    void updateHealthMonitor(HealthMonitor healthMonitor);
}
```

HealthMonitorRepository 接口的实现类是 HealthMonitorRepositoryImpl，位于 com.healthmonitor.monitor.infrastructure.repository 包中，实现过程如代码清单 8-23 所示。

代码清单 8-23　HealthMonitorRepositoryImpl 类实现示例代码

```java
public class HealthMonitorRepositoryImpl implements HealthMonitorRepository {
    private HealthMonitorMapper healthMonitorMapper;
    private HealthMonitorFactory healthMonitorFactory;

    public HealthMonitorRepositoryImpl(HealthMonitorMapper healthMonitorMapper,
        HealthMonitorFactory healthMonitorFactory) {
        this.healthMonitorMapper = healthMonitorMapper;
        this.healthMonitorFactory = healthMonitorFactory;
    }

    @Override
    public void save(HealthMonitor healthMonitor) {
        HealthMonitorPO healthMonitorPO = healthMonitorFactory
            .createHealthMonitorPO(healthMonitor);
        healthMonitorMapper.save(healthMonitorPO);
    }

    @Override
    public HealthMonitor findByMonitorId(String monitorId) {
        HealthMonitorPO healthMonitorPO = healthMonitorMapper
            .findByMonitorId(monitorId);
        return healthMonitorFactory.createHealthMonitor(healthMonitorPO);
    }

    @Override
    public List<HealthMonitor> findAll() {
        List<HealthMonitorPO> healthMonitorPOs = healthMonitorMapper.findAll();
        List<HealthMonitor> healthMonitors = new ArrayList<HealthMonitor>();

        healthMonitorPOs.forEach((po) -> {
            HealthMonitor healthMonitor = healthMonitorFactory.createHealthMonitor(po);
            healthMonitors.add(healthMonitor);
        });
        return healthMonitors;
    }

    @Override
    public List<MonitorId> findAllMonitorIds() {
        List<MonitorId> monitorIds = new ArrayList<MonitorId>();
        healthMonitorMapper.findAllMonitorIds().forEach((id) -> {
            monitorIds.add(new MonitorId(id));
        });

        return monitorIds;
    }

    @Override
    public HealthMonitor findByUserAccount(String account) {
        HealthMonitorPO healthMonitorPO = healthMonitorMapper.findByUserAccount(account);
```

```
        return healthMonitorFactory.creatHealthMonitor(healthMonitorPO);
    }

    @Override
    public void updateHealthMonitor(HealthMonitor healthMonitor) {
        // 查询 - 设值 - 保存
        HealthMonitorPO healthMonitorPO = healthMonitorMapper
            .findByMonitorId(healthMonitor.getMonitorId().getMonitorId());
        if(healthMonitor.getPlan() != null) {
            healthMonitorPO.setPlanId(healthMonitor.getPlan().getPlanId());
            healthMonitorPO.setDoctor(healthMonitor.getPlan().getDoctor());
            healthMonitorPO.setDescription(healthMonitor.getPlan().getDescription());
        }
        healthMonitorPO.setScore(healthMonitor.getScore().getScore());

        healthMonitorMapper.save(healthMonitorPO);
    }
}
```

可以看到，这里注入了 HealthMonitorMapper 和 HealthMonitorFactory，前者完成数据库访问，后者则实现聚合对象与持久化对象之间的转换。HealthMonitorRepositoryImpl 中的各个方法的实现过程基本就是对 HealthMonitorMapper 中相应方法的简单封装。

8.4　整合资源库和应用服务

在上一章中，我们明确了聚合与应用服务之间的整合过程，本节将在此基础上继续讨论资源库与应用服务之间的整合过程。我们知道应用服务分成两种，即命令服务和查询服务。这两种服务都需要与资源库进行交互，从而完成领域模型对象的持久化操作。以 Monitor 限界上下文为例，我们可以得到如图 8-5 所示的类层结构。

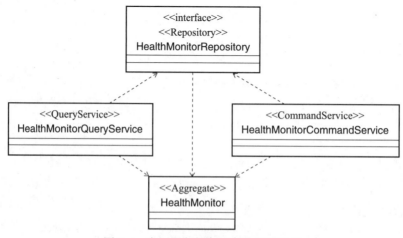

图 8-5　应用服务与资源库的类层结构

在构建 HealthMonitorRepository 之后，让我们回到 HealthMonitorCommandService，回顾一下它的实现过程，如代码清单 8-24 所示。

代码清单 8-24　HealthMonitorCommandService 类实现示例代码

```
@Service
public class HealthMonitorCommandService {
    private HealthMonitorRepository healthMonitorRepository;

    public HealthMonitorCommandService(HealthMonitorRepository healthMonitorRepository) {
        this.healthMonitorRepository = healthMonitorRepository;
    }

    public MonitorId handlerHealthMonitorApplication(ApplyMonitorCommand
        applyMonitorCommand){
        // 生成 MonitorId
        String monitorId = "Monitor" + UUID.randomUUID().toString().toUpperCase();
        applyMonitorCommand.setMonitorId(monitorId);
        // 创建 HealthMonitor
        HealthMonitor healthMonitor = new HealthMonitor(applyMonitorCommand);
        // 通过资源库持久化 HealthMonitor
        healthMonitorRepository.save(healthMonitor);
        // 返回 HealthMonitor 的聚合标识符
        return healthMonitor.getMonitorId();
    }

    public void handlerHealthPlanGeneration(CreatePlanCommand createPlanCommand){
        // 根据 MonitorId 获取 HealthMonitor
        HealthMonitor healthMonitor = healthMonitorRepository
            .findByMonitorId(createPlanCommand.getMonitorId());

        // TODO: 根据 healthMonitor 调用 Plan 限界上下文获取 HealthPlan 并填充 CreatePlanCommand

        // 针对 HealthMonitor 创建 HealthPlan
        healthMonitor.generateHealthPlan(createPlanCommand);
        // 通过资源库持久化 HealthMonitor
        healthMonitorRepository.save(healthMonitor);
    }
    ...
}
```

显然，基于对资源库的抽象，HealthMonitorCommandService 的完整实现过程与上一章中讨论的完全一致。换句话说，无论底层使用的是哪种数据持久化媒介，位于上层的 HealthMonitorCommandService 和 HealthMonitorQueryService 等应用服务层组件都不需要做任何的改动。

8.5　实现 HealthMonitor 资源库

在 HealthMonitor 案例系统的 4 个限界上下文中，依靠 Spring Data JPA 的强大功能，资源库的实现并不复杂。唯一值得专门讨论的是健康计划和健康任务之间的一对多关系的处理过程。

我们来到 Plan 限界上下文,在 HealthPlan 聚合中定义了一个 HealthTaskProfile 列表对象 tasks,如代码清单 8-25 所示。

代码清单 8-25　HealthPlan 中的 HealthTaskProfile 列表示例代码

```
public class HealthPlan {
    ...
    private List<HealthTaskProfile> tasks;
}
```

当实现资源库时,我们需要考虑 HealthPlan 和 HealthTaskProfile 之间的这种一对多的映射关系。为此,在设计数据库模式时,我们一般会创建两张独立的表来分别保存这两个对象。与之对应,PO 对象也需要分别创建,我们把它们命名为 HealthPlanPO 和 HealthTaskPO。其中,HealthPlanPO 的定义如代码清单 8-26 所示。

代码清单 8-26　HealthPlanPO 定义示例代码

```
@Entity
public class HealthPlanPO {
    @Id
    @GeneratedValue(strategy = GenerationType.IDENTITY)
    private Long id;

    @Column(name = "plan_id")
    private String planId;
    @Column
    private String account;
    @Column
    private String doctor;
    @Column
    private String description;

    @OneToMany(targetEntity = HealthTaskPO.class, mappedBy = "plan", cascade=
        CascadeType.PERSIST)
    private List<HealthTaskProfile> tasks;
}
```

请注意,我们在这里使用了 JPA 规范中的 @OneToMany 注解,用于指定 HealthPlanPO 和 HealthTaskPO 之间的一对多映射关系。与之对应,在 HealthTaskPO 中,我们也要指定 HealthTaskPO 和 HealthPlanPO 之间的反向映射关系,如代码清单 8-27 所示。

代码清单 8-27　HealthTaskPO 定义示例代码

```
@Entity
public class HealthTaskPO {
    @Id
    @GeneratedValue(strategy = GenerationType.IDENTITY)
```

```
    private Long id;

    @ManyToOne(targetEntity = HealthPlanPO.class)
    @JoinColumn(name = "plan_id")
    private HealthPlanPO plan;

    @Column
    private String taskId;
    @Column
    private String taskName;
    @Column
    private String description;
    @Column
    private int taskScore;
}
```

可以看到，在 HealthTaskPO 中，我们定义了一个 HealthPlanPO 对象，并在该对象上添加了 @ManyToOne 注解。这样，HealthPlanPO 和 HealthTaskPO 之间就建立了正确的一对多的关联关系。Spring Data JPA 会自动帮我们维护这种关联关系，并完成数据的最终持久化操作。在 HealthPlanMapper 中，我们看不到任何特殊的处理，如代码清单 8-28 所示。

代码清单 8-28　HealthPlanMapper 接口定义示例代码

```
@Repository
public interface HealthPlanMapper extends JpaRepository<HealthPlanPO, Long>  {
    HealthPlanPO findByPlanId(String planId);
}
```

事实上，在 Monitor 限界上下文中也存在着健康计划和健康任务之间的一对多关系处理过程。但因为在该上下文中健康任务的作用只是展示，所以我们在设计 PO 对象时，直接将 HealthTaskProfile 的列表转化为了一个字符串。这在某些特定场景下是合理的解决方案，是否选择该方案取决于实现的复杂度以及具体的业务需求。

8.6　本章小结

在整个 DDD 应用程序的开发过程中，资源库可以说是最依赖第三方外部框架的技术组件。因为资源库的实现势必需要借助各种持久化媒介，显然 DDD 本身并没有为开发人员提供这种能力。在本章中，我们选择了 Spring Data JPA 作为资源库的技术实现方案。在整个实现过程中，我们还引入了 PO 和工厂等辅助性技术组件。可以说，这些技术组件的应用也对应了资源库实现方案的一种选型结果。

同时，我们明确聚合对象和资源库这两者是有一定的交互关系的，它们的交互关系依赖第三者来维持，而这个第三者就是应用服务。本章也基于 HealthMonitor 案例系统对如何整合资源库和应用服务的实现过程进行了详细的阐述。

Chapter 9 第9章

案例实现：领域事件

到上一章为止，我们已经构建了领域模型对象、应用服务和资源库。在领域事件这个概念被提出来之前，我们已经可以基于这些技术组件构建一个完整的面向领域的应用程序。相较于 DDD 中的其他核心概念，领域事件的提出时间较晚却非常重要。本章将深入讨论领域事件的实现策略，以及如何在应用程序中嵌入领域事件。

领域事件的处理有两大类场景，一类是面向单个限界上下文内部的场景，另一类则是完成不同限界上下文之间的交互的场景。对于后者，领域事件与下一章要介绍的 REST API 一样，都可以被看作限界上下文集成的具体实现手段。本章将分别基于 JPA 规范及 Spring Cloud 中的 Spring Cloud Stream 框架来演示如何实现不同场景下的领域事件。

9.1 领域事件实现策略

从 DDD 的设计理念上看，领域事件代表的是一种状态的变化，而状态变化具有传播性。我们已经在第 2 章中明确领域事件的生命周期包括生成、存储、分发和消费 4 个阶段。

当然，并不是所有领域事件都会经历完整的生命周期。根据不同的生命周期所对应的具体操作，我们也可以进一步梳理针对不同领域事件的处理方式，如图 9-1 所示。

在图 9-1 中，我们围绕领域事件生命周期给出了如下 3 种不同的处理方式，体现在不同的事件处理者上。

1）简单事件处理者。简单事件处理者直接处理事件，表现为一个独立的事件处理程序，事件不需要存储也不需要转发，对应事件生命周期中的消费阶段。

2）即时转发事件处理者。即时转发事件处理者对应事件的分发和消费阶段，一方面可以具备简单事件处理者的功能，另一方面可以把事件转发给其他处理者。通常，把事件转发到消息队列是推荐的一个实践方法，现有的很多消息通信系统具备强大的一对一和一对多转发功能，可以满足各种事件处理者处理事件的需求。

3）存储事件处理者。存储事件处理者在处理事件的同时对事件进行持久化，对应事件的存储和使用阶段。存储的事件可以作为一种历史记录，也可以通过专门的事件转发器转发到消息队列，这时候对应事件的存储、分发和使用阶段。

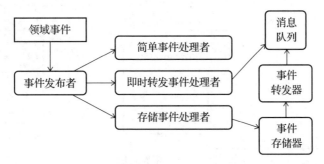

图 9-1　领域事件的 3 种处理方式

在实际应用过程中，以上 3 种事件处理者可以灵活组合，从而构成对事件存储、分发和消费等各个阶段的完整处理过程。但是，在上述 3 种处理者中，简单事件处理者的作用不大，因为领域事件的本质就是传递领域对象的状态变化，所以我们通常需要使用即时转发处理者。把领域事件转发到各种消息中间件，就能实现领域状态的不断传播。即时转发处理者是本章接下来主要讨论的领域事件处理模式。

如果领域事件本身还需要回溯，那么就需要把它们存储起来，所谓的事件溯源就是基于图 9-1 中的存储事件处理者来实现的一种架构模式，我们将在第 11 章中对这一模式进行详细的讨论。一旦我们把领域事件存储起来，那么就可以在未来的某个时间点通过消息中间件将其再次转发。

请注意，在一个限界上下文中，唯一能够发布事件的就是聚合对象，而事件处理者可能来自同一个限界上下文，也可能来自另一个或另一组限界上下文。如果是后者，那么领域事件的流转过程将如图 9-2 所示。

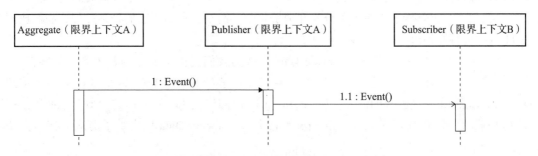

图 9-2　跨限界上下文的事件发布 - 订阅时序图

与之对应，两个限界上下文的包结构的对应关系如图 9-3 所示。

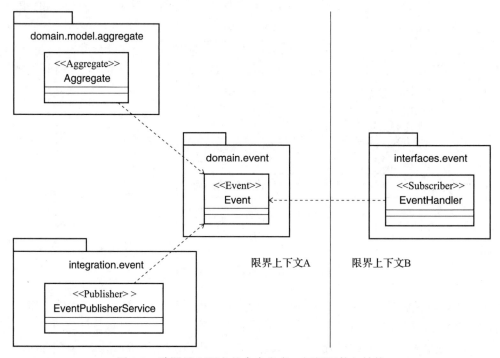

图 9-3　跨限界上下文的命令发布 – 订阅组件包结构

从图 9-3 中，我们已经明确需要构建的两大类技术组件，即充当领域事件发布者的 EventPublisherService 以及充当订阅者的 EventHandler。

9.2　基于 Spring Data 生成领域事件

对领域事件的生命周期展开，本节先来讨论第一个阶段，即生成阶段。因为不同场景对应的各个阶段的处理方式也会有所不同，所以在本节中，我们认为所有在同一个限界上下文中的领域事件处理过程都在生成阶段。而当领域事件从一个限界上下文流转到另一个上下文时，我们认为该领域事件进入了分发和消费阶段。而至于存储阶段的处理过程，我们放到第 11 章中进行详细讨论。

那么如何生成领域事件呢？Spring Data 框架为我们提供了成熟的解决方案。事实上，我们在第 8 章讨论资源库的实现过程时，就已经注意到 Spring Data 在很多地方都是按照 DDD 中的概念和原则进行的设计，例如 Spring Data 同样使用了资源库这个概念来抽象数据访问过程。而针对 DDD 中的聚合和领域事件概念，Spring Data 也提供了对应的技术实现方法。

9.2.1　@DomainEvents 注解和 AbstractAggregateRoot

在 Spring Data 中，关于如何实现领域事件，开发人员可以采用两种方法，分别是 @DomainEvents 注解和 AbstractAggregateRoot 工具类。

1. @DomainEvents 注解

我们可以通过 @DomainEvents 注解来注册事件。对事件执行注册操作意味着将发布这一事件对象，我们可以在实现过程中引入如代码清单 9-1 所示的工具方法。

代码清单 9-1　@DomainEvents 注解使用方式示例代码

```
@DomainEvents
public Collection<Object> domainEvents() {
    List<Object> events = new ArrayList<Object>();
    MyEvent event = …;
    events.add(event);
    return events;
}
```

当事件被成功发布之后，我们甚至还可以通过 @AfterDomainEventPublication 注解来添加一定的回调逻辑，如代码清单 9-2 所示。

代码清单 9-2　@AfterDomainEventPublication 注解使用方式示例代码

```
@AfterDomainEventPublication
public void callbackMethod() {
    // 事件发布成功之后的回调逻辑
}
```

2. AbstractAggregateRoot 工具类

从命名上看，AbstractAggregateRoot 代表的是一种抽象的聚合根，所以通常的做法就是让限界上下文中的聚合对象继承 AbstractAggregateRoot，并使用其 registerEvent 方法来注册事件，如代码清单 9-3 所示。

代码清单 9-3　AbstractAggregateRoot 使用方式示例代码

```
public class HealthMonitor extends AbstractAggregateRoot<HealthMonitor>{
    public HealthMonitor(ApplyMonitorCommand applyMonitorCommand) {
        …
        // 发送领域事件
        MonitorInitializedEvent monitorInitializedEvent = …;
        this.registerEvent(monitorInitializedEvent);
    }
}
```

请注意，这里我们让 HealthMonitor 聚合继承了 AbstractAggregateRoot 类。然后，在构

造函数的最后部分，我们构建了一个 MonitorInitialized 领域事件，并通过 AbstractAggregateRoot 的 registerEvent 方法进行注册。

上述做法是有效的，但存在一个严重的问题。我们知道，HealthMonitor 属于领域模型对象，需要确保技术无关性，但这里引入了 Spring Data 的 AbstractAggregateRoot 类，相当于聚合对象对 Spring Data 造成了依赖，从而污染了领域模型。这点和在 HealthMonitor 上直接使用 @Table 等 JPA 注解本质上是一样的，我们应该尽量避免这样的情况出现。

事实上，通过上一章的介绍，我们已经明确在使用 Spring Data 时真正执行数据访问操作的对象是各种 PO 类，而不是聚合类。因此，从 Spring Data 的角度讲，所谓的 AbstractAggregateRoot 应该是 PO 类。也就是说，我们需要确保 PO 类继承 AbstractAggregateRoot 并使用 registerEvent 方法进行事件的注册。调整后的 HealthMonitorPO 类定义如代码清单 9-4 所示。

那么，我们在什么时候调用 registerEvent 方法呢？最好的时机显然出现在 CustomerTicketPO 的构造函数中，同样如代码清单 9-4 所示。

代码清单 9-4　调整后的 HealthMonitorPO 构造函数示例代码

```
public class HealthMonitorPO extends AbstractAggregateRoot<HealthMonitorPO> {
    public HealthMonitorPO(...) {
        //发送领域事件
        MonitorInitializedEvent monitorInitializedEvent =
            new MonitorInitializedEvent(this.account, this.monitorId, this.score);
        this.registerEvent(monitorInitializedEvent);
    }
}
```

调用 HealthMonitorPO 构造函数，相当于在创建并保存一个 HealthMonitorPO 时 Spring Data 会自动发送一个 MonitorInitializedEvent 事件。

9.2.2　@TransactionalEventListener 注解

当通过 @DomainEvents 注解或 AbstractAggregateRoot 工具类生成领域事件之后，我们就需要对这些事件进行监听，从而捕获这些事件并对其进一步处理。为此，Spring Data 提供了 @TransactionalEventListener 注解。

@TransactionalEventListener 注解的使用方式非常简单，我们只需要在任何一个需要对领域事件进行响应的方法上添加该注解即可，如代码清单 9-5 所示。

代码清单 9-5　TransactionalEventListener 注解使用方式示例代码

```
@TransactionalEventListener
public void handleMonitorInitializedEvent(MonitorInitializedEvent
    monitorInitializedEvent){
    ...
}
```

显然，在上述添加了 @TransactionalEventListener 注解的 handleMonitorInitializedEvent 方法中，我们可以对 MonitorInitializedEvent 这一领域事件进行存储、分发及消费的操作。

现在，我们已经掌握了如何在单个限界上下文中生成及捕获领域事件。在接下来的内容中，我们将引入 Spring Cloud Stream 框架来实现领域事件在各个限界上下文之间的分发。

9.3　基于 Spring Cloud Stream 发布和订阅领域事件

我们一旦能够生成领域事件，就可以通过一定的消息通信机制将它们分发出去。针对这一点，我们可以直接使用 RabbitMQ、Kafka 等消息中间件来实现消息通信，但这种解决方案的主要问题在于开发人员需要考虑不同框架的使用方式以及框架之间的功能差异性。而 Spring Cloud Stream 则不同，它在内部整合了多款主流的消息中间件，为开发人员提供了一个平台型解决方案，从而屏蔽了各个消息中间件在技术实现上的差异。在本节中，我们将首先介绍 Spring Cloud Stream 的基本架构，并给出它与目前主流的各种消息中间件之间的整合机制。

9.3.1　Spring Cloud Stream 整体架构

Spring Cloud Stream 是 Spring Cloud 家族中专门用于实现跨平台消息通信的开发框架。为了能够实现跨平台的消息通信，Spring Cloud Stream 基于 Spring 自带的消息通信机制设计并实现了一整套解决方案。在对 Spring Cloud Stream 的整体架构展开讲解之前，我们先来看一下 Spring 针对事件驱动架构及消息中间件等提供的技术解决方案。

1. Spring 中的消息通信机制

在 Spring 家族中，与消息处理机制相关的框架有 3 个。事实上，Spring Cloud Stream 在 Spring Integration 的基础上提供了一层封装，很多关于消息发布和消费的概念及实现方法本质上都依赖 Spring Integration。而在 Spring Integration 在背后则依赖 Spring Messaging 组件来实现消息处理机制的基础设施。这 3 个框架之间的依赖关系如图 9-4 所示。

图 9-4　Spring 家族中 3 大消息处理框架的关系

接下来，我们先对位于底层的 Spring Messaging 和 Spring Integration 框架做一些分析，方便读者在使用 Spring Cloud Stream 时对其实现原理有更深刻的理解。

（1）Spring Messaging

Spring Messaging 是 Spring 框架中的一个底层模块，用于提供统一的消息编程模型。例如，消息这个数据单元在 Spring Messaging 中被统一定义为如代码清单 9-6 所示的 Message 接口，包括一个消息头 Header 和一个消息体 Payload。

代码清单 9-6　Message 接口定义代码

```
public interface Message<T> {
    // 消息体
    T getPayload();
    // 消息头
    MessageHeaders getHeaders();
}
```

而消息通道 MessageChannel 的定义也比较简单，我们可以调用 send 方法将消息发送至该消息通道中。MessageChannel 接口定义如代码清单 9-7 所示。

代码清单 9-7　MessageChannel 接口定义代码

```
public interface MessageChannel {
    long INDEFINITE_TIMEOUT = -1;
    default boolean send(Message<?> message) {
        return send(message, INDEFINITE_TIMEOUT);
    }
    boolean send(Message<?> message, long timeout);
}
```

消息通道的概念比较抽象，可以把它简单理解为对队列的一种抽象。我们知道在消息通信系统中，队列的作用就是充当实现存储转发的媒介，消息发布者所生成的消息都将保存在队列中并由消息消费者进行消费。通道的名称对应的就是队列的名称。作为一种抽象和封装，各个消息通信系统所特有的队列概念并不会直接暴露在业务代码中，而是通过通道来对队列进行配置。图 9-5 展示了这层抽象关系。

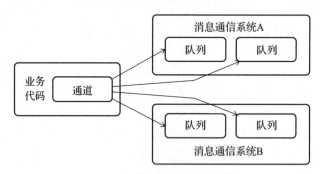

图 9-5　通道和队列的对应关系

Spring Messaging 把通道抽象成两种基本表现形式，即支持轮询的 PollableChannel 和实现发布 – 订阅模式的 SubscribableChannel，这两个通道都继承自具有消息发送功能的 MessageChannel，如代码清单 9-8 所示。

代码清单 9-8　MessageChannel 接口定义代码

```
public interface PollableChannel extends MessageChannel {
```

```
    Message<?> receive();
    Message<?> receive(long timeout);
}

public interface SubscribableChannel extends MessageChannel {
    boolean subscribe(MessageHandler handler);
    boolean unsubscribe(MessageHandler handler);
}
```

在 PollableChannel 的定义中才有 receive，代表这是通过轮询操作主动获取消息的过程。而 SubscribableChannel 则通过注册回调函数 MessageHandler 来实现事件响应。MessageHandler 接口如代码清单 9-9 所示。

代码清单 9-9　MessageHandler 接口定义代码

```
public interface MessageHandler {
    void handleMessage(Message<?> message) throws MessagingException;
}
```

Spring Messaging 还提供了很多在业务系统中方便地使用消息通信机制的辅助功能，例如各种消息体内容转换器 MessageConverter 及消息通道拦截器 ChannelInterceptor 等，这里不做具体讨论。

（2）Spring Integration

Spring Integration 是对 Spring Messaging 的扩展，对系统集成领域的经典著作《企业集成模式：设计、构建及部署消息传递解决方案》中所描述的各种企业集成模式提供了支持，通常被认为是一种企业服务总线框架。

Spring Integration 的设计目的是实现系统集成，因此内部提供了大量的集成化端点方便应用程序直接使用。当多个异构系统之间需要实现集成时，关于如何屏蔽各种技术体系的差异性，Spring Integration 为我们提供了解决方案。基于通道，在消息的入口和出口我们可以使用通道适配器和消息网关这两种典型的端点对消息进行同构化处理。Spring Integration 提供的常见集成端点包括 File、FTP、TCP/UDP、HTTP、JDBC、JMS、AMQP、JPA、Mail、MongoDB、Redis、RMI、Web Services 等。可以说，Spring Integration 可以满足日常开发过程中绝大部分场景下的系统集成需求。

2. Spring Cloud Stream 核心组件

Spring Cloud Stream 对整个消息发布和消费过程做了高度抽象，并提供了一系列核心组件。我们先来介绍基于 Spring Cloud Stream 构建消息通信机制的基本工作流程。区别于直接使用 RabbitMQ、Kafka 等消息中间件，Spring Cloud Stream 在消息生产者和消费者之间添加了一种桥梁机制，所有的消息都将通过 Spring Cloud Stream 进行发送和接收，如图 9-6 所示。

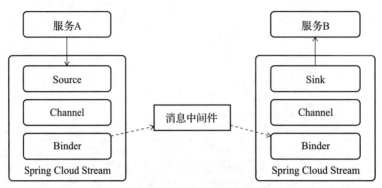

图 9-6　Spring Cloud Stream 工作流程图

在图 9-6 中，我们不难看出 Spring Cloud Stream 具备 4 个核心组件，分别是 Binder、Channel、Source 和 Sink，其中 Binder 和 Channel 成对出现，而 Source 和 Sink 分别面向消息的发布者和消费者。

（1）Source 和 Sink

在 Spring Cloud Stream 中，Source 组件是真正生成消息的组件，相当于一个输出组件。而 Sink 则是真正消费消息的组件，相当于一个输入组件。根据我们对事件驱动架构的了解，对同一个 Source 组件而言，不同的服务可能会实现不同的 Sink 组件，这些 Sink 组件根据自身需求进行业务上的处理。

在 Spring Cloud Stream 中，Source 组件让一个普通的 POJO 对象充当需要发布的消息，对该对象进行序列化（默认的序列化方式是 JSON）然后发布到 Channel 中。另外，Sink 组件监听 Channel 并等待消息的到来。一旦有可用消息，Sink 将该消息反序列化为一个 POJO 对象并用于处理业务逻辑。

（2）Channel

Channel 的概念比较容易理解，就是常见的通道，它是对队列的一种抽象。根据前面所讨论的结果，我们知道在消息通信系统中队列的作用就是实现存储转发的媒介，消息生产者所生成的消息都将保存在队列中并由消息消费者进行消费。通道的名称对应的往往就是队列的名称。

（3）Binder

Spring Cloud Stream 中最重要的概念就是 Binder。所谓 Binder，顾名思义就是一种黏合剂，将业务服务与消息通信系统"黏合"在一起。通过 Binder，我们可以很方便地连接消息中间件，可以动态地改变消息的目标地址、发送方式，而不需要了解各种消息中间件在实现上的差异。

3. Spring Cloud Stream 消息通信机制

对 Spring Cloud Stream 而言，开发人员最主要的工作就是实现 Source 和 Sink 组件。因此，我们先来看一下 Spring Cloud Stream 中关于 Source 和 Sink 的定义。Source 和 Sink 都

是接口，其中 Source 接口的定义如代码清单 9-10 所示。

代码清单 9-10　Source 接口定义代码

```
import org.springframework.cloud.stream.annotation.Output;
import org.springframework.messaging.MessageChannel;

public interface Source {
    String OUTPUT = "output";

    @Output(Source.OUTPUT)
    MessageChannel output();
}
```

注意到这里通过 MessageChannel 发送消息，而 MessageChannel 来自 Spring Messaging 组件。我们在 MessageChannel 上发现了一个 @Output 注解，该注解定义了一个输出通道。与之类似，Sink 接口定义如代码清单 9-11 所示。

代码清单 9-11　Sink 接口定义代码

```
import org.springframework.cloud.stream.annotation.Input;
import org.springframework.messaging.SubscribableChannel;

public interface Sink{
    String INPUT = "input";

    @Input(Sink.INPUT)
    SubscribableChannel input();
}
```

同样，这里通过 Spring Messaging 中的 SubscribableChannel 来实现消息接收，而 @Input 注解定义了一个输入通道。

注意到 @Input 和 @Output 注解使用通道名称作为参数。如果没有名称则会将带注解的方法名字作为参数，也就是默认情况下会分别使用 input 和 output 做通道名称。从这个角度讲，一个 Spring Cloud Stream 应用程序中的 Input 和 Output 的通道数量及名称都是可以任意设置的，我们只需要在这些通道的定义上添加 @Input 和 @Output 注解即可，示例代码如代码清单 9-12 所示。

代码清单 9-12　自定义通道接口定义代码

```
public interface MyChannel{
    @Input
    SubscribableChannel input1();

    @Output
    MessageChannel output1();

    @Output
```

```
    MessageChannel output2();
}
```

可以看到，我们在这里定义了一个 MyChannel 接口并声明了一个 Input 通道和两个 Output 通道，说明使用该通道的服务会从外部的一个通道中获取消息并向外部的两个通道发送消息。注意，上述接口同时使用了 Spring Messaging 中的 SubscribableChannel 和 MessageChannel。我们一般不需要使用这些基础框架提供的 API 就能完成常规的开发需求。但如果确实有需要，我们也可以使用更为底层的 API 直接操控消息发布和接收过程。

9.3.2　实现 Spring Cloud Stream Source

让我们回到 Monitor 限界上下文。我们知道在用户成功申请健康监控、制定健康计划以及执行健康任务时，HealthMonitor 聚合对象会分别生成 MonitorInitializedEvent、PlanGenerated-Event 和 TaskPerformedEvent 领域事件。然后，我们需要将这两个事件分发出去供其他限界上下文使用。本节将讨论如何基于 Spring Cloud Stream Source 实现这一过程。

基于 Spring Cloud Stream，无论是消息发布者还是消息消费者都需要先引入 spring-cloud-stream 依赖，如代码清单 9-13 所示。

代码清单 9-13　spring-cloud-stream 依赖包定义代码

```
<dependency>
    <groupId>org.springframework.cloud</groupId>
    <artifactId>spring-cloud-stream</artifactId>
</dependency>
```

在 HealthMonitor 案例系统中，我们将使用 RabbitMQ 作为消息中间件，因此也需要引入 spring-cloud-starter-stream-rabbit 依赖，如代码清单 9-14 所示。

代码清单 9-14　spring-cloud-starter-stream-rabbit 依赖包定义代码

```
<dependency>
    <groupId>org.springframework.cloud</groupId>
    <artifactId>spring-cloud-starter-stream-rabbit</artifactId>
</dependency>
```

1. 创建 MonitorEventPublisherService

在 Monitor 限界上下文中，我们把分发领域事件的技术组件命名为 MonitorEventPublisher-Service，该类位于 com.healthmonitor.monitor.integration.event 包中，基本代码结构如代码清单 9-15 所示。

代码清单 9-15　MonitorEventPublisherService 类代码结构

```
@Service
public class MonitorEventPublisherService{
```

```
@TransactionalEventListener
public void handleMonitorInitializedEvent(MonitorInitializedEvent
    monitorInitializedEvent){
    ...
}

@TransactionalEventListener
public void handlePlanGeneratedEvent(PlanGeneratedEvent planGeneratedEvent){
    ...
}

@TransactionalEventListener
public void handleTaskPerformedEvent(TaskPerformedEvent taskPerformedEvent){
    ...
}
}
```

　　显然，MonitorEventPublisherService 是一种消息发布者，它在 Spring Cloud Stream 体系中扮演着 Source 的角色，所以我们需要在该类中标明这个类是一个 Source 组件，具体做法就是在该类的定义上添加一个 @EnableBinding 注解，如代码清单 9-16 所示。

代码清单 9-16　添加了 @EnableBinding 注解的 MonitorEventPublisherService 类定义代码

```
@Service
@EnableBinding(Source.class)
public class MonitorEventPublisherService
```

　　@EnableBinding 注解的作用就是告诉 Spring Cloud Stream 这个 MonitorEventPublisherService 类是一个消息发布者，需要绑定消息中间件，实现两者之间的连接。

　　我们可以使用一个或者多个接口做 @EnableBinding 注解的参数。在上述代码中，我们使用了 Source 接口，表示与消息中间件绑定的是一个消息发布者。我们知道 Source 接口是 Spring Cloud Stream 内置的。在日常开发过程中，一般推荐使用自定的 Source 接口来更好地管理消息的目标地址。

2. 创建 HealthMonitorSource

接下来，我们创建一个自定义的 Source 接口 HealthMonitorSource，如代码清单 9-17 所示。

代码清单 9-17　HealthMonitorSource 接口定义代码

```
public interface CustomerTicketSource {
    @Output("ticketApplicationOutput")
    MessageChannel ticketApplication();

    @Output("ticketProcessingOutput")
    MessageChannel ticketProcessing();

    @Output("ticketFinishingOutput")
```

```
    MessageChannel ticketFinishing();
}
```

可以看到，我们在 HealthMonitorSource 中定义了 3 个 MessageChannel，分别用于指定
MonitorInitializedEvent、PlanGeneratedEvent 和 TaskPerformedEvent 这 3 个事件的目标发送地址。

请注意，HealthMonitorSource 所在的包结构是 com.healthmonitor.monitor.infrastructure.messaging，
代表着它是一种基础设施组件。MonitorEventPublisherService 和 HealthMonitorSource 之间的交互
关系如图 9-7 所示。

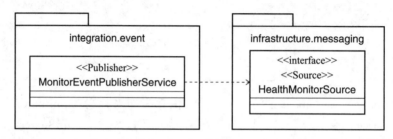

图 9-7　MonitorEventPublisherService 和 HealthMonitorSource 的交互关系

基于 HealthMonitorSource，我们就可以在 MonitorEventPublisherService 中实现消息发
布操作。完整的 MonitorEventPublisherService 类实现如代码清单 9-18 所示。

代码清单 9-18　MonitorEventPublisherService 类完整代码

```
@Service
@EnableBinding(HealthMonitorSource.class)
public class MonitorEventPublisherService{
    private HealthMonitorSource healthMonitorSource;

    public MonitorEventPublisherService(HealthMonitorSource healthMonitorSource){
        this.healthMonitorSource = healthMonitorSource;
    }

    @TransactionalEventListener
    public void handleMonitorInitializedEvent(MonitorInitializedEvent
        monitorInitializedEvent){
        healthMonitorSource.monitorApplication().send(MessageBuilder
        .withPayload(monitorInitializedEvent).build());
    }

    @TransactionalEventListener
    public void handlePlanGeneratedEvent(PlanGeneratedEvent planGeneratedEvent){
        healthMonitorSource.planGeneration().send(MessageBuilder
        .withPayload(planGeneratedEvent).build());
    }

    @TransactionalEventListener
```

```
public void handleTaskPerformedEvent(TaskPerformedEvent taskPerformedEvent){
    healthMonitorSource.taskPerforming().send(MessageBuilder
    .withPayload(taskPerformedEvent).build());
}
}
```

可以看到，我们在这里使用了 Spring Messaging 模块所提供的 MessageBuilder 工具类，将代表领域事件的 MonitorInitializedEvent、PlanGeneratedEvent 和 TaskPerformedEvent 对象转换为消息中间件所能发送的 Message 对象。然后，我们调用 HealthMonitorSource 接口所定义的对应 MessageChannel 将领域事件发送出去。

3. 配置 RabbitMQ Binder

为了通过 HealthMonitorSource 组件将消息发送到正确的目标地址，我们需要在 Spring Boot 应用程序的 application.yml 配置文件中配置 Binder 信息，而 Binder 信息中存在一些通用的配置项。我们如果想把消息发布到消息中间件，就需要知道发送消息的通道（或者说目的地）以及序列化方式，如代码清单 9-19 所示。

代码清单 9-19　Source 组件 Binder 配置示例

```
spring:
    cloud:
        stream:
            bindings:
                output:
                    destination: myDestination
                    content-type: application/json
```

另外，因为 Binder 完成了与具体消息中间件的整合过程，所以需要针对特定的消息中间件来提供专门的配置项。在案例中，我们使用的是 RabbitMQ，那么可以采用如代码清单 9-20 所示的配置方式。

代码清单 9-20　Binder 信息中 RabbitMQ 相关配置示例

```
spring:
    cloud:
        stream:
            bindings:
                default:
                    content-type: application/json
                    binder: rabbitmq
                monitorApplicationOutput:
                    destination: monitorApplication
                    contentType: application/json
                planGenerationOutput:
                    destination: planGeneration
                    contentType: application/json
                taskPerformingOutput:
```

```
                destination: taskPerforming
                contentType: application/json
      binders:
          rabbitmq:
              type: rabbit
              environment:
                  spring:
                      rabbitmq:
                          host: 127.0.0.1
                          port: 5672
                          username: guest
                          password: guest
```

要想理解上述配置项，我们需要对 RabbitMQ 的基本架构有一定的了解。RabbitMQ 是 AMQP 协议的典型实现框架。在 RabbitMQ 中，核心概念是交换器。我们可以通过控制交换器与队列之间的路由规则来实现对消息的存储转发、点对点、发布 – 订阅等消息通信模型。在一个 RabbitMQ 中可能会存在多个队列，交换器如果想把消息发送到具体某一个队列，就需要通过两者之间的绑定规则来设置路由信息。设置路由信息是开发人员操控 RabbitMQ 的主要手段，而路由过程的执行依赖于消息头中的路由键属性。交换器会检查路由键，并结合路由算法来决定将消息路由到哪个队列中去。图 9-8 展示了交换器与队列之间的路由关系。

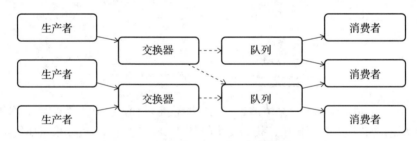

图 9-8　RabbitMQ 中交换器与队列的路由关系

可以看到，一条来自生产者的消息通过交换器中的路由算法可以发送给一个或多个队列，从而分别实现点对点和发布 – 订阅功能。

让我们回到案例中的配置项，这里设置了 3 个目标地址，分别面向 3 种不同的领域事件。当使用 Spring Cloud Stream 来连接 RabbitMQ 时，每个目标地址都会在 RabbitMQ 中创建一个同名的交换器，并把 Spring Cloud Stream 的消息输出通道绑定到该交换器。同时，我们在 bindings 配置段中指定了一个 default 子配置段，用于明确默认使用的 Binder。在这个示例中，我们将这个默认 Binder 命名为 rabbitmq，并在 binders 配置段中指定了运行 RabbitMQ 的相关参数。

9.3.3　实现 Spring Cloud Stream Sink

对于 Monitor 限界上下文中所发布的领域事件，Record 限界上下文是潜在的消费者。

围绕领域事件的处理过程，这两个限界上下文之间的交互关系如图 9-9 所示。

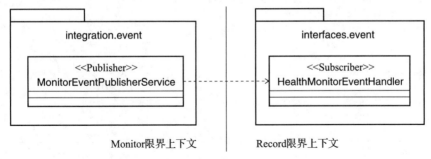

图 9-9　Monitor 限界上下文和 Record 限界上下文的交互关系

1. 创建 HealthMonitorEventHandler

围绕图 9-9，我们明确了 Record 限界上下文需要实现一个 Spring Cloud Stream Sink 组件。因此，我们在该上下文的 com.healthmonitor.record.interfaces.event 包中创建一个 HealthMonitorEventHandler 类，该类的代码结构如代码清单 9-21 所示。

代码清单 9-21　HealthMonitorEventHandler 类代码结构

```
import org.springframework.cloud.stream.annotation.EnableBinding;
import org.springframework.cloud.stream.annotation.StreamListener;
...

@EnableBinding(HealthRecordSink.class)
public class HealthMonitorEventHandler{
    @StreamListener("monitorApplicationInput")
    public void handleMonitorInitializedEvent(MonitorInitializedEvent
        monitorInitializedEvent) {
        // 添加针对 MonitorInitializedEvent 的处理逻辑
    }

    @StreamListener("planGenerationInput")
    public void handlePlanGeneratedEvent(PlanGeneratedEvent planGeneratedEvent) {
        // 添加针对 PlanGeneratedEvent 的处理逻辑
    }

    @StreamListener("taskPerformingInput")
    public void handleTaskPerformedEvent(TaskPerformedEvent taskPerformedEvent) {
        // 添加针对 TaskPerformedEvent 的处理逻辑
    }
}
```

显然，对作为消息消费者的 HealthMonitorEventHandler 类而言，@EnableBinding 注解所绑定的应该是 Sink 接口。而在这里，我们同样自定义了一个 Sink 接口 HealthRecordSink，如代码清单 9-22 所示。

代码清单 9-22　　HealthRecordSink 接口定义代码

```
public interface HealthRecordSink {
    @Input("monitorApplicationInput")
    MessageChannel monitorApplication();

    @Input("planGenerationInput")
    MessageChannel planGeneration();

    @Input("taskPerformingInput")
    MessageChannel taskPerforming();
}
```

同时，我们发现这里引入了一个新的注解 @StreamListener，将该注解添加到某个方法上就可以使之接收事件流。在上面的例子中，@StreamListener 注解添加在了 handleMonitorInitializedEvent、handlePlanGeneratedEvent 和 handleTaskPerformedEvent 方法上，并分别指向了 monitorApplication、planGeneration 和 taskPerforming 通道，意味着所有流经这 3 个通道的消息都会通过对应的方法进行处理。请注意，这 3 个通道的名称需要与上一节中构建 HealthMonitorSource 时所使用的通道名称保持一致。

Record 限界上下文接收到来自 Monitor 限界上下文的领域事件，就需要把它们处理并存储起来。因此，HealthMonitorEventHandler 中将构建命令对象并通过命令服务完成对聚合对象 HealthRecord 的操作。完整版的 HealthMonitorEventHandler 实现过程如代码清单 9-23 所示。

代码清单 9-23　　HealthMonitorEventHandler 类完整代码

```
@Service
@EnableBinding(Sink.class)
public class HealthRecordEventHandler {
    private HealthRecordCommandService healthRecordCommandService;

    public HealthRecordEventHandler(HealthRecordCommandService
        healthRecordCommandService) {
        this.healthRecordCommandService = healthRecordCommandService;
    }

    @StreamListener("monitorApplicationInput")
    public void handleMonitorInitializedEvent(MonitorInitializedEvent
        monitorInitializedEvent) {
        // 添加针对 MonitorInitializedEvent 的处理逻辑
        SaveRecordCommand saveRecordCommand = SaveRecordCommandDTOAssembler.
            toCommandFromDTO(monitorInitializedEvent);
        healthRecordCommandService.handleHealthRecordCreation(saveRecordCommand);
    }

    @StreamListener("planGenerationInput")
    public void handlePlanGeneratedEvent(PlanGeneratedEvent planGeneratedEvent) {
```

```
    // 添加针对 PlanGeneratedEvent 的处理逻辑
    SaveRecordCommand saveRecordCommand = SaveRecordCommandDTOAssembler
        .toCommandFromDTO(planGeneratedEvent);
    healthRecordCommandService.handleHealthRecordCreation(saveRecordCommand);
    }

    @StreamListener("taskPerformingInput")
    public void handleTaskPerformedEvent(TaskPerformedEvent taskPerformedEvent) {
        // 添加针对 TaskPerformedEvent 的处理逻辑
        SaveRecordCommand saveRecordCommand = SaveRecordCommandDTOAssembler
            .toCommandFromDTO(taskPerformedEvent);
        healthRecordCommandService.handleHealthRecordCreation(saveRecordCommand);
    }
}
```

请注意，从技术组件的定位而言，HealthMonitorEventHandler 与代表 REST API 的
Controller 是一致的。所以在 HealthMonitorEventHandler 中，我们同样看到了一个装配器组
件 SaveRecordCommandDTOAssembler，该类完成了领域事件到命令对象之间的转换，其实
现过程如代码清单 9-24 所示。

代码清单 9-24　SaveRecordCommandDTOAssembler 类代码

```
public class SaveRecordCommandDTOAssembler {
    public static SaveRecordCommand toCommandFromDTO(DomainEvent domainEvent) {
        MonitorEvent monitorEvent = (MonitorEvent)domainEvent;

        String account = monitorEvent.getAccount();
        int healthScore = monitorEvent.getHealthScore();
        RecordType recordType = null;
        String recordValue = null;

        if(monitorEvent instanceof MonitorInitializedEvent) {
            recordType = RecordType.MONITOR;
            recordValue = ((MonitorInitializedEvent)monitorEvent).getMonitorId();
        } else if(monitorEvent instanceof PlanGeneratedEvent) {
            recordType = RecordType.PLAN;
            recordValue = ((PlanGeneratedEvent)monitorEvent).getPlanId();
        } else if(monitorEvent instanceof TaskPerformedEvent) {
            recordType = RecordType.TASK;
            recordValue = ((TaskPerformedEvent)monitorEvent).getTaskId();
        }

        return new SaveRecordCommand(account, recordType, recordValue, healthScore);
    }
}
```

可以看到，这里通过具体领域事件的类型确定了 RecordType 和 recordValue 参数的值，
并构建了一个 SaveRecordCommand 命令对象。一旦 SaveRecordCommand 命令对象构建完

成，接下来的事情就是实现命令服务 HealthRecordCommandService，如代码清单 9-25 所示。

代码清单 9-25　HealthRecordCommandService 类代码

```
@Service
public class HealthRecordCommandService {
    private HealthRecordRepository healthRecordRepository;

    public HealthRecordCommandService(HealthRecordRepository healthRecordRepository) {
        this.healthRecordRepository = healthRecordRepository;
    }

    public RecordId handleHealthRecordCreation(SaveRecordCommand saveRecordCommand) {
        String recordId = "Record" + UUID.randomUUID().toString().toUpperCase();
        saveRecordCommand.setRecordId(recordId);

        HealthRecord healthRecord = new HealthRecord(saveRecordCommand);
        healthRecordRepository.save(healthRecord);

        return healthRecord.getRecordId();
    }
}
```

HealthRecordCommandService 的实现比较简单，直接创建聚合对象 HealthRecord，并调用资源库组件 HealthRecordRepository 完成数据的持久化。

作为总结，我们给出与 HealthMonitorEventHandler 相关的核心类，如图 9-10 所示。

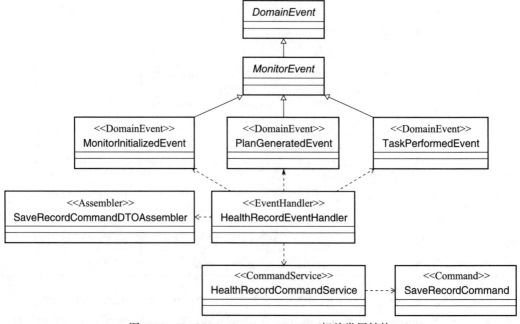

图 9-10　HealthMonitorEventHandler 相关类层结构

与之对应，这些类之间的交互关系如图 9-11 所示。

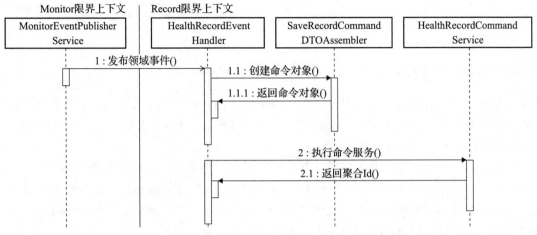

图 9-11　HealthMonitorEventHandler 的交互时序图

2. 配置 RabbitMQ Binder

最后，在 Record 限界上下文中，我们需要在 Spring Boot 应用程序的配置文件中添加如代码清单 9-26 所示的配置信息，实现与 Monitor 限界上下文之间的消息通信。

代码清单 9-26　Sink 组件 Binder 配置示例

```
spring:
    cloud:
        stream:
            bindings:
                default:
                    content-type: application/json
                    binder: rabbitmq
                monitorApplicationInput:
                    destination: monitorApplication
                    contentType: application/json
                planGenerationInput:
                    destination: planGeneration
                    contentType: application/json
                taskPerformingInput:
                    destination: taskPerforming
                    contentType: application/json
            binders:
                rabbitmq:
                    type: rabbit
                    environment:
                        spring:
                            rabbitmq:
                                host: 127.0.0.1
```

```
port: 5672
username: guest
password: guest
```

9.4 实现 HealthMonitor 领域事件

在 HealthMonitor 案例系统中，原则上 Monitor、Plan 和 Task 限界上下文所发布的领域事件都可以被 Record 限界上下文消费。由于篇幅关系，在本章中我们只展示 Monitor 和 Record 这两个上下文相关的交互关系。

同时，Record 限界上下文在接收并处理完来自其他限界上下文中的领域事件后，也会发布一个代表健康档案信息已经被成功记录的领域事件，例如健康信息已存档事件 HealthInfoRecordedEvent。因此，在创建 Record 限界上下文中的聚合对象 HealthRecord 时，我们可以进一步将该事件发布出去，如代码清单 9-27 所示。

代码清单 9-27　HealthRecordPO 中发布 HealthInfoRecordedEvent 事件代码

```
public class HealthRecordPO extends AbstractAggregateRoot<HealthRecordPO>{
    public HealthRecordPO(String recordId, String account, RecordType recordType,
        String recordValue, int healthScore) {
        …
        // 发布 HealthInfoRecordedEvent 事件，供其他限界上下文订阅和消费
        HealthInfoRecordedEvent healthInfoRecordedEvent = new
            HealthInfoRecordedEvent(account, recordId);
        this.registerEvent(healthInfoRecordedEvent);
    }
}
```

HealthMonitor 案例系统中的其他上下文如果对这个 HealthInfoRecordedEvent 事件感兴趣，也可以对其进行订阅和处理。

9.5 本章小结

本章是围绕 DDD 中领域事件的实现过程来展开讲解的。在给出了领域事件的实现策略之后，我们完成了领域事件生成的过程。基于 Spring Data 生成领域事件的开发过程并不复杂，我们可以通过 @DomainEvents 注解、AbstractAggregateRoot 以及 @TransactionalEventListener 注解来实现。

另外，本章也解决了一个 DDD 应用程序开发过程中的核心问题，即如何在不同限界上下文之间发布、传播及消费领域事件。借助于 Spring 家族提供的 Spring Cloud Stream 框架，我们发现解决这个问题并不复杂。Spring Cloud Stream 框架为开发人员提供了强大的消息通信功能及统一的 API。

第 10 章 *Chapter 10*

案例实现：限界上下文集成

在上一章中，我们讨论了事件驱动架构，掌握了如何基于 Spring Data 和 Spring Cloud Stream 完成领域事件的发布及订阅。在 HealthMonitor 案例系统实现过程中，领域事件是我们介绍的最后一个独立 DDD 技术组件。在介绍完这些 DDD 组件之后，本章将关注限界上下文之间的集成过程。我们将首先讨论限界上下文的集成策略，并演示如何基于 REST API 完成基于 HTTP 协议的上下文远程交互。同时，我们还将基于 Spring Cloud 来实现符合微服务架构设计理念的限界上下文之间的集成。

10.1 限界上下文集成策略

在讨论限界上下文集成策略之前，我们有必要对系统集成的基本实现方法有一定的了解。业界关于系统集成存在一些主流的模式和工程实践，包括文件传输、共享数据库、远程过程调用（Remote Procedure Call，RPC）和消息通信。

以上 4 种主流的集成模式各有优缺点。采用文件传输方式的最大挑战在于如何进行文件的更新和同步；如果使用数据库，在多方共享库的场景下如何确保数据库模式统一是个大问题；RPC 容易产生瓶颈节点；而消息通信在实现松耦合的同时加大了系统的复杂性。

RPC 和消息通信面对的都是分布式环境下的远程调用。远程调用区别于内部方法调用：一方面，网络通信存在可靠性和延迟性问题；另一方面，系统集成面对的通常是一些异构系统。我们的思路是尽量采用标准化的数据结构并降低系统集成的耦合度。

从这个角度看，上一章中介绍的领域事件和事件驱动架构也是一种系统集成的实现方式。而本章讨论的重点则是基于 RPC 的限界上下文集成方式。

10.1.1 统一协议和防腐层

在第 2 章中介绍上下文映射和集成的基本概念时，我们提到实现上下文集成的基本模式有两种，即统一协议和防腐层。在具体应用场景中，开发人员通常都会综合使用这些模式。

1. 统一协议模式

统一协议模式为系统所提供的服务定义了一套标准化的协议，这套协议包含了统一数据结构，同时在有新的集成需求时能够进行扩展和改进。HTTP 方法及其所代表的资源就是一种统一协议，我们可以通过 GET/PUT/POST/DELETE 等 HTTP 方法和代表各种资源的 Resource URI 构建 RESTful 风格的集成实现机制。

这里有必要对 RESTful 风格做简要的介绍。要理解 RESTful 风格，最好先理解 REST 的全称——Representational State Transfer，直译是"表现层状态转移"。其实它省略了主语，其中"表现层"指的是资源的表现层，所以通俗来讲，REST 就是资源在网络中以某种表现形式进行状态转移。REST 提出了一组架构约束条件和原则，满足这些约束条件和原则的设计风格就是 RESTful。现实世界中的事物都可以被看作一种资源，我们可以根据这些原则设计以资源为中心的服务。

REST 最重要的一条原则就是客户端和服务器之间交互的无状态。从客户端到服务器的每个请求本身都必须包含理解该请求所必需的所有信息，这种无状态的请求可以由任何可用服务器来响应，十分适合分布式集群下的运行环境。

REST 在实现上的关键是定义可表示流程元素或资源的对象。在 REST 中，每一个对象都是通过 URI（Uniform Resource Identifier，统一资源标识符）来表示的，对象负责将状态信息打包进每一条消息内，以保证对象处理的无状态性。表 10-1 所展示的就是 User 这个对象所能代表的各种资源 URI 及其表述。

表 10-1　RESTful 风格示例

URL	HTTP 方法	描述
http://www.example.com/users	GET	获取 User 对象列表
http://www.example.com/users	PUT	更新一组 User 对象
http://www.example.com/users	POST	新增一组 User 对象
http://www.example.com/users	DELETE	删除所有 User
http://www.example.com/users/tianyalan	GET	根据用户名 tianyalan 获取 User 对象
http://www.example.com/users/tianyalan	PUT	根据用户名 tianyalan 更新 User 对象
http://www.example.com/users/tianyalan	POST	添加用户名为 tianyalan 的新 User 对象
http://www.example.com/users/tianyalan	DELETE	根据用户名 tianyalan 删除 User 对象

2. 防腐层模式

统一协议模式面向的对象是提供服务的限界上下文，而对于发起集成的限界上下文，我们需要构建防腐层。防腐层组件屏蔽了对统一协议模式进行集成的过程。而在具体实现上，防腐层组件会涉及一系列与访问远程 HTTP 端点相关的技术体系。图 10-1 展示了这一过程。

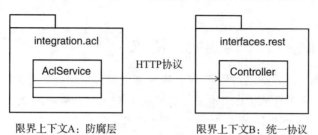

图 10-1　统一协议和防腐层交互示意图

在基于 Spring Boot 框架开发 DDD 应用程序时，统一协议的实现方式就是构建一系列 Controller 类，这些类都统一位于 interfaces.rest 包中。与之对应，我们把防腐层组件命名为各种 AclService，放在 integration.acl 包中。

10.1.2　服务注册和发现

在图 10-1 中，限界上下文 A 要解决的一个技术难点是如何有效地识别和定位限界上下文 B，以及如何以最简便的方式对限界上下文 B 中的 HTTP 端点发起请求。这在分布式集群环境下显得尤为重要，因为限界上下文 B 的实例可能有多个。

在第 3 章中，我们已经分析了微服务架构中的注册中心模型，以及对应的开发框架 Spring Cloud。基于 Spring Cloud 中的技术组件，我们可以很轻松地根据服务名称来定位限界上下文所在的服务并发起远程请求。在这个过程中，服务的注册、发现、路由及负载均衡等技术要素对开发人员而言可以是透明而高效的。微服务架构下的统一协议和防腐层交互如图 10-2 所示。

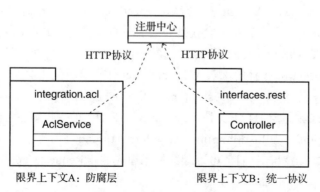

图 10-2　微服务架构下的统一协议和防腐层交互示意图

在本章中，我们将基于 Spring Boot 实现统一协议和防腐层模式。而在第 13 章中我们将讨论 DDD 与微服务架构的整合过程。

接下来，让我们来到 Monitor 限界上下文和 Plan 限界上下文，分析如何基于 REST API 完成这两个上下文之间的集成。

10.2 基于 REST API 构建统一协议

在 Spring Boot 中，我们通过创建 Web 服务来实现统一协议，主要的开发工作就是实现一系列 Controller。在各个 Controller 中，需要完成对 HTTP 请求的处理并返回正确的响应结果。我们可以基于一系列注解来开展这些开发工作。

10.2.1 创建 Controller

创建 Controller 的过程比较固化，我们可以在 Monitor 限界上下文的 com.healthmonitor. monitor.interfaces.rest 包结构中创建如代码清单 10-1 所示的 HealthMonitorController。

代码清单 10-1　HealthMonitorController 示例代码

```
@RestController
@RequestMapping(value="monitors")
public class HealthMonitorController {

    @GetMapping(value = "/{monitorId}")
    public HealthMonitor getHealthMonitorById(@PathVariable String monitorId) {
        HealthMonitor healthMonitor = ...;
        ...
        return healthMonitor;
    }
}
```

上述代码展示了一个典型的 Controller，可以看到其中包含了 @RestController、@RequestMapping 和 @GetMapping 等注解。@RestController 注解继承自 Spring WebMVC 中的 @Controller 注解，顾名思义，它就是一个 RESTful 风格的 HTTP 端点，并且会自动使用 JSON 实现 HTTP 请求和响应的序列化/反序列化。通过这一特性，我们在构建 Web 服务时可以使用 @RestController 注解来取代 @Controller 注解以简化开发。

@GetMapping 注解和 @RequestMapping 注解的功能类似，只是前者默认使用了 RequestMethod.GET 来指定 HTTP 方法。Spring Boot 2 引入的一批新注解除了 @GetMapping 外还有 @PutMapping、@PostMapping、@DeleteMapping 等注解，方便开发人员显式指定 HTTP 请求方法。当然，我们也可以继续使用原先的 @RequestMapping 注解实现同样的效果。

在上述 HealthMonitorController 中，我们用到了两层 Mapping，第一层的 @RequestMapping

注解在服务层级定义了服务的根路径 monitors，第二层的 @GetMapping 注解则在操作层级别定义了 HTTP 请求方法的具体路径及参数信息。

10.2.2　处理 Web 请求

处理 Web 请求的过程涉及获取输入参数及返回响应结果。Spring Boot 提供了一系列便捷有用的注解来简化对请求输入的控制过程，常用的包括上述 HealthMonitorController 中展示的 @PathVariable，以及接下来要介绍的 @RequestBody 注解。

@PathVariable 注解用于获取路径参数，即从类似 url/{id} 这种形式的路径中获取 {id} 参数的值。通常，使用 @PathVariable 注解时只需要指定参数的名称即可。

在 HTTP 协议中，content-type 属性用来指定所传输的内容类型。而我们可以通过 @RequestMapping 注解中的 produces 属性来对其进行设置，通常会将其设置为 application/json，示例代码如代码清单 10-2 所示。

代码清单 10-2　content-type 属性使用示例代码

```
@RestController
@RequestMapping(value = "monitors", produces="application/json")
public class HealthMonitorController{
}
```

而 @RequestBody 注解就是用来处理 content-type 为 application/json 类型时的请求内容的。通过 @RequestBody 注解，我们可以将请求体中的 JSON 字符串绑定到相应的实体对象上。我们可以通过 @RequestBody 注解来传入参数，如代码清单 10-3 所示。

代码清单 10-3　@RequestBody 注解使用示例代码

```
@PostMapping(value = "/")
public MonitorId applyMonitor(@RequestBody ApplyMonitorDTO applyMonitorDTO) {
}
```

请注意，这里使用了 com.healthmonitor.monitor.interfaces.rest.dto 包中的 DTO 对象 Apply-MonitorDTO，如代码清单 10-4 所示。

代码清单 10-4　@ApplyMonitorDTO 类示例代码

```
public class ApplyMonitorDTO {
    private String account;              //用户账号
    private String allergy;              //过敏史
    private String injection;            //预防注射史
    private String surgery;              //外科手术史
    private String symptomDescription;   //症状描述
    private String bodyPart;             //身体部位
    private String timeDuration;         //持续时间
    //省略 getter/setter
}
```

显然，该 DTO 对象专门用于用户申请健康监控的操作。这时候，如果想要通过 Postman 来发起这个 POST 请求，就需要使用一段包含了 ApplyMonitorDTO 对象中各个字段的 JSON 字符串。

有了 ApplyMonitorDTO 对象，接下来要做的就是构建 Assembler 对象。在 com.healthmonitor. monitor.interfaces.rest.assembler 包中，我们创建一个 ApplyMonitorCommandDTOAssembler，如代码清单 10-5 所示。

代码清单 10-5 ApplyMonitorCommandDTOAssembler 类示例代码

```
public class ApplyMonitorCommandDTOAssembler {
    public static ApplyMonitorCommand toCommandFromDTO(ApplyMonitorDTO applyMonitorDTO) {
        return new ApplyMonitorCommand(
            applyMonitorDTO.getAccount(),
            applyMonitorDTO.getAllergy(),
            applyMonitorDTO.getInjection(),
            applyMonitorDTO.getSurgery(),
            applyMonitorDTO.getSymptomDescription(),
            applyMonitorDTO.getBodyPart(),
            applyMonitorDTO.getTimeDuration());
    }
}
```

可以看到，通过 ApplyMonitorCommandDTOAssembler，我们把来自外部请求的 Apply-MonitorDTO 对象组装成了领域模型中的 ApplyMonitorCommand 命令对象。

10.2.3 集成应用服务

最后，我们回到 HealthMonitorController，看看如何在 REST API 中集成应用服务，实现方式如代码清单 10-6 所示。

代码清单 10-6 HealthMonitorController 类示例代码

```
@RestController
@RequestMapping(value = "monitors")
public class HealthMonitorController {
    private HealthMonitorCommandService healthMonitorCommandService;

    public HealthMonitorController(HealthMonitorCommandService
        healthMonitorCommandService) {
        this.healthMonitorCommandService = healthMonitorCommandService;
    }

    @PostMapping(value = "/application")
    public MonitorId applyMonitor(@RequestBody ApplyMonitorDTO applyMonitorDTO) {
        ApplyMonitorCommand applyMonitorCommand = ApplyMonitorCommandDTOAssembler
```

```
            .toCommandFromDTO(applyMonitorDTO);
        MonitorId monitorId = healthMonitorCommandService
            .handlerHealthMonitorApplication(applyMonitorCommand);
        return monitorId;
    }
}
```

可以看到，在 HealthMonitorController 中我们注入了 HealthMonitorCommandService，然后基于 ApplyMonitorCommandDTOAssembler 获取对应的 ApplyMonitorCommand，并调用 HealthMonitorCommandService 的 handlerHealthMonitorApplication 方法完成了对用户申请健康监控请求的响应。

当然，在 HealthMonitorController 中，我们也可以注入 HealthMonitorQueryService 来完成查询类操作。完整的 HealthMonitorController 类实现如代码清单 10-7 所示。

代码清单 10-7　HealthMonitorController 类完整示例代码

```
@RestController
@RequestMapping(value = "monitors")
public class HealthMonitorController {
    private HealthMonitorCommandService healthMonitorCommandService;
    private HealthMonitorQueryService healthMonitorQueryService;

    public HealthMonitorController(HealthMonitorCommandService
        healthMonitorCommandService, HealthMonitorQueryService
        healthMonitorQueryService) {
        this.healthMonitorCommandService = healthMonitorCommandService;
        this.healthMonitorQueryService = healthMonitorQueryService;
    }

    @GetMapping(value = "/")
    public  List<HealthMonitor> getAllHealthMonitor() {
        List<HealthMonitor> healthMonitors = healthMonitorQueryService.findAll();
        return healthMonitors;
    }

    @GetMapping(value = "/{monitorId}")
    public HealthMonitor getHealthMonitorById(@PathVariable String monitorId) {
        HealthMonitor healthMonitor = healthMonitorQueryService
            .findByMonitorId(monitorId);
        return healthMonitor;
    }

    @GetMapping(value = "/summary/{monitorId}")
    public HealthMonitorSummary getHealthMonitorSummaryById(@PathVariable
        String monitorId) {
        HealthMonitorSummary healthMonitorSummary = healthMonitorQueryService
```

```
            .findSummaryByMonitorId(monitorId);
        return healthMonitorSummary;
    }

    @PostMapping(value = "/application")
    public MonitorId applyMonitor(@RequestBody ApplyMonitorDTO applyMonitorDTO) {
        ApplyMonitorCommand applyMonitorCommand = ApplyMonitorCommandDTOAssembler
            .toCommandFromDTO(applyMonitorDTO);
        MonitorId monitorId = healthMonitorCommandService.handlerHealthMonitorApplication
            (applyMonitorCommand);
        return monitorId;
    }

    @PostMapping(value = "/plan")
    public void createPlan(@RequestBody CreatePlanDTO createPlanDTO) {
        CreatePlanCommand createPlanCommand = CreatePlanCommandDTOAssembler
            .toCommandFromDTO(createPlanDTO);
        healthMonitorCommandService.handlerHealthPlanGeneration(createPlanCommand);
    }
}
```

我们可以根据需要在 HealthMonitorController 中添加更多的 HTTP 端点，并通过 Health-MonitorCommandService 和 HealthMonitorQueryService 这两个应用服务完成与领域模型之间的交互。

至此，从 HTTP 请求到命令服务再到领域模型对象的完整流程已经构建完毕。以命令服务的处理流程为例，其对应的时序关系如图 10-3 所示。

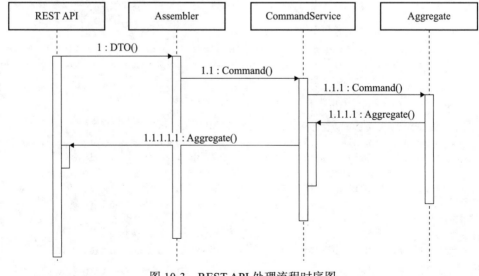

图 10-3　REST API 处理流程时序图

另外，作为总结，我们梳理了在 Monitor 限界上下文中基于 REST API 构建统一协议的核心类及其交互关系，如图 10-4 所示。

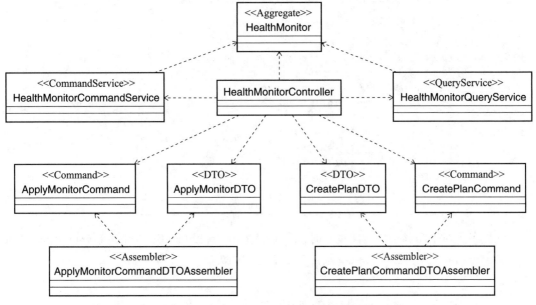

图 10-4 REST API 构建过程中的核心类

在前面的内容中，我们以 Monitor 限界上下文为例讨论了 REST API 的构建过程，这个过程对任何限界上下文都是一样的。在 Plan 限界上下文中，我们实现了一个 HealthPlanController，它用来暴露 HTTP 端点，具体实现如代码清单 10-8 所示。

代码清单 10-8 HealthPlanController 类完整示例代码

```
@RestController
@RequestMapping(value = "plans")
public class HealthPlanController {
    private HealthPlanCommandService healthPlanCommandService;
    private HealthPlanQueryService healthPlanQueryService;

    public HealthPlanController(HealthPlanCommandService healthPlanCommandService,
        HealthPlanQueryService healthPlanQueryService) {
        this.healthPlanCommandService = healthPlanCommandService;
        this.healthPlanQueryService = healthPlanQueryService;
    }

    @PostMapping(value = "/optimal")
    public HealthPlanProfile getOptimalPlan(@RequestBody HealthTestInfoDTO
        healthTestInfoDTO) {

        List<HealthPlan> healthPlans = healthPlanQueryService.findAll();
```

```
// 这里对专业的健康计划制定流程做简化处理，默认以 HealthPlan 列表中的第一个计划为最优健康计划
HealthPlan optimalPlan = healthPlans.get(0);

    return convertHealthPlanProfile(optimalPlan);
}

@PostMapping(value = "/")
public void createPlan(@RequestBody CreatePlanDTO createPlanDTO) {
    CreatePlanCommand createPlanCommand = CreatePlanCommandDTOAssembler
        .toCommandFromDTO(createPlanDTO);
    healthPlanCommandService.handleHealthPlanCreation(createPlanCommand);
}

@GetMapping(value = "/list")
public List<HealthPlan> getPlans() {
    return healthPlanQueryService.findAll();
}
}
```

在接下来讨论防腐层的构建过程时，我们将使用 HealthPlanController 暴露的 REST API 来完成 Monitor 限界上下文和 Plan 限界上下文之间的集成。

10.3 基于 REST API 构建防腐层

在我们基于 Controller 创建 REST API 之后，接下来要做的事情就是对它暴露的 HTTP 端点进行消费，这就是本节要介绍的内容。为此，我们将引入 Spring Boot 提供的 RestTemplate 模板工具类。

10.3.1 创建和使用 RestTemplate

要想创建一个 RestTemplate 对象，最简单也最常见的方法就是直接 new 一个该类的实例，如代码清单 10-9 所示。

代码清单 10-9　创建 RestTemplate 示例代码

```
@Bean
public RestTemplate restTemplate(){
    return new RestTemplate();
}
```

这里创建了一个 RestTemplate 实例，并通过 @Bean 注解将其注入 Spring 容器中。在 Spring Boot 应用程序中，通常我们会把上述代码放在 Bootstrap 类中，这样在代码工程的其他地方都可以引用这个实例。

我们明确，通过 RestTemplate 发送的请求和获取的响应都以 JSON 为序列化方式。在

创建 RestTemplate 之后，我们就可以使用它内置的工具方法向远程 Web 服务发起请求。RestTemplate 为开发人员提供了一大批发送 HTTP 请求的工具方法，如表 10-2 所示。

表 10-2　RestTemplate 发送 HTTP 请求方法列表

HTTP 请求方法	RestTemplate 提供的工具方法
GET	getForObject/getForEntity
POST	postForLocation/postForObject/postForEntity
PUT	put
DELETE	delete
Header	headForHeaders
不限	exchange/execute

在一个 Web 请求中，通过请求路径可以携带参数，在使用 RestTemplate 时也可以在它的 URL 中嵌入路径变量。例如，针对前面介绍的 HealthMonitorController 中的 HTTP 端点，我们可以发起如代码清单 10-10 所示的 Web 请求。

代码清单 10-10　URL 中带一个参数的 Web 请求示例

```
("http:// localhost:8080/monitors/{monitorId}", "monitor1")
```

这里我们定义了一个拥有路径变量名 monitorId 的 URL，然后在实际访问时将该变量值设置为 monitor1。URL 也可以包含多个路径变量，因为 Java 支持不定长参数语法，所以多个路径变量的赋值将按参数依次设置。如果准备好请求 URL，就可以使用 RestTemplate 所提供的一系列工具方法完成远程服务的访问。

我们先来介绍 get 方法组，它包括 getForObject 和 getForEntity 这两组方法，每组各有 3 个参数完全对应的方法。getForObject 方法组中的 3 个方法如代码清单 10-11 所示。从方法定义上不难看出它们之间的区别只在对所传入参数的处理上。

代码清单 10-11　getForObject 方法组代码

```
public <T> T getForObject(URI url, Class<T> responseType)
public <T> T getForObject(String url, Class<T> responseType, Object... uriVariables){}
public <T> T getForObject(String url, Class<T> responseType, Map<String, ?> uriVariables)
```

对于 HealthMonitorController 暴露的 HTTP 端点，我们可以通过 getForObject 方法构建一个 HTTP 请求来获取目标 User 对象，实现过程如代码清单 10-12 所示。

代码清单 10-12　getForObject 方法调用示例代码

```
User result = restTemplate.getForObject("http:// localhost:8080/monitors/
    {monitorId}", HealthMonitor.class, "monitor1");
```

可以使用 getForEntity 方法实现同样的效果，但写法上有所区别，如代码清单 10-13 所示。

代码清单 10-13　getForEntity 方法调用示例代码

```
ResponseEntity<HealthMonitor > result = restTemplate.getForEntity("http://
    localhost:8080/monitors/{monitorId}", HealthMonitor.class, "monitor1");
HealthMonitor healthMonitor = result.getBody();
```

可以看到，getForEntity 方法的返回值是一个 ResponseEntity 对象，在这个对象中还有 HTTP 消息头等信息。而 getForObject 方法返回的只是业务对象本身。这是两个方法组的主要区别，我们可以根据需要进行选择。

针对 HealthMonitorController 中用于提交用户健康检测申请的 HTTP 端点来说，通过 postForEntity 方法发送 POST 请求的示例代码如代码清单 10-14 所示。

代码清单 10-14　postForEntity 方法调用示例代码

```
ApplyMonitorDTO applyMonitorDTO = new ApplyMonitorDTO();
// 省略对 applyMonitorDTO 的赋值
ResponseEntity<HealthMonitor> responseEntity = restTemplate
    .postForEntity("http://localhost:8080/monitors/application", applyMonitorDTO,
    ApplyMonitorDTO.class);
return responseEntity.getBody();
```

可以看到，这里通过 postForEntity 方法传递了一个 ApplyMonitorDTO 对象到 HealthMonitorController 暴露的端点，并获取了该端点的返回值。postForObject 的操作方式也与此类似。

在掌握了 get 和 post 方法组之后，理解 put 方法组和 delete 方法组就显得非常容易了。其中，put 方法组与 post 方法组相比只是在操作语义上存在差别，而 delete 方法组的使用过程和 get 方法组类似，这里就不再一一展开讨论。

最后，我们还有必要介绍一下 exchange 方法组。对于 RestTemplate，exchange 是一个通用且统一的方法，它既能实现 GET 和 POST 操作，也能用于其他各种类型的请求。我们来看一下该方法组中一个 exchange 方法签名，如代码清单 10-15 所示。

代码清单 10-15　exchange 方法定义

```
public <T> ResponseEntity<T> exchange(String url, HttpMethod method, @Nullable
    HttpEntity<?> requestEntity, Class<T> responseType, Object... uriVariables)
    throws RestClientException
```

请注意，这里的 requestEntity 变量是一个 HttpEntity 对象，封装了请求头和请求体。而 responseType 则用于指定返回的数据类型。使用 exchange 方法发起请求的示例代码如代码清单 10-16 所示。

代码清单 10-16　exchange 方法使用示例代码

```
ResponseEntity<HealthMonitor> result = restTemplate.exchange("http://localhost:
    8080/monitors/{monitorId}", HttpMethod.GET, null, HealthMonitor.class,
    "monitor1");
```

10.3.2　创建防腐层组件

现在，让我们回到 Monitor 限界上下文，考虑创建防腐层的应用场景。防腐层充当了 Monitor 限界上下文和 Plan 限界上下文之间的桥梁，如图 10-5 所示。

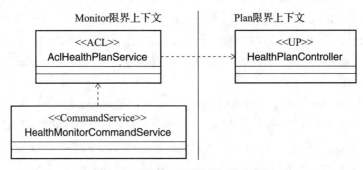

图 10-5　防腐层的桥梁作用示意图

在 Monitor 限界上下文中，我们知道需要集成 Plan 限界上下文中的 REST API 来为用户创建健康计划。为此，我们在 com.healthmonitor.monitor.integration.acl 包结构中创建一个 AclHealthPlanService 类，该类的作用就是充当防腐层组件，其实现过程如代码清单 10-17 所示。

代码清单 10-17　AclHealthPlanService 类示例代码

```
@Service
public class AclHealthPlanService {
    @Autowired
    private AclConfig aclConfig;

    @Autowired
    RestTemplate restTemplate;

    public HealthPlanProfile fetchHealthPlan(HealthTestOrder healthTestOrder) {
        HealthTestInfoDTO healthTestInfoDTO = new HealthTestInfoDTO(
            healthTestOrder.getAnamnesis().getAllergy(),
            healthTestOrder.getAnamnesis().getInjection(),
            healthTestOrder.getAnamnesis().getSurgery(),
            healthTestOrder.getSymptom().getSymptomDescription(),
            healthTestOrder.getSymptom().getBodyPart(),
            healthTestOrder.getSymptom().getTimeDuration()
        );

        HttpEntity<HealthTestInfoDTO> httpEntity = new HttpEntity<HealthTestInfoDTO>
            (healthTestInfoDTO);
        ResponseEntity<HealthPlanProfile> result =
            restTemplate.exchange(aclConfig.getPlanUrl(), HttpMethod.POST,
                httpEntity, HealthPlanProfile.class);
```

```
        return result.getBody();
    }
}
```

可以看到，AclHealthPlanService 类的实现过程并不复杂，但有几个地方值得注意。

首先，使用 Spring Boot 内置的 RestTemplate 模板工具类对 Plan 限界上下文中的 HealthPlanController 所暴露的 HTTP 端点进行直接访问，并返回响应结果。我们知道创建健康计划的过程依赖于用户的既往病史和症状，所以这里从 HealthTestOrder 中获取这两部分信息并发起远程调用。

然后，从远程 Plan 限界上下文中获取响应结果。请注意，上一节中我们已经给出了 Plan 限界上下文中的 REST API，也明确了其返回结果是一个 HealthPlanProfile 对象。该对象位于 common-domain 包中，是一个共享领域对象。而 Plan 限界上下文完成了将聚合对象 HealthPlan 转换为 HealthPlanProfile 的处理过程。这样处理的原因是，在 Monitor 限界上下文中我们显然不应该直接应用 HealthPlan 这个聚合对象，于是引入了共享的 HealthPlanProfile 对象，使我们在上下文解耦及远程调用序列化之间达成了一种技术上的平衡。

另外，这里也演示了 Spring Boot 中的配置项管理功能。针对远程 Plan 限界上下文的 HTTP 端点地址，我们把它提取成一个配置项放在 Spring Boot 应用程序的 application.yml 中，如代码清单 10-18 所示。

代码清单 10-18　application.yml 中的配置项示例

```
plan:
    service:
        url: http://localhost:8083/plans/optimal
```

接着，我们构建一个配置管理类 AclConfig，如代码清单 10-19 所示。

代码清单 10-19　AclConfig 配置类代码示例

```
@Component
public class AclConfig {
    @Value("${plan.service.url}")
    private String planUrl;
}
```

从代码组织角度讲，配置属于基础设施的一部分。所以，我们把 AclConfig 类放到 com.healthmonitor.monitor.infrastructure.config 包中。该类通过 @Value 注解获取了 plan.service.url 这个配置项内容，并组装成一个合法的 HTTP 请求地址，以供 AclHealthPlanService 使用。

10.3.3　集成命令服务

接下来要搞清楚的一个问题：类似 AclHealthPlanService 的防腐层组件的调用者是哪个

组件？前面图 10-5 实际上已经展示了这个问题的答案——命令服务。

回想一下，在第 7 章讨论 HealthMonitorCommandService 的实现过程中，我们在实现 handlerHealthPlanGeneration 方法时留下了一个伏笔，如代码清单 10-20 所示。

代码清单 10-20　HealthMonitorCommandService 中的 handlerHealthPlanGeneration 方法示例

```
@Service
public class HealthMonitorCommandService {
    public void handlerHealthPlanGeneration(CreatePlanCommand createPlanCommand){
        // 根据 MonitorId 获取 HealthMonitor
        HealthMonitor healthMonitor = healthMonitorRepository
            .findByMonitorId(createPlanCommand.getMonitorId());

        // TODO: 根据 healthMonitor 调用 Plan 限界上下文获取 HealthPlan 并填充 CreatePlanCommand
        ...
    }
}
```

可以看到，这里有一个 TODO 注释，我们需要根据 healthMonitor 调用 Plan 限界上下文获取 HealthPlan 并填充 CreatePlanCommand，而这个过程的实现正需依赖前面所创建的 AclHealthPlanService。完整版 handlerHealthPlanGeneration 方法如代码清单 10-21 所示。

代码清单 10-21　完整版 handlerHealthPlanGeneration 方法示例

```
public void handlerHealthPlanGeneration(CreatePlanCommand createPlanCommand) {
    // 根据 MonitorId 获取 HealthMonitor
    HealthMonitor healthMonitor = healthMonitorRepository.findByMonitorId
        (createPlanCommand.getMonitorId());

    // 根据 healthMonitor 调用 Plan 限界上下文获取 HealthPlan 并填充 CreatePlanCommand
    HealthPlanProfile healthPlanProfile = aclHealthPlanService.fetchHealthPlan
        (healthMonitor.getOrder());
    createPlanCommand.setHealthPlanProfile(healthPlanProfile);

    // 针对 HealthMonitor 创建 HealthPlan
    healthMonitor.generateHealthPlan(createPlanCommand);
    // 通过资源库持久化 HealthMonitor
    healthMonitorRepository.save(healthMonitor);
}
```

可以看到，这里通过 AclHealthPlanService 返回的 HealthPlanProfile 成功构建了 Create-PlanCommand 命令对象，并传递给 HealthMonitor 聚合对象。

至此，统一协议和防腐层的构建过程全部讲解完毕。作为总结，我们基于在全流程中传递的核心对象来梳理调用时序，如图 10-6 所示。

在图 10-6 中，我们看到命令服务能够通过防腐层组件从其他限界上下文中获取远程数据，从而完成限界上下文之间的集成，并最终将集成的结果传递到聚合对象中。

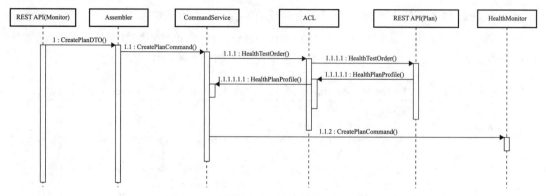

图 10-6　跨限界上下文的全流程集成效果

10.4　本章小结

　　限界上下文集成是我们介绍 DDD 应用程序开发的最后一个技术要点。从技术实现上讲，这部分内容与传统的系统集成的设计思想及实现方式并没有本质上的区别。我们可以充分利用传统的企业应用集成模式来实现不同限界上下文之间高效、低耦合的集成过程。

　　另外，针对限界上下文集成工程，DDD 也专门引入了统一协议和防腐层组件。基于 Spring Boot，我们发现通过构建 Controller 以及使用 RestTemplate 就可以实现这两个组件。基于 HealthMonitor 案例系统中的 Monitor 和 Plan 这两个限界上下文，本章也详细给出了它们具体的实现过程和示例代码。

第 11 章 *Chapter 11*

案例实现：事件溯源和 CQRS

通过对前面内容的学习，我们已经了解了实现一个 DDD 应用程序所需的各个技术组件以及开发框架，也围绕 HealthMonitor 案例系统给出了各个限界上下文的实现方法。基于这些内容，我们已经可以构建一个完整的 DDD 应用程序了。另外，DDD 在不断发展中诞生了一些新的设计思想和开发模式，其中最具代表性的就是本章要介绍的事件溯源模式。

事件溯源模式是 DDD 领域中一种新的架构模式，专门用来处理应用程序中的状态变化。基于这一架构模式诞生了一组专门的开发框架，其中最具代表性的就是 Axon 框架。本章将从事件溯源模式的设计理念出发，整合 CQRS 架构模式，并通过 Axon 框架完成对 HealthMonitor 案例系统的重构。

11.1 事件溯源和 CQRS 的实现策略

事件溯源模式为我们构建 DDD 应用程序提供了一种新的实现策略，这种实现策略与传统的 DDD 实现方法有很大不同，既表现在对应用程序状态的存储和检索过程中，也表现在对各个限界上下文中应用程序状态的发布过程中。

另外，CQRS 本质上是一种应用程序开发模式，它鼓励将更新状态的操作和查询状态的操作进行分离。我们已经在第 7 章介绍应用服务时讨论了命令服务和查询服务，这两种服务类型及其涉及的一系列命令对象和查询对象构成了 CQRS 的实现方法。

事实上，事件溯源一般都适合和 CQRS 配套使用。本节将重点介绍事件溯源机制的设计理念，以及它与 CQRS 之间的整合过程。

11.1.1 事件溯源模式的设计理念

在对事件溯源模式进行详细讨论之前，我们先来回顾一下传统 DDD 应用程序中对状态的维护方法。

在传统 DDD 应用程序中，我们使用常见的数据存储媒介（如关系型数据库、NoSQL）来创建、修改或查询聚合的状态，正如我们在第 8 章中所讨论的那样。另外，我们通过资源库把聚合的状态持久化到数据存储媒介之后，可以采用领域事件的形式把事件发布到消息中间件，我们在第 9 章中对领域事件进行了深入讨论。基于以上内容，我们认为这种状态变化的过程是由聚合来驱动的，也就是说，只有聚合主动更新自己的状态并生成领域事件，我们才能获取应用程序的状态变化。反过来讲，如果聚合没有主动生成任何领域事件，那么我们就无法感知到应用程序的状态已经发生了变化。从状态的源头来讲，我们认为这种处理方式是一种域溯源的方式。图 11-1 展示了采用这种方式的交互过程。

因为使用了存储和查询应用程序状态的传统实现方案，域溯源的实现过程比较简单，也符合开发人员的直观认知。只要能够正确保存聚合对象，我们就可以获取应用程序的最新状态信息。

回顾 Monitor 限界上下文的实现过程，当用户申请健康监控时，我们在构造函数中初始化了一个 HealthMonitor 聚合对象并把它持久化到数据库中，然后 HealthMonitor 聚合对象会主动生成一个 MonitorInitializedEvent 领域事件，而这个领域事件被我们发送到事先已经设计好的消息通道，从而供其他限界上下文消费。在这个过程中，领域事件是否被持久化实际上是没有任何约束的。如果我们想要获取当前上下文的状态，只要通过查询服务从数据库中查询当前的 HealthMonitor 聚合对象即可。

而我们要引入的事件溯源机制则采用了另一种设计理念。同样，事件溯源机制只关注并处理聚合上发生的领域事件。但与传统方法不同，聚合状态的每一次更改都会被捕获，成为一个领域事件，并自动进行持久化。图 11-2 展示了事件溯源机制下各组件的交互过程。

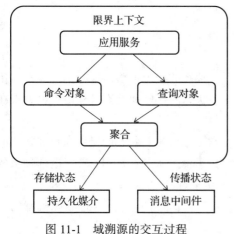

图 11-1　域溯源的交互过程

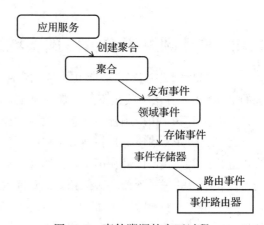

图 11-2　事件溯源的交互过程

如果我们还是以 Monitor 限界上下文为例，那么基于图 11-2 中的交互过程，在用户申请健康监控操作结束时，我们只需要对 MonitorInitializedEvent 这个领域事件进行持久化，而不需要保存 HealthMonitor 这个聚合对象。MonitorInitializedEvent 事件将被持久化到一个专门构建的事件存储器中。而如果我们想要把 MonitorInitializedEvent 事件传播出去供其他限界上下文使用，那么可以引入一个事件路由器。

显然，基于事件溯源的设计思想，一个事件就表示一个事实，事实是不能被磨灭或修改的，所以事件本身是不可修改的，我们只能执行新增和查询操作。

对比图 11-1 和图 11-2，我们发现如下两个差异点。

❑ 在图 11-2 中，捕获聚合状态变化的操作不是事先预设好的，而是系统的一种自动行为。

❑ 在图 11-2 中，持久化操作的对象并不是聚合对象本身，而是领域事件。

以上两点构成了实施事件溯源模式的前置条件。我们把应用程序的状态变更全部持久化之后，就可以真正实现所谓的溯源操作了。

现在，假设需要获取 Monitor 限界上下文中 HealthMonitor 这个聚合对象的最新状态，那么基于事件溯源机制，我们将采用一种完全不同的实现方式。首先，我们会从事件存储器中加载 HealthMonitor 聚合上已经发生的所有领域事件。然后，我们在 HealthMonitor 聚合上依次执行所有领域事件包含的状态变化信息，从而确保 HealthMonitor 聚合对象达到最新状态。整个执行过程如图 11-3 所示。

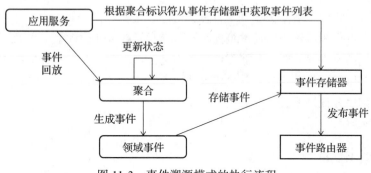

图 11-3　事件溯源模式的执行流程

有时候我们把在聚合对象上重新执行领域事件的过程称为事件回放。可以看到，基于事件溯源机制，我们采用的是一种纯事件驱动的实现方法。

11.1.2　整合事件溯源和 CQRS

明确了事件溯源模式的基本设计理念之后，我们需要进一步分析如下两个问题。

❑ 如何生成领域事件？

❑ 领域事件生成之后如何获取聚合的状态信息？

这就是本节要讨论的内容。在实现过程中，事件溯源机制通常会和 CQRS 结合起来使用，其中命令服务用来生成领域事件，而查询服务则用来获取聚合状态。

在这里，我们还需要强调一点：CQRS 和事件溯源之间其实并没有直接的关系。但正如我们在第 3 章中介绍命令服务时提到的，命令和事件往往是成对出现的。所以，CQRS 模式可以与领域事件结合起来使用，从而构建高度低耦合的系统。图 11-4 展示了整合 CQRS 和事件溯源模式之后的架构。

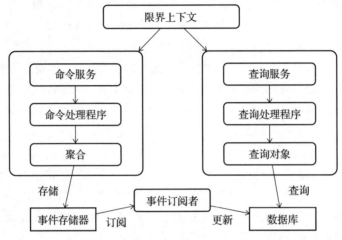

图 11-4　CQRS 与事件溯源模式整合示意图

基于图 11-4，我们总结 CQRS 和事件溯源的整合过程的要点如下。

❑ 把领域事件作为最核心的技术组件来看，围绕领域事件设计整个系统架构。
❑ 使用专门的事件存储器来存储事件，而不是把它们保存在普通的持久化媒介中。
❑ 使用命令服务更新聚合状态并生成事件。
❑ 通过查询服务提供聚合状态的读取功能。

11.2　Axon 框架

Axon 是一款基于事件驱动的轻量级开发框架，既支持直接持久化聚合，也支持事件溯源模式。Axon 框架的 GitHub 地址是 https://github.com/AxonFramework/AxonFramework/，从代码结构上可以看出，Axon 框架内置的核心模块包括支持事件溯源的 eventsourcing 模块、实现 JVM 分发事件的 messaging 模块、与 Axon 服务器实现对接的 axon-server-connector 模块、与 Spring Boot 实现自动集成的 spring-boot-starter 等。同时，我们还注意到 Axon 内置了一组扩展组件，包括支持与消息中间件集成的 amqp 和 kafka 模块、支持 NoSQL 数据存储的 mongo 模块，以及支持与微服务架构整合的 springcloud 模块等。

想要在 Spring Boot 应用程序中使用 Axon 框架，我们可以在 Maven 的 pom 文件中添加如代码清单 11-1 所示的依赖包。

代码清单 11-1　axon-spring-boot-starter 依赖包示例

```
<dependency>
    <groupId>org.axonframework</groupId>
    <artifactId>axon-spring-boot-starter</artifactId>
</dependency>
```

在具体使用 Axon 框架之前，让我们来分析它的整体架构。

11.2.1　Axon 框架的整体架构

从整体架构进行分析，Axon 框架由三大部分组成，包括领域模型组件、分派模型组件和 Axon 服务器。

其中，领域模型组件是 Axon 的核心组件，能帮助开发人员构建符合事件溯源和 CQRS 模式的 DDD 应用程序。我们将在本章 11.3 节中专门讨论 Axon 框架的领域模型组件。

分派模型组件提供针对领域模型的逻辑基础架构，包括支持对命令和查询的路由及协调操作，这些操作在 Axon 框架中同样被用来处理领域模型状态。我们将在本章 11.4 节中专门讨论 Axon 框架的分派模型组件。

Axon 服务器为前面提到的领域和分派模型组件提供物理基础架构。我们将在下一节展开关于 Axon 服务器的讨论。

图 11-5 展示了 Axon 框架提供的技术组件的详细组成，可以看到 Axon 框架内置了一个外部对接组件，可以和 MongoDB、Kafka 等第三方基础设施组件进行交互，从而满足不同场景下的定制化需求。

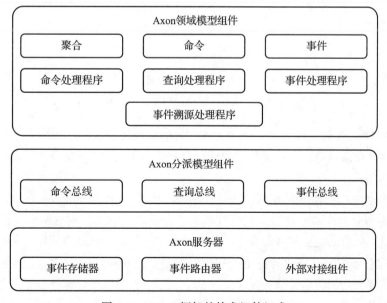

图 11-5　Axon 框架的技术组件组成

从图 11-5 中，我们可以看到一组前文介绍过的组件，包括领域模型对象、领域事件、资源库、命令处理程序、事件处理程序等，这些组件是实现普通 DDD 应用程序所需要的。Axon 框架对这些组件也做了一定的封装和抽象，从而帮助开发人员更好地实现领域模型。

另外，我们也看到了一些前面没有介绍过的组件，例如专门针对事件溯源机制的事件溯源处理程序、命令总线、事件总线、查询总线，以及专门针对领域事件的存储器。这些组件大部分属于 Axon 框架提供的分派模型组件，开发人员直接使用即可。

基于这些技术组件，Axon 框架的整体工作流程如图 11-6 所示。

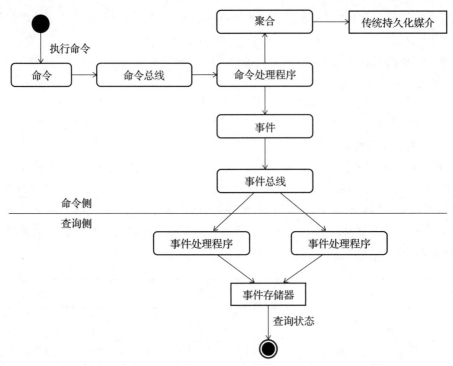

图 11-6 Axon 框架的整体工作流程

在图 11-6 中，我们可以看出，位于上半部分的组件能够改变应用程序的状态，而位于下半部分的组件则读取或查询应用程序的状态。显然，在这种明确的分离状态中，我们嵌入了 CQRS 架构模式。

我们可以进一步梳理整个 DDD 应用程序的工作流程。首先发起改变状态的操作，这类操作被建模为命令。而命令被传递到命令总线，命令总线找到针对这一命令的命令处理程序。我们知道，状态的变更过程是在命令处理程序中进行的，该处理程序使用资源库加载领域对象并执行业务逻辑，将业务逻辑处理所引起的变化作用到它的状态。一旦状态发生变化，代表状态变更的领域事件将被发布到事件总线，事件总线则确保将领域事件传递到必要的事件处理程序。最终，事件处理程序完成对领域事件的处理并把它们保存到事件存储器中，这样我们就可以查询到最新的领域状态信息。

　　基于 Axon 框架提供的这些技术组件，开发人员无须从零开始实现 CQRS 架构模式和事件溯源机制，从而可以专注于业务逻辑的实现过程。接下来，让我们对 Axon 框架中的核心组件做一些展开讲解。

11.2.2　Axon 服务器

　　Axon 服务器是 Axon 框架为开发人员提供的一个可视化服务器组件，包括一批即插即用的功能组件，例如：

❏ 专门用来存储事件的事件存储器，基于 H2 内存数据库实现；

❏ 内置的针对领域事件的路由机制；

❏ 简洁明了的用户界面控制台；

❏ 对系统数据的备份和版本控制；

❏ 对系统行为的监控和度量机制；

❏ 对系统访问的安全控制机制；

❏ 对系统运行的集群管理机制。

　　Axon 服务器在物理上就是一个 Spring Boot 应用程序，并作为常规的 JAR 文件被发布，我们可以从 Axon 框架的官方网站上下载：www.axoniq.io。

　　我们使用 java -jar .\axonserver.jar 命令启动 Axon 服务器，并在浏览器中访问 http://localhost:8024/，可以得到如图 11-7 所示的用户操作界面。

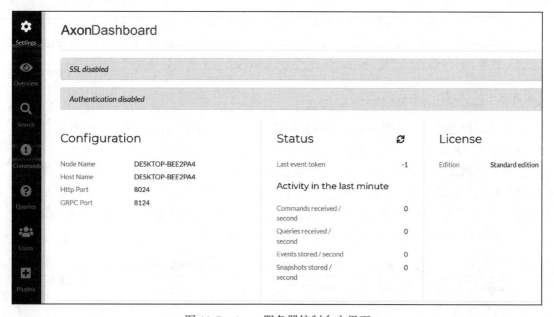

图 11-7　Axon 服务器控制台主界面

可以看到，这个控制台提供了一组监控和管理 Axon 服务器的功能，既包括设置、搜索、概览、用户等常规功能，也包括命令、查询等与 CQRS 直接相关的浏览界面，还包括与第三方组件进行集成的插件界面。

11.3　Axon 框架的领域模型组件

介绍完 Axon 服务器之后，本节将专注讨论 Axon 框架提供的领域模型组件，包括 Aggregate、CommandHandler、QueryHandler、EventHandler 和 EventSourceHandler。

11.3.1　Aggregate

在第 6 章中讨论领域模型对象时，我们已经详细分析过聚合的概念和实现策略。因此，我们也就不难理解 Axon 框架为开发人员提供了一个专门指定聚合的 @Aggregate 注解，该注解的使用方式如代码清单 11-2 所示。

代码清单 11-2　@Aggregate 注解使用示例代码

```
@Aggregate
public class HealthMonitor {
    @AggregateIdentifier
    private String monitorId;
    ...
}
```

可以看到，我们在 Monitor 限界上下文的 HealthMonitor 类上添加了 @Aggregate 注解，以表明它是一个聚合对象。同时，我们在该类的 monitorId 属性上添加了一个 @AggregateIdentifier 注解。显然，该注解可以指定 monitorId 属性是 HealthMonitor 聚合对象的聚合标识符。

11.3.2　CommandHandler

命令的作用是在各种限界上下文中更改聚合的状态。Axon 框架内置了对命令提供强大支持的组件，并提供了专门处理命令对象的 CommandHandler 组件。

与第 7 章介绍的命令对象一样，Axon 框架中的命令对象也是一组 POJO，不需要实现任何接口或扩展任何类。因此，我们可以直接把在第 7 章中实现的 ApplyMonitorCommand 等命令对象导入 Axon 框架中。但是请注意，我们不能直接使用 ApplyMonitorCommand，而需要对它做一定的调整，如代码清单 11-3 所示。

代码清单 11-3　ApplyMonitorCommand 命令对象示例代码

```
public class ApplyMonitorCommand {
    @TargetAggregateIdentifier
    private String monitorId;// 健康监控编号
```

```
    // 省略其他字段
}
```

我们在 monitorId 字段上添加了一个 @TargetAggregateIdentifier 注解。我们知道 monitorId 是 HealthMonitor 聚合的聚合标识符，因此 @TargetAggregateIdentifier 注解可以指定该命令对象由哪个聚合对象来处理。

针对某一个命令对象，我们需要使用对应的 CommandHandler 组件进行处理。为此，Axon 框架提供了一个 @CommandHandler 注解，该注解需要在聚合对象内部使用，如代码清单 11-4 所示。

代码清单 11-4　@CommandHandler 注解使用示例代码

```
@CommandHandler
public HealthMonitor(ApplyMonitorCommand applyMonitorCommand) {
    ...
}
```

针对 CommandHandler 有一个非常重要的注意点，即该组件不应该对聚合的状态做任何的修改。在事件溯源机制中，所有聚合状态的变更都应该由领域事件来触发。

在聚合中，命令处理程序还需要生成领域事件并将这些事件委托给 Axon 框架的事件存储器/路由器等基础设施，实现方式如代码清单 11-5 所示。这里使用了 org.axonframework. modelling.command.AggregateLifecycle 类的 apply 静态方法来发布领域事件。

代码清单 11-5　通过 apply 方法发布领域事件示例代码

```
import static org.axonframework.modelling.command.AggregateLifecycle.apply;

@CommandHandler
public HealthMonitor(ApplyMonitorCommand applyMonitorCommand) {
    ...
    // 生成领域事件
    MonitorInitializedEvent monitorInitializedEvent = new MonitorInitializedEvent(...);

    // 发布领域事件
    apply(monitorInitializedEvent);
}
```

调用此方法后，monitorInitializedEvent 领域事件对象在 Axon 框架中将以事件消息的形式进行发布。

11.3.3　QueryHandler

我们知道查询的目的是获取限界上下文中聚合的状态，而 Axon 框架中的查询操作由 QueryHandler 来完成。与 @CommandHandler 类似，Axon 框架提供了一个 @QueryHandler

注解，该注解可以用于任何一个接收和返回 POJO 的方法上。

在使用 QueryHandler 时，我们一般都会构建专门的查询对象来获取聚合状态，并根据需要把返回结果封装成查询结果对象。而在具体的实现过程中，我们可以使用传统的数据访问框架来执行查询请求，例如在第 8 章中介绍的 Spring Data JPA。QueryHandler 的使用示例如代码清单 11-6 所示。

代码清单 11-6　QueryHandler 使用示例代码

```
@Component
public class HealthMonitorQueryHandler {
    private HealthMonitorSummaryMapper healthMonitorSummaryMapper;

    public HealthMonitorQueryHandler(HealthMonitorSummaryMapper
        healthMonitorSummaryMapper) {
        this.healthMonitorSummaryMapper = healthMonitorSummaryMapper;
    }

    @QueryHandler
    public HealthMonitorSummaryResult handle(HealthMonitorSummaryQuery
        healthMonitorSummaryQuery) {
        HealthMonitorSummary healthMonitorSummary = healthMonitorSummaryMapper
            .findByMonitorId (HealthMonitorSummaryQuery.geMonitorId());
        HealthMonitorSummaryResult healthMonitorSummaryResult = new
            HealthMonitorSummaryResult(healthMonitorSummary);
        return healthMonitorSummaryResult;
    }
}
```

我们在 handle 方法上添加了一个 @QueryHandler 注解，而该方法的输入是 HealthMonitor-SummaryQuery，返回的是 HealthMonitorSummaryResult。这里的 HealthMonitorSummaryQuery 就是查询对象，而 HealthMonitorSummaryResult 则代表查询结果对象。显然，HealthMonitor-QueryHandler 的实现依赖于数据持久化组件 HealthMonitorSummaryMapper，而 HealthMonitor-SummaryMapper 只是对 JpaRepository 进行简单的封装。

11.3.4　EventHandler

事件处理器 EventHandler 专门处理聚合生成的领域事件。当领域事件被传递到对其感兴趣的订阅者（很可能是另一个限界上下文）时，该订阅者就可以通过添加了 @EventHandler 注解的目标方法来对该事件进行消费。

在 Axon 框架中，领域事件同样只是一个普通的 POJO，而 @EventHandler 注解的使用方法也很简单，如代码清单 11-7 所示。

代码清单 11-7　@EventHandler 注解使用示例代码

```
@Service
public class HealthMonitorEventHandler {
```

```
...
@EventHandler
public void handleMonitorInitializedEvent(MonitorInitializedEvent
    monitorInitializedEvent) {
    // 添加针对 MonitorInitializedEvent 的处理逻辑
}
}
```

可以看到，@EventHandler 注解的使用方式与第 9 章介绍的 Spring Cloud Stream 中的 @StreamListener 注解类似。但在其背后，我们使用的是 Axon 框架内部的事件存储和转发机制。

11.3.5　EventSourceHandler

在介绍 EventSourceHandler 之前，我们需要明确它与 EventHandler 的区别。

请注意，当聚合发布领域事件时，应用程序能够捕捉到的这个领域事件的对象恰恰就是当前聚合本身。在事件溯源架构中，我们知道聚合就是事件源，所以它依赖领域事件来维护自身的状态。为了能让聚合处理那些发布给它的领域事件，Axon 框架专门提供了一个 @EventSourceHandler 注解，该注解可以表明当前聚合就是事件源，并且能够对聚合发布的某一种领域事件进行处理。也就是说，EventSourceHandler 的触发时机是在 EventHandler 之前，其针对的目标是当前聚合本身，而不是跨限界上下文之间的事件处理过程，图 11-8 展示了两者之间的区别。

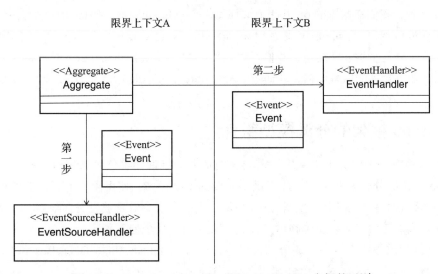

图 11-8　EventSourceHandler 和 EventHandler 之间的区别

@EventSourceHandler 注解通常都需要和 @CommandHandler 注解配套使用，其中 @CommandHandler 用来在聚合中发布事件，而 @EventSourceHandler 注解则用来在当前聚

合中处理该事件。我们可以把 @EventSourceHandler 注解添加到任何方法上，但一般而言，我们会把该方法命名为 on，来专门标识这是一个在聚合内进行事件处理的方法，如代码清单 11-8 所示。

代码清单 11-8　@EventSourceHandler 注解使用示例代码

```
@Aggregate
public class HealthMonitor {
    ...
    @CommandHandler
    public HealthMonitor(ApplyMonitorCommand applyMonitorCommand) {
        ...
        // 生成领域事件
        MonitorInitializedEvent monitorInitializedEvent = new MonitorInitializedEvent(...);
        // 发送领域事件
        apply(monitorInitializedEvent);
    }

    @EventSourcingHandler
    public void on(MonitorInitializedEvent monitorInitializedEvent) {
        // 更新聚合状态
        this.status = MonitorStatus.INITIALIZED;
        ...
    }
}
```

可以看到，我们在这里的 on 方法上添加了一个 @EventSourcingHandler 注解，然后设置了 HealthMonitor 聚合的 status 字段为 MonitorStatus.INITIALIZED，表明用户的健康监控已经启动。这个处理示例非常简单，我们可以在类似 MonitorInitializedEvent 这样的领域事件中添加任何与业务相关的领域数据，并通过 EventSourcingHandler 执行更为复杂的处理逻辑。

11.4　Axon 框架的分派模型组件

我们知道在一个限界上下文中，需要针对命令、查询和事件等领域对象执行相应的操作。Axon 框架的分派模型组件为此提供了必要的基础设施，使得限界上下文能够更加方便而简洁地执行这些操作。以命令执行过程为例，当一个命令对象被发送到限界上下文时，分派模型能够确保该命令对象正确路由到该上下文对应的命令处理程序。

Axon 框架内置了 3 个主要的分派模型组件，即 CommandBus、QueryBus 和 EventBus。从命名上看，这 3 个分派模型组件都以总线（Bus）命名。因此，在对它们一一展开讲解之前，我们有必要先讨论一下总线的设计思想。

总线的理论基础是消息驱动的编程方法和计算机硬件的总线概念。系统组件之间通过总线来通信，支持组件的分布式存储和并发运行。总线是系统的连接件，负责消息的分派、传递和过滤，并返回处理结果。在总线架构中，系统组件并不严格区分客户端和服务器端，组件之间不是通过消息通道直接交互的，而是挂接在消息总线上，向总线登记自己所感兴趣的消息类型，如图 11-9 所示。

图 11-9　消息总线风格

在图 11-9 中，每个组件既可以是消息的生产者，也可以是消费者，或者是两者兼之。生产者组件发出请求消息，然后总线把请求消息分派给系统中所有对此感兴趣的消费者组件，在接收到请求消息后，消费者组件将根据自身状态对其进行响应，并通过总线返回处理结果。

在组件之间，消息是唯一的通信方式。在使用 Axon 框架的各种总线时，我们可以把命令、查询和领域事件都看作一种消息。Axon 框架内置了一组消息对象，例如代表命令的命令消息 CommandMessage、代表查询的查询消息 QueryMessage、代表事件的事件消息 EventMessage，还有代表结果的结果消息 ResultMessage 等。

消息总线对消息提供了丰富的预处理功能，包括消息路由、消息转换和消息过滤等。这些预处理功能避免了各种消息处理过程在时间、空间和技术上的耦合，提高了系统的可扩展性。本节将对 Axon 框架中的总线组件一一展开讲解。

11.4.1　CommandBus

前面提到发送给限界上下文的命令需要由 CommandHandler 处理，而 CommandBus 有助于将命令分派给相应的 CommandHandler。

CommandBus 是 Axon 框架的一种基础设施类组件，用来将命令路由到 CommandHandler。请注意，CommandBus 组件路由的对象就是 CommandMessage。Axon 框架内置了一组不同类型的 CommandBus，主要如下。

❑ SimpleCommandBus：CommandBus 的基本实现，负责分派命令给订阅了该命令类型的 CommandHandler。我们可以配置拦截器来添加对命令的处理，从而实现日志、安全认证等功能。

❑ AxonServerCommandBus：基于 Axon 服务器实现命令分派的一种 CommandBus。

❑ AsynchronousCommandBus：SimpleCommandBus 的特殊版本，对命令进行异步处理，默认使用 Cached Thread Pool，也可以传入指定的 Executor。

❑ DisruptorCommmandBus：性能非常高的异步 CommandBus 实现。

❑ DistributedCommandBus：分布式 CommandBus 实现，由多个 CommandBus 的实例组成，它们一起工作来分担负载。

❑ RecordingCommandBus：一种特殊的 CommandBus，不在订阅或者分派命令时执行任何操作，而只记录命令本身。

这里需要重点介绍的是 AxonServerCommandBus。AxonServerCommandBus 基于 Axon 服务器来对命令进行分派。这样，我们就可以通过 Axon 服务器所提供的控制台来观察各种命令的执行情况。基于 AxonServerCommandBus 的命令分派流程如图 11-10 所示。

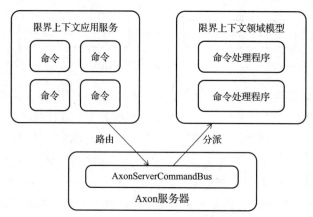

图 11-10　基于 AxonServerCommandBus 的命令分派流程

请注意，Axon 框架实际上并不推荐直接基于 CommandBus 来操作命令对象，因为 CommandBus 属于比较底层的编程组件，我们需要处理 CommandMessage、CommandCallback 等一系列与领域模型无关的编程对象。为了让开发人员更加方便地完成命令对象的路由，Axon 框架提供了更高层次的编程组件，即命令网关 CommandGateway。

我们可以把 CommandGateway 看作 CommandBus 的一种包装器或模板工具，帮助我们在使用 CommandBus 时避免为每个命令分派过程创建重复的代码（例如创建 CommandMessage 消息对象）。因此，在日常开发过程中，我们一般直接基于 CommandGateway 来操作命令对象。CommandGateway 的使用方法如代码清单 11-9 所示。

代码清单 11-9　CommandGateway 使用示例代码

```
@Service
public class HealthMonitorCommandService {
    private final CommandGateway commandGateway;
    …
    public void handlerHealthMonitorApplication(ApplyMonitorCommand applyMonitorCommand) {
        …
        commandGateway.send(applyMonitorCommand);
    }
}
```

通过 CommandGateway，我们就可以把命令发送出去，并通过如代码清单 11-10 所示的 CommandHandler 来进行处理。这样，命令的发送和接收就形成了一个完整的执行链路。

代码清单 11-10   CommandHandler 处理命令对象示例代码

```
@CommandHandler
public HealthMonitor(ApplyMonitorCommand applyMonitorCommand) {
    ...
}
```

11.4.2   QueryBus

与 CommandBus 类似，Axon 框架使用 QueryBus 和 QueryGateway 来把查询对象分派给对应的 QueryHandler。

在 Axon 框架中，QueryBus 的实现类只有两个，即普通的 SimpleQueryBus 和基于 Axon 服务器的 AxonServerQueryBus。同样，我们建议使用 AxonServerQueryBus 来实现查询分派机制，执行流程如图 11-11 所示。

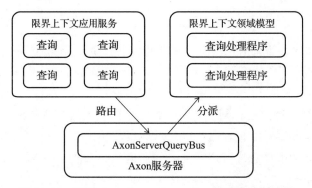

图 11-11   基于 AxonServerQueryBus 的查询分派流程

在开发过程中，我们推荐直接使用 QueryGateway 来完成查询操作，示例代码如代码清单 11-11 所示。

代码清单 11-11   QueryGateway 的使用示例代码

```
@Service
public class HealthMonitorQueryService {
private QueryGateway queryGateway;
    ...
    public HealthMonitorSummaryResult findByMonitorId(String monitorId) {

        HealthMonitorSummaryMonitorIdQuery healthMonitorSummaryMonitorIdQuery =
            new HealthMonitorSummaryMonitorIdQuery(monitorId);
        HealthMonitorSummaryResult healthMonitorSummaryResult = queryGateway
            .query(healthMonitorSummaryMonitorIdQuery,
        HealthMonitorSummaryResult.class).join();

        return healthMonitorSummaryResult;
    }
}
```

在上述 HealthMonitorQueryService 中，我们构建了查询对象 HealthMonitorSummary-MonitorIdQuery，然后通过 QueryGateway 来分派查询请求，并获取查询结果对象 Health-MonitorSummaryResult。QueryGateway 最终通过添加了 @QueryHandler 注解的查询处理程序来完成了查询操作，如代码清单 11-12 所示。

代码清单 11-12　HealthMonitorQueryHandler 类示例代码

```
@Component
public class HealthMonitorQueryHandler {
    ...
    @QueryHandler
    public HealthMonitorSummaryResult handle(HealthMonitorSummaryMonitorIdQuery
        healthMonitorSummaryQuery) {
        //执行具体的查询操作
    }
}
```

通过这种处理机制，查询对象的发送和查询结果的接收也形成了一个完整的执行链路。

11.4.3　EventBus

EventBus 是这样一种总线机制：它通过命令处理程序接收事件，并将事件分派给相应的事件处理程序，这些事件处理程序可以是对该事件感兴趣的任何其他限界上下文。Axon 框架提供了 3 种不同的事件总线实现方案，分别是 SimpleEventBus、AxonServerEventStore 和 EmbeddedEventStore。

请注意，从类的命名上看，除了 SimpleEventBus 是一种单纯的 EventBus 之外，Axon-ServerEventStore 和 EmbeddedEventStore 都是一种事件存储器。它们除了实现 EventBus 接口之外，还实现了 EventStore 接口，而 EventStore 接口又扩展自 EventBus 接口。以 AxonServer-EventStore 为例，它的类层关系如图 11-12 所示。

换句话说，AxonServerEventStore 同时具备了事件分派和事件存储这两大功能。事实上，作为一个事件溯源框架，事件存储是一个基本需求。因此，AxonServerEventStore 这样的设计也是意料之中。同样，我们可以使用 AxonServerEventStore 来实现事件分派，执行流程如图 11-13 所示。

图 11-13 中有两个地方值得注意。首先，

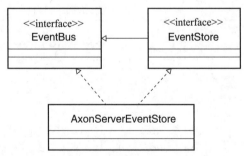

图 11-12　AxonServerEventStore 类层结构

领域事件通常由一个限界上下文中的领域模型对象生成，然后在另一个限界上下文中消费，是一种跨限界上下文的操作。另外，与命令及查询对象处理分派和路由的方向不同，领域事件会先被分派到 EventBus，再由 EventBus 路由到另一个限界上下文。

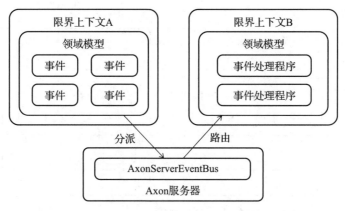

图 11-13　基于 AxonServerEventStore 的事件分派流程

在 11.3.2 节中，我们已经明确可以通过 Axon 框架中的 org.axonframework.modelling.command.AggregateLifecycle.apply 静态方法来发布事件，而这些事件将由添加了 @EventHandler 注解的事件处理器进行处理，也可以形成完整的调用链路，如代码清单 11-13 所示。

代码清单 11-13　@EventHandler 注解使用示例代码

```
@Service
public class HealthMonitorEventHandler {
    ...
    @EventHandler
    public void handleMonitorInitializedEvent(MonitorInitializedEvent
        monitorInitializedEvent) {
        // 添加针对 MonitorInitializedEvent 的处理逻辑
    }
}
```

11.5　基于 Axon 框架实现 HealthMonitor 案例系统

在掌握了 Axon 框架的基本概念和功能特性之后，本节将使用这一框架完成对 HealthMonitor 案例系统的重构。我们将首先梳理案例重构的整体实现策略，然后结合示例代码给出各个重构环节的实现过程。

11.5.1　基于 Axon 框架的重构策略

采用 Axon 框架的目的是引入事件溯源和 CQRS 机制。因此，从案例系统的整体架构而言，我们都需要围绕 Axon 服务器提供的分派模型组件来将领域操作分成命令和查询这两条执行分支流程，如图 11-14 所示。

基于 CQRS 架构模式的执行流程，我们来分析对原有 HealthMonitor 案例系统的影响点，从而明确重构方案。我们将通过下述方法对影响点进行分析和评估。

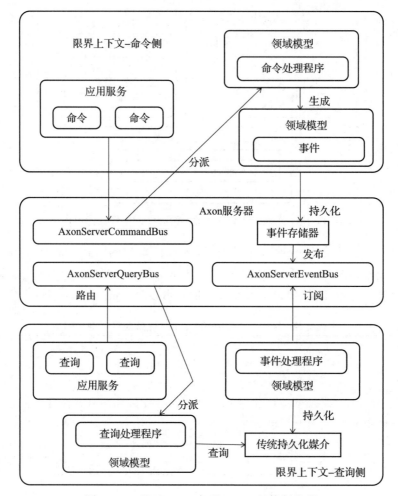

图 11-14　基于 Axon 实现 CQRS 的执行流程

1. 限界上下文重构策略

图 11-14 中的执行流程作用于限界上下文的内部。因此，对整个 HealthMonitor 案例系统中限界上下文的划分过程，Axon 框架的引入并没有产生影响，我们仍然将案例系统划分成 Monitor、Plan、Task 和 Record 这 4 个限界上下文。

2. 领域模型对象重构策略

领域模型对象包括聚合、实体和值对象。实体和值对象作为聚合对象内部的组成元素，都是 POJO，具有严格的技术无关性。因此我们不需要对它们做任何变动，唯一需要调整的就是聚合对象，我们将引入 Axon 框架中的聚合专用注解来重新实现对聚合的定义。

另外，针对聚合对象，我们需要引入 CommandHandler 组件来重构对命令的处理过程。再次强调，CommandHandler 组件不应该对聚合的状态做任何的修改。在事件溯源机制中，所有聚合状态的变更都应该由领域事件来触发。当领域事件被发送之后，我们同样需要对聚合中处理领域事件的过程进行重构，并引入全新的 EventSourceHandler 组件。在这个组件中，我们可以对聚合的状态做相应的调整。因此，对领域模型对象中的聚合对象而言，重构点还是比较多的，而且是偏内核的重构内容。

3. 应用服务重构策略

应用服务是我们重构的重点对象之一，因为 Axon 框架对命令服务和查询服务所应该具备的操作做了明确的定义。我们需要引入 CommandBus/CommandGateway 和 QueryBus/QueryGateway 来进行分派命令和查询操作，并使用 CommandHandler 和 QueryHandler 来分别处理命令和查询对象。

在引入了 Axon 框架之后，我们需要对原有的命令服务和查询服务的代码组织方式及功能实现过程做相应的调整，才能符合基于 Axon 框架的 CQRS 架构模式的开发需求。

4. 资源库重构策略

在事件溯源架构中，原则上我们可以完全弃用资源库，只使用事件存储器来持久化聚合的状态。当然，通常我们会构建一个类似资源库的技术组件来实现对数据的 CRUD，但这个技术组件不属于领域模型的一部分。

5. 领域事件重构策略

前面已经提到，通过引入 Axon 框架，领域事件的发布和订阅过程都有了专门的技术组件来实现，我们可以借助 Axon 框架的 AggregateLifecycle.apply 静态方法及 EventHandler 组件来对原有的实现过程做相应的调整。

6. 限界上下文集成重构策略

限界上下文的集成采用的是 REST API，这与 Axon 框架的运行机制无关，因此不需要做任何调整。

11.5.2　重构领域模型对象

在本节中，我们将以 Monitor 限界上下文为例，从领域模型对象、应用服务及领域事件这几个维度入手对系统进行重构。

1. 实现 CommandHandler

针对 CommandHandler 的重构比较简单，我们只需要在原有方法上添加 @CommandHandler 注解即可。我们知道在 HealthMonitor 中存在构造函数、generateHealthPlan 和 performHealthTask 这 3 个业务处理方法，调整之后的结果如代码清单 11-14 所示。

代码清单 11-14　添加了 CommandHandler 的 HealthMonitor 聚合类示例代码

```
@Aggregate
public class HealthMonitor {
```

```
@CommandHandler
public HealthMonitor(ApplyMonitorCommand applyMonitorCommand) {
    ...
}

@CommandHandler
public void generateHealthPlan(GeneratePlanCommand createPlanCommand) {
    ...
}

@CommandHandler
public void performHealthTask(PerformTaskCommand performTaskCommand) {
    ...
}
}
```

与之对应，重构之后的 HealthMonitor 类图如图 11-15 所示。

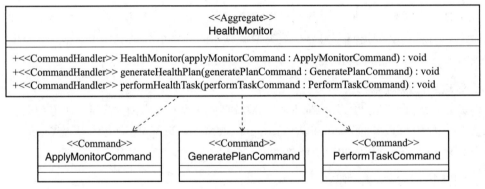

图 11-15　重构之后的 HealthMonitor 类图

2. 发布领域事件

我们可以通过 Axon 框架提供的 AggregateLifeCycle.apply 静态方法来发布领域事件，前面我们已经了解过示例代码。这里我们再通过如代码清单 11-15 所示的 generateHealthPlan 方法来加深理解。

代码清单 11-15　generateHealthPlan 方法示例代码

```
@CommandHandler
public void generateHealthPlan(GeneratePlanCommand createPlanCommand) {
    // 验证 monitorId 对当前 HealthMonitor 对象是否有效
    String monitorId = createPlanCommand.getMonitorId();
    if (!monitorId.equals(this.monitorId)) {
        return;
    }

    PlanGeneratedEvent planGeneratedEvent = new PlanGeneratedEvent(this.monitorId,
        createPlanCommand.getHealthPlanProfile(), this.getScore().getScore());
```

```
    apply(planGeneratedEvent);
}
```

3. 实现 EventSourcingHandler

事件溯源模式中最重要和最关键的部分是实现状态的维护及利用，其中包含一些关于状态一致性的关键概念，我们将通过示例来具体说明。

在采用 Axon 框架时，当一个领域事件被发布，最先捕获这个事件的是聚合对象本身。因为聚合是事件源，所以它需要依赖事件来维护自身的状态。而这种状态的维护是有顺序的，它的起点应该是第一个命令。那么第一个命令究竟指哪一个呢？在聚合中，我们认为添加了 @CommandHandler 注解的构造函数就是针对第一个命令的处理程序。

以 Monitor 限界上下文为例，HealthMonitor 聚合的构造函数会发布一个 MonitorInitialized 领域事件。我们把 @CommandHandler 和 @EventSourcingHandler 注解用于这个聚合，可以得到如代码清单 11-16 所示的组合式实现过程。

代码清单 11-16　@CommandHandler 和 @EventSourcingHandler 组合式实现示例代码

```
@Aggregate
public class HealthMonitor {
    …
    @CommandHandler
    public HealthMonitor(ApplyMonitorCommand applyMonitorCommand) {
        …
        // 生成领域事件
        MonitorInitializedEvent monitorInitializedEvent = …
        // 发送领域事件
        apply(monitorInitializedEvent);
    }

    @EventSourcingHandler
    public void on(MonitorInitializedEvent monitorInitializedEvent) {
        …
    }
}
```

这里的 @EventSourcingHandler 注解指定了当前聚合是一个事件源，而对应的 on 方法对 MonitorInitializedEvent 进行处理，从而更新聚合的状态。上述代码背后的工作流程比较复杂，如图 11-16 所示。

围绕图 11-16，我们可以梳理出其中几个核心步骤的代码逻辑，如下。

❑ ApplyMonitorCommand 被路由到 HealthMonitor 聚合的构造函数——CommandHandler——来执行。

❑ Axon 框架验证 ApplyMonitorCommand 是否是 Monitor 这个聚合的第一个命令，可以从聚合的构造函数中得出结论。

❑ CommandHandler 会根据业务需要执行领域逻辑的处理。

- CommandHandler 生成 MonitorInitializedEvent 领域事件。
- Axon 框架确保 MonitorInitializedEvent 先被当前聚合捕获,将该事件路由到 Event-SourcingHandler。
- EventSourcingHandler 更新 HealthMonitor 聚合的状态。
- MonitorInitializedEvent 领域事件被持久化到 Axon 框架的 EventStore。
- Axon 框架的事件路由器确保领域事件能够被其他潜在的订阅者消费。

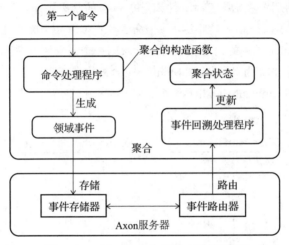

图 11-16 第一个命令的状态维护流程

基于以上流程,我们现在可以处理第一个命令对象,发布事件以及设置聚合的状态。接下来讨论如何处理后续的命令对象。当聚合对象接收到第二个命令对象时,聚合在处理这个命令对象之前需要确保自身的状态是最新的。这意味着在处理命令对象之前,Axon 框架需要确保当前聚合的状态可供命令处理程序执行任何业务逻辑校验。为了实现这一目标,Axon 框架的做法是加载一个初始状态的聚合对象,然后回放所有已经发生的事件,即把存储在事件存储器中的事件在该聚合对象上重新执行一遍,整个处理流程如图 11-17 所示。

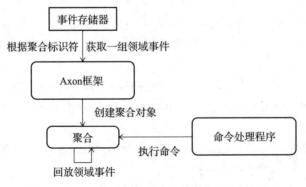

图 11-17 Axon 对聚合对象执行回放操作示意图

如图 11-17 所示，在 HealthMonitor 聚合中，当接收到一个新的 CreatePlanCommand 命令时，Axon 框架利用聚合标识符（MonitorId）加载所有已发生的事件。然后，Axon 框架使用这个唯一标识符实例化一个新的聚合实例，并回放此聚合实例上的所有事件。所谓的事件回放，本质上就是依次调用聚合对象中那些添加了 @EventSourcingHandler 注解的方法。

基于以上分析，我们可以进一步梳理出任意一个命令（包括第一个命令、第二个命令及后续所有命令）到来时的完整状态维护流程，如图 11-18 所示。

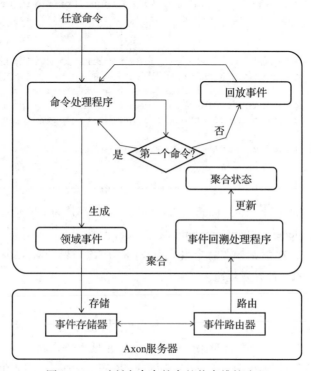

图 11-18　对所有命令的完整状态维护流程

11.5.3　重构应用服务

对于应用服务，我们需要分别完成对命令服务和查询服务的重构，下面先来看命令服务。

1. 重构命令服务

针对命令服务，我们通过 HealthMonitorCommandService 完成对命令对象的处理，并使用与传统开发模式相同的方法命名。以 HealthMonitorCommandService 中的 handleHealthPlanGeneration 方法为例，我们可以得到如代码清单 11-17 所示的重构过程。

代码清单 11-17　重构后的 HealthMonitorCommandService 类示例代码

```
@Service
public class HealthMonitorCommandService{
```

```
    private CommandGateway commandGateway;

    private ExternalHealthPlanService externalHealthPlanService;
    private ExternalHealthTaskService externalHealthTaskService;

    public HealthMonitorCommandService(CommandGateway commandGateway,
        ExternalHealthPlanService externalHealthPlanService, ExternalHealthTaskService
        externalHealthTaskService) {
        this.commandGateway = commandGateway;
        this.externalHealthPlanService = externalHealthPlanService;
        this.externalHealthTaskService = externalHealthTaskService;
    }

    public void handleHealthPlanGeneration(GeneratePlanCommand generatePlanCommand) {
        // 根据 healthMonitor 调用 Plan 限界上下文获取 HealthPlan 并填充 CreatePlanCommand
        HealthPlanProfile healthPlanProfile = externalHealthPlanService
            .fetchHealthPlan(generatePlanCommand.getOrderNumber());
        generatePlanCommand.setHealthPlanProfile(healthPlanProfile);

        commandGateway.send(generatePlanCommand);
    }
}
```

显然,上述 handleHealthPlanGeneration 方法的所有操作都是为了填充 GeneratePlanCommand 命令对象,然后将 GeneratePlanCommand 通过 CommandGateway 分派到 HealthMonitor 聚合对象中进行处理。再次强调,在命令服务中我们不应该与聚合对象以及资源库直接交互,这是使用 Axon 框架的一种开发规范。

2. 重构查询服务

我们已经明确聚合对象的最新状态是通过事件回放来获取的,这会对我们查询聚合的实现过程造成影响。如果一个聚合对象生成了一大批领域事件,就需要查询事件存储器并尝试回放所有返回事件以获取当前状态,我们通常不建议这么做。针对查询操作,我们需要引入另一种实现技术,就是聚合投影,而投影对象是一种新的领域模型对象。

所谓的聚合投影并不复杂,简单来讲就是聚合状态的各种形式的表示或视图,代表聚合状态的一种读取模型。显然,根据不同的查询场景,我们可以基于同一个聚合对象构建多个不同的投影对象,它们可以被存储在任何持久化媒介中。当然,这些投影对象的状态需要与聚合的状态保持一致。

接下来具体分析如何基于投影对象来实现 QueryHandler。区别于聚合对象,投影对象的作用就是实现业务数据的自定义查询和存储,与实现技术直接相关。在 Monitor 限界上下文中,如代码清单 11-18 所示的 HealthMonitorSummary 投影对象就是一种投影对象。

代码清单 11-18 HealthMonitorSummary 投影对象示例代码

```
@Entity
@Table(name="health_monitor_summary")
```

```
public class HealthMonitorSummary {
    @Id
    @GeneratedValue(strategy = GenerationType.IDENTITY)
    private Long id;
    @Column
    private String monitorId;        // MonitorId
    @Column
    private String account;          // 用户账户
    @Column
    private String planId;           // 计划编号
    @Column
    private String doctor;           // 医生
    @Column
    private String status;           // 监控状态
    @Column
    private int score;               // 健康积分
}
```

请注意，这次我们直接在 HealthMonitorSummary 上添加了 Spring Data JPA 相关的注解和命名查询，这意味着我们把 HealthMonitorSummary 看作 JPA 中的实体对象，并在关系型数据库中对该投影对象直接进行持久化。

有了投影对象，我们首先定义一组查询对象和查询结果对象，然后就可以实现目标 QueryHandler 了。关于查询相关对象的定义及 QueryHandler 的具体实现，我们在 11.3 节中介绍 QueryHandler 时已经进行了说明。

现在，让我们回到应用服务层，尝试通过 QueryGateway 把查询服务和 QueryHandler 整合在一起。我们构建如代码清单 11-19 所示的查询服务 HealthMonitorQueryService。

代码清单 11-19　HealthMonitorQueryService 类示例代码

```
@Service
public class HealthMonitorQueryService {
    private QueryGateway queryGateway;

    public HealthMonitorQueryService (QueryGateway queryGateway) {
        this.queryGateway = queryGateway;
    }

    public HealthMonitorSummaryListResult findByUserAccount(String account) {
        HealthMonitorSummaryAccountQuery healthMonitorSummaryAccountQuery =
            new HealthMonitorSummaryAccountQuery(account);
        HealthMonitorSummaryListResult healthMonitorSummaryResult = queryGateway
            .query(healthMonitorSummaryAccountQuery, HealthMonitorSummaryListResult
            .class).join();

        return healthMonitorSummaryResult;
    }
}
```

可以看到，这里通过 QueryGateway 发送了查询对象，然后我们从 HealthMonitorQueryHandler 中获取了查询结果并返回，从而完成了整个查询流程的闭环，如图 11-19 所示。

11.5.4 重构领域事件

本节讨论如何对领域事件的处理过程进行重构，关于领域事件的发布以及事件溯源机制的实现已经在本章前面的内容中做了详细介绍，这里的领域事件重构指的是对处理过程的调整。

在一个限界上下文中，EventHandler 组件负责处理该限界上下文订阅的事件，负责将领域事件转换为可识别的数据结构模型，以便进一步处理。在 EventSourcing 架构模式中，原则上业务数据通过事件的形式存储在 EventStore 中。如果想要把这些数据存储在关系型数据库等持久化媒介

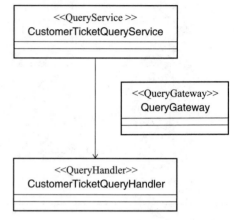

图 11-19　基于 QueryGateway 的查询流程

中，那么最适合实现该操作的地方就是在 EventHandler 中，整个流程如图 11-20 所示。

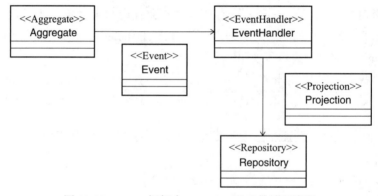

图 11-20　Axon 框架中 EventHandler 的处理流程

而基于投影对象，我们可以实现对应的投影服务 HealthMonitorProjectionService，如代码清单 11-20 所示。

代码清单 11-20　HealthMonitorProjectionService 类示例代码

```java
@Service
public class HealthMonitorProjectionService{
    private HealthMonitorSummaryMapper healthMonitorSummaryMapper;

    public CustomerTicketProjectionService(HealthMonitorSummaryMapper
        healthMonitorSummaryMapper) {
        this. healthMonitorSummaryMapper = healthMonitorSummaryMapper;
    }
```

```
    public void saveHealthMonitorSummary(HealthMonitorSummary healthMonitorSummary) {
        healthMonitorSummaryMapper.save(healthMonitorSummary);
    }
}
```

显然这里通过 HealthMonitorSummaryMapper 完成了对 HealthMonitorSummary 对象的持久化。

介绍完投影对象和服务，让我们回到 EventHandler。虽然 EventHandler 是 Axon 框架引入的概念，但 EventHandler 组件本身的实现过程却没有任何特别之处。换句话说，EventHandler 带来的仅仅是技术体系上的差异，而不是实现逻辑上的差异。因此，我们可以直接在 EventHandler 中调用前面介绍的 HealthMonitorProjectionService 来完成业务数据的持久化，如代码清单 11-21 所示。

代码清单 11-21　HealthMonitorEventHandler 类示例代码

```
@Service
public class CustomerTicketEventHandler {
    private HealthMonitorProjectionService healthMonitorProjectionService;

    public TicketEventPublisherService(HealthMonitorProjectionService
        healthMonitorProjectionService) {
        this.healthMonitorProjectionService = healthMonitorProjectionService;
    }

    @EventHandler
    public void handleMonitorInitializedEvent(MonitorInitializedEvent
        monitorInitializedEvent) {
        HealthMonitorSummary healthMonitorSummary = new HealthMonitorSummary();
        healthMonitorSummary.setAccount(monitorInitializedEvent.getAccount());
        …
        healthMonitorProjectionService.saveHealthMonitorSummary(healthMonitorSummary);
    }
    …
}
```

11.6　本章小结

Axon 框架是一款专门面向 DDD 应用程序的开源框架，我们通过本章能感受到该框架对 DDD 概念和模式的思考及抽象。针对领域模型，Axon 框架提供了 @Aggregate 及一组 Handler 注解来简化 DDD 应用程序的开发过程。而针对分派模型，Axon 框架内置了一系列总线组件。可以说，在这些注解和组件体现了 DDD 设计思想的最佳实践。

另外，想要基于 Axon 框架对传统的 DDD 应用程序进行重构，我们首先需要制定一定的重构策略，并重点关注领域模型对象、应用服务及领域事件这 3 个维度的重构方法和过程。本章对这一主题进行了详细的探讨，并结合 Monitor 限界上下文给出了具体的示例代码。

案例实现：测试

对于以任何形式开发的应用程序，我们都需要进行测试。测试是一门综合性的技术，很多测试的理念和方法具有通用性。但本章不打算对测试的基本概念和实现方式做过多介绍，而是专注于 DDD 应用程序，探讨在面向领域的应用程序的实现过程中如何确保各个技术组件的正确性，并给出相应的工程实践。

在本章中，针对 DDD 应用程序测试，我们将讨论如下三大部分内容。

❏ DDD 测试内容和类型

针对限界上下文内部结构和对外交互方式，我们应该采用不同的测试方法和测试类型。例如，如果我们关注具体业务领域中的某一个实体或值对象，那么简单采用单元测试就能满足需求；而如果涉及资源库和限界上下文集成，则应该借助于集成测试和端到端测试。本章会从单元测试、集成测试以及端到端测试这 3 种测试方法出发，讨论不同场景下的测试过程。

❏ DDD 测试工具和框架

不同测试方法需要使用不同的测试工具和框架。以 xUnit 为代表的单元测试工具以及各种 Mock 框架同样适用于 DDD 应用程序测试。同时，因为本书以 Spring 家族中的开源框架作为主要的开发工具，因此也可以引入 Spring Test 作为基础测试框架。Spring Test 集成了 JUnit，并针对数据库访问、Web 服务等特定场景提供了专门的解决方案。

❏ DDD 测试案例分析

最后，本章还将基于贯穿全书的 HealthMonitor 案例系统来演示这些测试策略以及工具框架在 DDD 应用程序测试过程中的具体应用。

12.1　DDD 测试内容和类型

正如前面提到的，测试内容决定了所应采用的测试策略。本节就将围绕一个典型的 DDD 应用程序的组成结构，讨论对应的测试内容和测试策略。

12.1.1　DDD 应用程序的测试内容

我们知道，一个典型的 DDD 应用程序通常由若干个限界上下文组成。因此，与独立的单体系统不同，一个 DDD 应用程序的系统功能的正确性表现在两个方面：首先，对某一个限界上下文而言，可以认为它的内部结构就是一个单体系统，包括数据访问、Web 服务等技术组件，我们需要确保这些技术组件是正常运作的；然后，单个限界上下文也需要与系统中的其他上下文进行集成，这时候通常都会使用统一协议和防腐层组件来确保集成过程的灵活性，而这种灵活性是测试工作的核心关注点。

图 12-1 给出了一个典型 DDD 应用程序基本的内部结构和外部交互方式。从中可以看到，在一个限界上下文内部我们需要关注领域对象和应用服务，而对外则需要考虑不同限界上下文之间的集成过程。同时，我们应该对基础设施类组件执行验证操作。

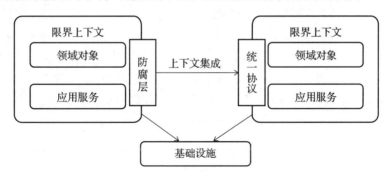

图 12-1　DDD 限界上下文的内部结构和外部交互方式

基于图 12-1 中的各个技术组件，我们从测试角度出发逐个分析对应的测试内容。

1）领域对象。领域对象代表限界上下文具备的业务逻辑，限界上下文内部的聚合、实体、值对象、领域服务、领域事件等面向领域的各个技术组件都需要进行测试。

2）应用服务。围绕聚合的生命周期以及状态变化过程，我们需要验证各种命令服务并查询服务的正确性。应用服务是一种外观类组件，其交互过程是我们测试的重点。

3）基础设施。基础设施的主要测试对象是资源库，无论是诸如 MySQL 的关系型数据库，还是 MongoDB 和 Redis 这类 NoSQL 数据库，都需要与真实环境进行联调对接来完成数据正确性的校验。

4）限界上下文集成。在 DDD 应用程序中，我们通过 REST API 来完成两个限界上下文之间的集成。因此，测试工作将围绕 HTTP 请求和响应的处理流程，以及统一协议和防腐层组件的交互过程展开。

12.1.2 DDD 应用程序的测试类型

测试存在一些固有的分类,不同类型的测试对应不同的风险。常见的测试类型包括单元测试、集成测试、UI 测试、手工测试等。在具体讨论 DDD 应用程序测试方法之前,我们先来回顾这些测试类型。

1. 单元测试

单元测试由开发人员实现和使用,测试的对象是小段代码,目的是帮助开发人员确定代码的执行效果符合预期。单元测试通常是简单的,因为它的影响范围只在一个类之内,我们只需要根据业务逻辑编写相应的测试用例即可。也就是说,针对一个类的单元测试必须是完全独立的,不应该与其他代码有任何交互。

另外,类与类之间一般都会存在一定的依赖关系。当一个类依赖其他类或组件时,执行单元测试就变得没有那么简单。在单元测试中,我们通常关注的是测试对象本身的功能和行为,对于测试对象涉及的一些依赖,我们仅仅关注它们与测试对象之间的交互,比如是否调用、何时调用、调用的参数、调用的次数和顺序、返回的结果以及发生的异常等。至于这些被依赖的对象如何执行这次调用等具体细节,通常我们并不关注。这时候就需要引入 Mock 对象和 Stub 对象来保持单元测试的独立性。

对某一个或一些被测试对象依赖的测试方法而言,Stub 方法比较简单,我们只需要实现这个类的所有方法即可,哪怕有些方法并没有被真正调用。而 Mock 方法则不同,我们一般需要模拟某个目标方法,如图 12-2 所示。因此,在日常开发过程中,针对 Mock 方法,我们需要引入 Mockito、Easymock 等工具来隐式实现模拟操作。我们会在后续的示例中看到这些框架的使用方法。

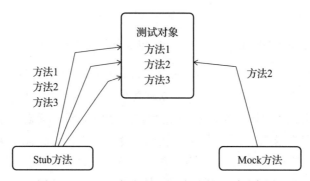

图 12-2 Mock 方法和 Stub 方法的区别示意图

Mock 方法和 Stub 方法在单元测试中的应用非常广泛,它们对 DDD 应用程序测试同样适用。图 12-3 是在 DDD 应用程序中使用 Mock 和 Stub 方法的示意图。在现实开发过程中,我们当然也可以使用真实的类或组件来消除被测试对象对 Mock 对象和 Stub 对象的依赖,在图 12-3 中也添加了这种实现方式。

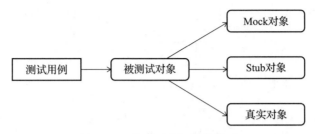

图 12-3　单元测试与依赖关系

在测试用例开发过程中，我们通常很少考虑 Mock 对象的复用，它一般只适用于当前测试方法。而 Stub 对象的复用则比较方便，尤其是一些通用的 Stub 对象。所以 Mock 对象的构建成本低但维护成本较高，而 Stub 对象则刚好相反，具体采用何种策略需要追求一定的平衡性。

对于 DDD 应用程序，在测试内容上，我们认为聚合、实体、值对象等领域模型对象适合开展单元测试，而应用服务和资源库由于都涉及多层组件之间的交互以及对数据库等外部资源的依赖，比较适合采用的测试方式是接下来介绍的集成测试。

2. 集成测试

集成测试旨在测试各个组件间能否互相配合并正常工作。在单元测试的基础上，将所有模块按照设计要求组装成子系统或系统，需要进行集成测试。一些类和组件虽然能够单独工作，但并不能保证它们在组装起来之后也能正常运作。一些局部反映不出来的问题，在全局上很可能暴露出来，集成测试的意义就在于此。

集成测试在开展策略上有自顶向下集成、自底向上集成、三明治集成、分层集成等多种具体方式。以最常用的自底向上集成测试为例，我们在实施过程中一般从具有最少依赖的底层模块开始，按照由底向上的顺序构造系统并进行集成测试。因为模块是自底向上进行组装的，对于一个给定层次的模块，它的子模块及子模块的所有下属模块在事前都已经完成组装并经过测试，所以可以采用这种迭代和累加的策略完成对整个系统的测试。

对于 DDD 应用程序，集成测试的关注点主要在于确保限界上下文内部数据和复杂业务流程的正确性。这里的数据来源一般有关系型数据库、各种 NoSQL 等，而复杂业务流程则主要面向多个内部命令服务、查询服务以及和资源库组件之间的整合。

3. 端到端测试

端到端测试也就是通常所说的系统测试。很多时候我们会认为端到端测试是一种黑盒测试，但从某种意义上来说，端到端测试可以被理解为一种灰盒测试，它是一种整合了白盒测试和黑盒测试的各自优点的测试方法。

在 DDD 应用程序中，端到端测试的内容是各个限界上下文之间的集成层，也就是 REST API 的远程调用层。例如，在 HealthMonitor 案例系统中，通过统一协议和防腐层就可以实现 Monitor 限界上下文和 Plan 限界上下文及 Task 限界上下文之间的集成过程，这时候就可以编写测试用例来验证整个集成过程是否正确，如图 12-4 所示。

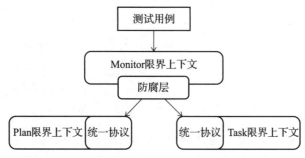

图 12-4　HealthMonitor 案例系统中的端到端测试

为了实现多个限界上下文之间的有效交互，以便完成整个业务流程，端到端测试不得不考虑如何管理不同限界上下文之间的数据和状态传递。显然，这种端到端测试的执行成本非常高。

12.2　Spring Boot 中的测试解决方案

本书采用了一系列开源框架来实现 DDD 应用程序。其中，Spring Boot 作为基础框架提供了专门的测试解决方案，可以完成对 DDD 应用程序的测试。本节就对 Spring Boot 提供的测试解决方案展开讨论。

12.2.1　测试工具组件

与 Spring Boot 1.x 版本一样，Spring Boot 2.x 版本也提供了针对测试的 spring-boot-starter-test 组件。在 Spring Boot 中集成该组件的方法就是在 pom 文件中添加如代码清单 12-1 所示的依赖。

代码清单 12-1　spring-boot-starter-test 依赖示例

```
<dependency>
    <groupId>org.springframework.boot</groupId>
    <artifactId>spring-boot-starter-test</artifactId>
    <scope>test</scope>
    <exclusions>
        <exclusion>
            <groupId>org.junit.vintage</groupId>
            <artifactId>junit-vintage-engine</artifactId>
        </exclusion>
    </exclusions>
</dependency>

<dependency>
```

```
    <groupId>org.junit.platform</groupId>
    <artifactId>junit-platform-launcher</artifactId>
    <scope>test</scope>
</dependency>
```

这里有一点要注意，从 2.2.0 版本开始，Spring Boot 引入 JUnit 5 作为默认的单元测试库。在 Spring Boot 2.2.0 版本之前，spring-boot-starter-test 包含对 JUnit 4 的依赖，而在这一版本之后 JUnit 4 替换成了 JUnit Jupiter，所以从依赖关系上考虑，我们手工去除了基于 JUnit4 的 junit-

vintage-engine。关于这一点，我们可以通过 Maven 查看 spring-boot-starter-test 组件的依赖关系来进一步明确，图 12-5 所示的就是 spring-boot-starter-test 依赖包中的组件依赖关系。

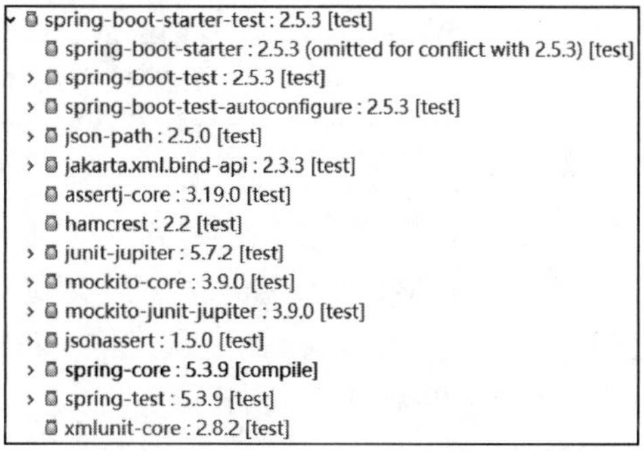

我们知道，Spring Boot 使编码、配置、部署和监控变得更加简单。事实上，Spring Boot 也能让测试工作更加简单。从图 12-5 中可以看到，一系列组件被自动引入了代码工程的构建路径中，包括 JUnit、JSON Path、AssertJ、Mockito、Hamcrest 等。这里有必要对这些组件做一些说明。

图 12-5　spring-boot-starter-test 的
组件依赖关系

- ❑ JUnit：是一款非常流行的基于 Java 语言的单元测试框架，我们会使用该框架作为基础的测试框架。
- ❑ JSON Path：类似 XPath 在 XML 文档中的定位，JSON Path 表达式通常用来实现路径检索或设置 JSON 文件中的数据。
- ❑ AssertJ：是强大的流式断言工具，遵守 3A 核心原则，即 Arrange（初始化测试对象或者准备测试数据）→ Actor（调用被测方法）→ Assert（执行断言）。
- ❑ Mockito：是 Java 世界中一款流行的 Mock 测试框架，使用简洁的 API 实现模拟操作。在实施集成测试时，我们会大量使用这个框架。
- ❑ Hamcrest：提供了一套匹配器，每个匹配器都用于执行特定的比较操作。
- ❑ JSONassert：是一款专门针对 JSON 提供的断言框架。
- ❑ Spring Test and Spring Boot Test：为 Spring 和 Spring Boot 框架提供的测试工具。

以上组件的依赖关系是自动导入的，我们一般不需要做任何变动。而对某些特定场景而言，我们还需要手工导入一些组件以满足测试需求，例如可以引入专门针对测试场景的嵌入式关系型数据库 H2。

12.2.2　测试流程

接下来，我们将初始化 Spring Boot 应用程序的测试环境，并介绍在单个限界上下文内部开展单元测试的方法和技巧。在导入 spring-boot-starter-test 依赖之后，我们就可以使用它所提供的各项功能来应对复杂的测试场景。

1. 初始化测试环境

对 Spring Boot 应用程序而言，Bootstrap 类中的 main 函数通过 SpringApplication.run 方法启动 Spring 容器。如代码清单 12-2 所示，这就是一个典型的 Spring Boot 启动类 MonitorApplication。

代码清单 12-2　Spring Boot 启动类 MonitorApplication 示例代码

```java
@SpringBootApplication
public class MonitorApplication{
    public static void main(String[] args) {
        SpringApplication.run(MonitorApplication.class, args);
    }
}
```

针对上述 Bootstrap 类，我们可以通过编写测试用例的方式来验证 Spring 容器是否能够正常启动。基于 Maven 的默认风格，我们将在 src/test/java 和 src/test/resources 包下添加各种测试用例代码和配置文件。

我们首先在 src/test/java 中创建一个 ApplicationContextTests.java 文件，并编写如代码清单 12-3 所示的测试用例。

代码清单 12-3　ApplicationContextTests 测试类示例代码

```java
import static org.junit.jupiter.api.Assertions.assertNotNull;
import org.junit.jupiter.api.Test;
import org.junit.jupiter.api.extension.ExtendWith;
import org.springframework.beans.factory.annotation.Autowired;
import org.springframework.boot.test.context.SpringBootTest;
import org.springframework.context.ApplicationContext;
import org.springframework.test.context.junit.jupiter.SpringExtension;

@SpringBootTest
@ExtendWith(SpringExtension.class)
public class ApplicationContextTests {
    @Autowired
    private ApplicationContext applicationContext;

    @Test
    public void testContextLoads() {
        assertNotNull(this.applicationContext);
    }
}
```

该代码中的 testContextLoaded 方法是一个有效的测试用例，可以看到该用例只是简单对 Spring 中的应用上下文 ApplicationContext 进行了非空验证。执行该测试用例，我们从输出的控制台信息中可以看到 Spring Boot 应用程序被正常启动，同时测试用例本身也会给出执行成功的提示。

上述测试用例虽然简单，但已经展示了测试 Spring Boot 应用程序的基本代码框架。这里面最重要的就是添加在 ApplicationContextTests 类上的 @SpringBootTest 和 @ExtendWith 注解，我们接下来对这两个注解做详细说明。对 Spring Boot 应用程序而言，这两个注解构成了一套完整的测试方案。

2. @SpringBootTest 注解

Spring Boot 应用程序的入口是 Bootstrap 类，因此 Spring Boot 专门提供了一个 @SpringBootTest 注解来测试这个 Bootstrap 类。所有配置信息都会通过 Bootstrap 类来加载，而该注解可以引用 Bootstrap 类的配置信息。

在上面的例子中，我们直接通过 @SpringBootTest 注解提供的默认配置对作为 Bootstrap 类的 MonitorApplication 类进行测试。对此，更常见的做法是在 @SpringBootTest 注解中指定该 Bootstrap 类，并设置测试的 Web 环境，如代码清单 12-4 所示。

代码清单 12-4　@SpringBootTest 注解使用示例代码

```
@SpringBootTest(classes = MonitorApplication.class, webEnvironment =
    SpringBootTest.WebEnvironment.MOCK)
```

@SpringBootTest 注解中的 webEnvironment 配置项可以有 4 个选项，分别是 MOCK、RANDOM_PORT、DEFINED_PORT 和 NONE。

- MOCK：加载 WebApplicationContext 并提供一个适合 Mock 机制的 Servlet 环境，内置的 Servlet 容器并没有真正启动。
- RANDOM_PORT：加载 EmbeddedWebApplicationContext 来提供一个真实的 Servlet 环境，也就是说会启动内置容器，使用的是随机端口。
- DEFINED_PORT：同样加载 EmbeddedWebApplicationContext 来提供一个真实的 Servlet 环境，但使用的是默认的端口，如果没有配置端口就使用 8080。
- NONE：加载 ApplicationContext，但并不提供任何真实的 Servlet 环境。

在 Spring Boot 中，@SpringBootTest 注解主要用于测试基于自动配置的 ApplicationContext，它允许我们设置测试上下文中的 Servlet 环境。在多数场景下，一个真实的 Servlet 环境对测试而言过于"重量级"，我们可以通过 MOCK 机制缓解这种环境约束所带来的成本和挑战。我们在后续内容中会结合 WebEnvironment.MOCK 选项来对服务层中的具体功能进行集成测试。

3. @ExtendWith 注解

在上面的示例中我们还看到一个 @ExtendWith 注解，该注解由 JUnit 框架提供，用于设置测试运行器。例如，我们可以通过 @ExtendWith(SpringExtension.class) 注解让测试运行于 Spring 环境中。SpringExtension 将 JUnit5 和 Spring 中的测试上下文 TestContext 整合在一起，而 Spring TestContext 则提供了用于测试 Spring Boot 应用程序的各项通用的支持功能，常见的包括各种 @MockBean 注解等。同样，我们在后续的测试用例中将大量使用 SpringExtension。

如果你使用过 2.2.0 版本之前的 Spring Boot，那么你应该知道 @RunWith 注解。我们可以通过 @RunWith(SpringJUnit4ClassRunner.class) 或者 @RunWith(SpringRunner.class) 让测试运行于 Spring 测试环境。在采用 JUnit5 时，这种方法已经不被推荐，取而代之的是使用 @ExtendWith 注解。

4. 执行测试用例

基于 JUnit，开发并执行测试用例的过程非常简单。单元测试的应用场景是针对独立的单个类。如代码清单 12-5 所示，User 类是一个非常典型的独立类，该类在其构造函数中添加了校验机制。

代码清单 12-5　User 类示例代码

```java
public class User {
    private String id;
    private String name;
    private Integer age;
    private Date createdAt;
    private String nationality;
    private List<String> friendsIds;
    private List<String> articlesIds;

    public User(String id, String name, Integer age, Date createdAt, String nationality) {
        super();

        Assert.notNull(id, "User Id must not be null");
        Assert.isTrue(name.length() > 5, "User name should be more than 5 characters");
        this.id = id;
        this.name = name;
        this.age = age;
        this.createdAt = createdAt;
        this.nationality = nationality;
    }
    ...
}
```

我们先来看如何对位于 User 类构造函数中的校验逻辑进行测试。以 User 中 name 字段的长度问题为例，我们可以使用如代码清单 12-6 所示的测试用例验证传入字符串是否满足正常业务场景的验证规则。

代码清单 12-6　UserTests 测试用例类示例代码

```java
@ExtendWith(SpringExtension.class)
public class UserTests {
    private static final String USER_NAME = "tianyalan";
```

```
@Test
public void testUsernameIsMoreThan5Chars() throws Exception {
    User user = new User("001", USER_NAME, 39, new Date(), "China");
    assertThat(user.getName()).isEqualTo(USER_NAME);
    }
}
```

执行这个单元测试，可以看到测试用例正常通过。这个单元测试用例演示了最基本的测试方式，后续出现的各种测试用例都是在此基础上扩展和演化而来的。

12.2.3 测试注解

Spring Boot 测试解决方案的强大之处在于为开发人员提供了一组非常实用的测试注解。除了前面已经介绍的 @SpringBootTest 和 @ExtendWith 注解，Spring Boot 还针对数据访问、业务逻辑处理以及 Web 服务分别提供了专用的测试注解。

1. 测试数据访问层

数据需要持久化。接下来我们将从数据持久化的角度出发，讨论如何对数据访问层组件进行测试。我们先来讨论使用关系型数据库的场景，引入针对 JPA 数据访问技术的 @DataJpaTest 测试注解。@DataJpaTest 注解会自动注入各种 Spring Data Repository 类，并会初始化一个内存数据库及访问该数据库的数据源。

假设针对前面介绍的 User 对象存在一个 UserRepository 接口，并定义了一个方法名衍生查询 findUserById，如代码清单 12-7 所示。

代码清单 12-7　UserRepository 接口定义示例代码

```
@Repository
public interface UserRepository extends JpaRepository<User, String> {
    User findUserById(String id);
}
```

那么，基于这个 UserRepository，我们可以编写如代码清单 12-8 所示的测试用例。

代码清单 12-8　UserRepositoryTests 测试用例类示例代码

```
@ExtendWith(SpringExtension.class)
@DataJpaTest
public class UserRepositoryTests {
    @Autowired
    private TestEntityManager entityManager;
    @Autowired
    private UserRepository userRepository;

    @Test
    public void testFindUserById() throws Exception {
        User user = new User("001", "tianyalan", 39, new Date(), "China");
```

```
        this.entityManager.persist(user);

        User actual = this.userRepository.findUserById("001");
        assertThat(actual).isNotNull();
        assertThat(actual.getId()).isEqualTo("001");
    }
}
```

可以看到这里使用了 @DataJpaTest 注解以完成 UserRepository 的注入。同时，我们还注意到另一个核心测试组件 TestEntityManager。TestEntityManager 的效果相当于不使用真正的 UserRepository 来完成数据的持久化，从而提供一种数据与环境之间的隔离机制。

2. 测试业务逻辑层

因为业务逻辑层依赖于数据访问层，所以针对业务逻辑层的测试需要引入新的测试方法，这就是应用非常广泛的 Mock 机制。我们先来看一下 Mock 机制的基本概念。

前面我们已经介绍了 @SpringBootTest 注解中的 SpringBootTest.WebEnvironment.MOCK 选项，该选项用于加载 WebApplicationContext 并提供一个适合 Mock 机制的 Servlet 环境，内置的 Servlet 容器并没有真正启动。接下来，我们就针对业务逻辑层来演示这种测试方式。

首先我们来看一种简单场景。假设存在一个 UserService 类，该类内部使用了前面定义的 UserRepository 完成数据查询操作，如代码清单 12-9 所示。

代码清单 12-9　UserService 类示例代码

```
@Service
public class UserService {
    private final UserRepository userRepository;

    @Autowired
    public UserService(UserRepository userRepository) {
        this.userRepository = userRepository;
    }

    public User findUserById(String id) {
        return userRepository.findUserById(id);
    }
    ...
}
```

显然，对以上 UserService 进行集成测试需要提供的依赖就是 UserRepository，代码清单 12-10 所示的代码演示了如何使用 Mock 机制完成对 UserRepository 的隔离。

代码清单 12-10　UserServiceTests 类示例代码

```
@ExtendWith(SpringExtension.class)
@SpringBootTest(webEnvironment = SpringBootTest.WebEnvironment.MOCK)
public class UserServiceTests {
```

```
@MockBean
private UserRepository userRepository;
@Autowired
private UserService userService;

@Test
public void testFindUserById() throws Exception {
    String userId = "001";
    User user = new User(userId, "tianyalan", 39, new Date(), "China");
    Mockito.when(userRepository.findUserById(userId)).thenReturn(user);

    User actual = userService.findUserById(userId);
    assertThat(actual).isNotNull();
    assertThat(actual.getId()).isEqualTo(userId);
    }
}
```

我们首先通过 @MockBean 注解注入 UserRepository，然后基于第三方 Mock 框架 Mockito 提供的 when/thenReturn 机制完成对 UserRepository 中 findUserById 方法的模拟。

这里提供的测试用例演示了在业务逻辑层中进行集成测试的基本手段。有时候一个 Service 可能同时包含 Repository 和其他 Service 类或第三方组件，我们也可以采用类似的测试策略和实现方法。

3. 测试 Web 服务层

接下来，我们关注 Web 服务层的测试。在 Spring Boot 应用程序中，Web 服务的主要实现方式就是使用各种 Controller 类。

我们先来实现一个典型的 Controller 类，即 UserController 类，这个 Controller 类使用了在上一节中构建的 UserService，如代码清单 12-11 所示。

代码清单 12-11　UserController 类示例代码

```
@RestController
@RequestMapping("/users")
public class UserController {
    private UserService userService;

    @Autowired
    public UserController(UserService userService) {
        this.userService = userService;
    }

    @GetMapping(value = "/{id}")
    public User getUserById(@PathVariable String id){
        return userService.findUserById(id);
    }
}
```

针对这样的 Controller 类，Spring Boot 中提供的测试方法相对更丰富，包括 TestRestTemplate、@WebMvcTest 注解和 @AutoConfigureMockMvc 注解这 3 种，我们一一来展开讨论。

Spring Boot 所提供的 TestRestTemplate 与 RestTemplate 非常类似，只不过 TestRestTemplate 专门用于测试环境。如果我们在测试用例上添加了 @SpringBootTest 注解，就可以直接使用 TestRestTemplate 来测试远程访问过程，示例代码如代码清单 12-12 所示。

代码清单 12-12　使用 TestRestTemplate 类示例代码

```java
@ExtendWith(SpringExtension.class)
@SpringBootTest(webEnvironment = SpringBootTest.WebEnvironment.RANDOM_PORT)
public class UserControllerTestsWithTestRestTemplate {
    @Autowired
    private TestRestTemplate testRestTemplate;
    @MockBean
    private UserService userService;

    @Test
    public void testGetUserById() throws Exception {
        String userId = "001";
        User user = new User(userId, "tianyalan", 39, new Date(), "China");
        given(this.userService.findUserById(userId)).willReturn(user);

        User actual = testRestTemplate.getForObject("/users/" + userId, User.class);
        assertThat(actual.getId()).isEqualTo(userId);
    }
}
```

在上述测试代码中，首先我们会注意到 @SpringBootTest 注解通过 SpringBootTest. WebEnvironment.RANDOM_PORT 启动了随机端口的 Web 运行环境。然后我们基于 TestRest-Template 发起 HTTP 请求并验证结果。使用 TestRestTemplate 发起请求的方式和 RestTemplate 完全一致，你可以回顾第 10 章介绍的 RestTemplate 相关内容。

在接下来这种测试方法中，我们引入一个新的注解 @WebMvcTest，该注解将初始化测试 Controller 所需的 Spring MVC 基础设施。基于 @WebMvcTest 注解的 UserController 类测试用例如代码清单 12-13 所示。

代码清单 12-13　基于 @WebMvcTest 注解的 UserController 类示例代码

```java
@ExtendWith(SpringExtension.class)
@WebMvcTest(UserController.class)
public class UserControllerTestsWithMockMvc {
    @Autowired
    private MockMvc mvc;
    @MockBean
    private UserService userService;

    @Test
```

```
public void testGetUserById() throws Exception {
    String userId = "001";
    User user = new User(userId, "tianyalan", 39, new Date(), "China");
    given(this.userService.findUserById(userId)).willReturn(user);

    this.mvc.perform(get("/users/" + userId).accept(MediaType.APPLICATION_
        JSON)).andExpect(status().isOk());
    }
}
```

以上代码的关键是 MockMvc 工具类，它提供的基础方法如下。

❑ perform：执行一个 RequestBuilder 请求会自动触发 Spring MVC 工作流程并映射到相应的 Controller 进行处理。

❑ get/post/put/delete：声明发送一个 HTTP 请求的方式，根据 URI 模板和 URI 变量值定义一个 HTTP 请求，支持 GET、POST、PUT、DELETE 等 HTTP 方法。

❑ Param：添加请求参数，发送 JSON 数据时将不能使用这种方式，而应该采用 @ResquestBody 注解。

❑ andExpect：添加 ResultMatcher 验证规则，对返回的数据进行判断来验证 Controller 执行结果是否正确。

❑ andDo：添加 ResultHandler 结果处理器，比如调试时打印结果到控制台。

❑ andReturn：返回代表请求结果的 MvcResult，然后执行自定义验证或做异步处理。

执行该测试用例，我们从输出的控制台日志中发现整个流程相当于启动了 UserController 并执行远程访问，而对 UserController 中用到的 UserService 则做了模拟。显然测试 UserController 的目的在于验证 HTTP 请求返回数据的格式和内容，我们先定义了远程调用将会返回的 JSON 结果，然后通过 perform、accept 和 andExpect 的组合方法模拟 HTTP 请求的整个过程，并验证结果的正确性。

讲到这里，请注意 @SpringBootTest 注解不能和 @WebMvcTest 注解同时使用。如果我们需要在使用 @SpringBootTest 注解的场景下使用 MockMvc 对象，那么可以引入 @AutoConfigure-MockMvc 注解。使用 @AutoConfigureMockMvc 注解的测试过程如代码清单 12-14 所示。

代码清单 12-14　使用 @AutoConfigureMockMvc 注解示例代码

```
@ExtendWith(SpringExtension.class)
@SpringBootTest
@AutoConfigureMockMvc
public class UserControllerTestsWithAutoConfigureMockMvc {
    @Autowired
    private MockMvc mvc;
    @MockBean
    private UserService userService;

    @Test
```

```
public void testGetUserById() throws Exception {
    String userId = "001";
    User user = new User(userId, "tianyalan", 39, new Date(), "China");
    given(this.userService.findUserById(userId)).willReturn(user);

    this.mvc.perform(get("/users/" + userId).accept(MediaType.APPLICATION_
        JSON)).andExpect(status().isOk());
    }
}
```

可以看到，使用 @AutoConfigureMockMvc 注解与使用 @WebMvcTest 注解的唯一区别就是，前者需要和 @SpringBootTest 注解配套使用。通过将 @SpringBootTest 注解与 @AutoConfigureMockMvc 注解相结合，@AutoConfigureMockMvc 注解在 Spring 上下文环境中会自动配置 MockMvc 类。

4. 测试注解总结

通过对前面内容的学习，相信你已经了解各种测试注解在测试 Spring Boot 应用程序时发挥的核心作用。表 12-1 罗列了我们使用的主要测试注解及其描述。

表 12-1　Spring Boot 常见测试注解列表

注解名称	注解描述
@Test	JUnit 中使用的基础测试注解，用来标明所需要执行的测试用例
@ExtendWith	JUnit 框架提供的用于设置测试运行器的基础测试注解
@SpringBootTest	Spring Boot 应用程序专用的测试注解
@DataJpaTest	专门用于测试关系型数据库的测试注解
@MockBean	用于实现 Mock 机制的测试注解
@WebMvcTest	用于在 Web 容器环境中嵌入 MockMvc 的测试注解

12.3　测试 HealthMonitor 案例系统

在本节中，我们将以 Monitor 限界上下文中的各个技术组件为例，给出对应的测试用例的设计方法和实现过程。

12.3.1　测试领域对象

首先，我们来关注对领域对象的测试。领域对象中最关键的显然是聚合对象 HealthMonitor。在编写具体的测试用例之前，我们来回顾一下 HealthMonitor 的核心业务逻辑，如代码清单 12-15 所示。

代码清单 12-15　HealthMonitor 类的核心业务逻辑示例代码

```
public class HealthMonitor {
    public HealthMonitor(ApplyMonitorCommand applyMonitorCommand) {
```

```
        this.status = MonitorStatus.INITIALIZED;
        this.score = new HealthScore(0);
        ...
    }

    public void generateHealthPlan(GeneratePlanCommand createPlanCommand) {
        ...
    }

    public void performHealthTask(PerformTaskCommand performTaskCommand) {
        int taskScore = performTaskCommand.getHealthTaskProfile().getTaskScore();
        this.score.plusScore(taskScore);
        ...
    }
}
```

可以看到，HealthMonitor 涉及申请健康监控、创建健康计划和执行健康任务这 3 个主要的业务场景。我们先来验证第一个业务场景，为此需要创建一个 HealthMonitorTests 测试用例类，如代码清单 12-16 所示。

代码清单 12-16　HealthMonitorTests 类示例代码

```
@ExtendWith(SpringExtension.class)
public class HealthMonitorTests {

    // 初始化一个 HealthMonitor
    private HealthMonitor initHealthMonitor() {
        ApplyMonitorCommand applyMonitorCommand = new ApplyMonitorCommand(
            "account",
            "allergy",
            "injection",
            "surgery",
            "symptomDescription",
            "bodyPart",
            "timeDuration"
        );
        applyMonitorCommand.setMonitorId("monitorId");

        HealthMonitor healthMonitor = new HealthMonitor(applyMonitorCommand);

        return healthMonitor;
    }
}
```

可以看到，我们首先通过 initHealthMonitor 工具方法初始化了一个 HealthMonitor。在这里，我们通过传入一个 ApplyMonitorCommand 命令对象完成了对 HealthMonitor 构造函数的调用。在 HealthMonitor 构造函数中，我们对 HealthMonitor 的状态和健康积分做了初始化操作。因此，针对这些初始化操作的结果，我们就可以编写如代码清单 12-17 所示的测试用例。

代码清单 12-17　testHealthMonitorCreation 测试用例示例代码

```
@Test
public void testHealthMonitorCreation() throws Exception {
    HealthMonitor healthMonitor = initHealthMonitor();

    assertThat(healthMonitor.getMonitorId().getMonitorId()).isEqualTo("monitorId");
    assertThat(healthMonitor.getStatus()).isEqualTo(MonitorStatus.INITIALIZED);
    assertThat(healthMonitor.getScore().getScore()).isEqualTo(0);
}
```

这里我们通过 assertThat 断言对 HealthMonitor 的状态和健康积分执行了判断,从而验证了聚合对象初始化过程的正确性。

接下来验证执行健康任务的业务逻辑。在用户执行完一个健康任务之后,我们需要在 HealthMonitor 中更新对应的健康积分。因此,测试目标就是验证执行完健康任务之后的健康积分是否正确更新了,对应的测试用例如代码清单 12-18 所示。

代码清单 12-18　testHealthTaskPerforming 测试用例示例代码

```
@Test
public void testHealthTaskPerforming() throws Exception {
    HealthMonitor healthMonitor = initHealthMonitor();

    PerformTaskCommand performTaskCommand = new PerformTaskCommand("monitorId",
        "taskId");
    HealthTaskProfile healthTaskProfile = new HealthTaskProfile("taskId",
        "taskName", "description", 100);
    performTaskCommand.setHealthTaskProfile(healthTaskProfile);

    // 第一次执行 HealthTask
    healthMonitor.performHealthTask(performTaskCommand);
    assertThat(healthMonitor.getScore().getScore()).isEqualTo(100);
}
```

在这个测试用例中,我们首先初始化了一个 HealthMonitor 聚合对象,然后传递了一个 PerformTaskCommand 命令对象来调用它的 performHealthTask 方法。一旦执行完这个方法,HealthMonitor 中的 score 值就应该更新,我们通过 assertThat 断言进行了验证。这时候的 score 值是 100。

请注意,用户可以基于不同的健康任务多次执行 performHealthTask 方法,所以我们模拟了第二次执行健康任务的场景,如代码清单 12-19 所示。

代码清单 12-19　testHealthTaskPerforming 测试用例中第二次执行健康任务的测试示例代码

```
PerformTaskCommand performTaskCommand2 = new PerformTaskCommand("monitorId",
    "taskId2");
HealthTaskProfile healthTaskProfile2 = new HealthTaskProfile("taskId2", "taskName",
    "description", 50);
```

```
performTaskCommand2.setHealthTaskProfile(healthTaskProfile2);

// 第二次执行 HealthTask
healthMonitor.performHealthTask(performTaskCommand2);
assertThat(healthMonitor.getScore().getScore()).isEqualTo(150);
```

这时候，HealthMonitor 中的 score 值应该在第一次执行结果的基础上更新，所以我们得到的是 150。

12.3.2 测试应用服务

在 DDD 应用程序中，应用服务起到一种外观作用，所以需要与聚合对象、资源库甚至外部限界上下文进行交互。因此，对于应用服务的测试，我们更多会采用 Mock 机制来隔离各个组件之间的依赖关系。

1. 测试查询服务

在 Monitor 限界上下文中，我们先来看查询服务 HealthMonitorQueryService。相较于命令服务 HealthMonitorCommandService，HealthMonitorQueryService 的实现更简单，基本就是基于资源库 HealthMonitorRepository 实现数据查询操作，其基本结构如代码清单 12-20 所示。

代码清单 12-20　HealthMonitorQueryService 查询服务示例代码

```
@Service
public class HealthMonitorQueryService {
    private HealthMonitorRepository healthMonitorRepository;

    public HealthMonitorQueryService(HealthMonitorRepository healthMonitorRepository) {
        this.healthMonitorRepository = healthMonitorRepository;
    }

    public HealthMonitor findByMonitorId(String monitorId) {
        return healthMonitorRepository.findByMonitorId(monitorId);
    }

    public HealthMonitorSummary findSummaryByMonitorId(String monitorId) {
        HealthMonitor healthMonitor = healthMonitorRepository.findByMonitorId(monitorId);

        return HealthMonitorSummaryTransformer.toHealthMonitorSummary(healthMonitor);
    }
    ...
}
```

针对 HealthMonitorQueryService 类的测试，我们可以创建一个 HealthMonitorQuery-ServiceTests 测试用例类，然后注入 HealthMonitorQueryService。因为 HealthMonitorQueryService 依赖于资源库 HealthMonitorRepository，所以我们使用 @MockBean 注解对其进行模拟。HealthMonitorQueryServiceTests 的基本结构如代码清单 12-21 所示。

代码清单 12-21　HealthMonitorQueryServiceTests 测试用例类示例代码

```
@ExtendWith(SpringExtension.class)
@SpringBootTest(webEnvironment = SpringBootTest.WebEnvironment.MOCK)
public class HealthMonitorQueryServiceTests {
    @MockBean
    private HealthMonitorRepository healthMonitorRepository;

    @Autowired
    private HealthMonitorQueryService HealthMonitorQueryService;
    ...
}
```

然后，我们来编写 HealthMonitorQueryService 中针对 findByMonitorId 方法的测试用例，如代码清单 12-22 所示。

代码清单 12-22　testFindByMonitorId 测试用例示例代码

```
@Test
public void testFindByMonitorId() throws Exception {
    HealthMonitor healthMonitor = initHealthMonitor();
    Mockito.when(healthMonitorRepository.findByMonitorId("monitorId"))
        .thenReturn(healthMonitor);

    HealthMonitor actual = HealthMonitorQueryService.findByMonitorId("monitorId");
    assertThat(actual.getMonitorId().getMonitorId()).isEqualTo("monitorId");
    assertThat(actual.getStatus()).isEqualTo(MonitorStatus.INITIALIZED);
    assertThat(actual.getScore().getScore()).isEqualTo(0);
}
```

可以看到，这里通过 Mockito 的 when 方法模拟了 HealthMonitorRepository 中 findByMonitorId 方法的返回值，然后针对这个返回值进行验证。整个验证过程在前面测试 HealthMonitor 聚合对象时已经介绍过。

针对 HealthMonitorQueryService 中 findSummaryByMonitorId 方法的验证，我们也可以采用类似的测试方法，如代码清单 12-23 所示。

代码清单 12-23　testFindSummaryByMonitorId 测试用例示例代码

```
@Test
public void testFindSummaryByMonitorId() throws Exception {
    HealthMonitor healthMonitor = initHealthMonitor();
    Mockito.when(healthMonitorRepository.findByMonitorId("monitorId"))
        .thenReturn(healthMonitor);

    HealthMonitorSummary actual = HealthMonitorQueryService.findSummaryByMonitorId
        ("monitorId");

    assertThat(actual.getMonitorId()).isEqualTo("monitorId");
    assertThat(actual.getStatus()).isEqualTo(MonitorStatus.INITIALIZED.toString());
```

```
    assertThat(actual.getScore()).isEqualTo(0);
}
```

HealthMonitorQueryService 中 findSummaryByMonitorId 方法返回的是一个 HealthMonitor-Summary 对象。在这个测试用例中，我们同样对 HealthMonitorSummary 中的字段值进行了验证。而在验证过程的背后，我们实际上确保了 HealthMonitorSummaryTransformer 组件的逻辑正确性。

2. 测试命令服务

命令服务 HealthMonitorCommandService 相对复杂一些，除了涉及对资源库组件 Health-MonitorRepository 的依赖之外，还分别使用了 AclHealthPlanService 和 AclHealthTaskService 完成对 Plan 限界上下文及 Task 限界上下文的远程调用。因此，为了验证 HealthMonitorCommandService 的正确性，我们需要分别对这 3 个类进行模拟。

在这里，我们演示用户执行健康任务的操作，该操作的执行流程如代码清单 12-24 所示。

代码清单 12-24 handleHealthTaskPerforming 方法示例代码

```
public void handleHealthTaskPerforming(PerformTaskCommand performTaskCommand) {
    // 根据 MonitorId 获取 HealthMonitor
    HealthMonitor healthMonitor = healthMonitorRepository
        .findByMonitorId(performTaskCommand.getMonitorId());

    // 根据 healthMonitor 调用 Task 限界上下文
    // 获取 HealthTask 并填充 PerformTaskCommand
    HealthTaskProfile healthTaskProfile = aclHealthTaskService
        .fetchHealthTask(performTaskCommand.getTaskId());
    performTaskCommand.setHealthTaskProfile(healthTaskProfile);

    // 针对 HealthMonitor 执行 HealthTask
    healthMonitor.performHealthTask(performTaskCommand);
    // 通过资源库持久化 HealthMonitor
    healthMonitorRepository.save(healthMonitor);
}
```

注意，这里同时依赖于 HealthMonitorRepository 类和 AclHealthTaskService 类，所以我们设计如代码清单 12-25 所示的测试用例。

代码清单 12-25 testHandleHealthTaskPerforming 测试用例示例代码

```
@Test
public void testHandleHealthTaskPerforming() throws Exception {
    PerformTaskCommand performTaskCommand = new PerformTaskCommand("monitorId",
        "taskId");
    HealthTaskProfile healthTaskProfile = new HealthTaskProfile("taskId",
        "taskName", "description", 100);
```

```
    performTaskCommand.setHealthTaskProfile(healthTaskProfile);

    HealthMonitor healthMonitor = targetHealthMonitor();

    // 模拟 HealthMonitorRepository
    Mockito.when(healthMonitorRepository.findByMonitorId("monitorId")).
        thenReturn(healthMonitor);
    // 模拟 AclHealthTaskService
    Mockito.when(aclHealthTaskService.fetchHealthTask("taskId")).
        thenReturn(healthTaskProfile);

    healthMonitorCommandService.handleHealthTaskPerforming(performTaskCommand);
    assertThat(healthMonitor.getScore().getScore()).isEqualTo(100);
  }
```

可以看到，这里我们同时对 HealthMonitorRepository 类和 AclHealthTaskService 类进行了模拟，并最终验证了 HealthMonitor 聚合对象的正确性。在 HealthMonitorCommandService 中，针对处理用户健康监控请求的 handleHealthMonitorApplication 方法及用户创建健康计划的 handleHealthPlanGeneration 方法，我们都可以采用类似的测试策略。

12.3.3 测试资源库

数据需要持久化，接下来我们将从数据持久化的角度出发，讨论如何对资源库进行测试。在 HealthMonitor 案例系统中，为了严格遵循 DDD 的分层架构风格，令资源库的实现包含两部分组件，一部分是位于基础设施中的 Mapper 层，另一部分则是位于领域模型中的 Repository 层。

1. 测试 Mapper 层

我们首先讨论 Mapper 层的测试方法。在 12.2 节中，我们引入了专门用于测试关系型数据库的 @DataJpaTest 注解。@DataJpaTest 注解会自动注入各种 Repository 类，并会初始化一个内存数据库及访问该数据库的数据源。一般而言，在测试场景下我们可以使用 H2 作为内存数据库，并通过 MySQL 实现数据持久化，因此需要引入如代码清单 12-26 所示的 Maven 依赖。

代码清单 12-26　测试 Mapper 层需要引入的依赖示例

```xml
<dependency>
    <groupId>com.h2database</groupId>
    <artifactId>h2</artifactId>
</dependency>

<dependency>
    <groupId>mysql</groupId>
    <artifactId>mysql-connector-java</artifactId>
    <scope>runtime</scope>
</dependency>
```

另外，我们需要准备数据库 DDL 来创建数据库表，并提供 DML 脚本完成数据初始化。schema-mysql.sql 和 data-h2.sql 脚本分别起到了充当 DDL 和 DML 的作用。在 Monitor 限界上下文的 schema-mysql.sql 中存在 HealthMonitor 表的创建语句，如代码清单 12-27 所示。

代码清单 12-27　schema-mysql.sql 脚本示例代码

```
DROP TABLE IF EXISTS `health_monitor`;

create table `health_monitor` (
    `id` bigint(20) NOT NULL AUTO_INCREMENT,
    `monitor_id` varchar(50) not null,
    `status` varchar(20) not null,
    `account` varchar(100) not null,
    `score` int not null,
    `order_number` varchar(100) not null,
    `allergy` varchar(200),
    `injection` varchar(200),
    `surgery` varchar(200),
    `symptom_description` varchar(200),
    `body_part` varchar(100),
    `time_duration` varchar(100),
    `order_status` varchar(20) not null,
    `plan_id` varchar(100),
    `doctor` varchar(100),
    `tasks` varchar(100),
    `description` varchar(100),
    PRIMARY KEY (`id`)
);
```

在 data-h2.sql 中完成插入测试数据的工作，如代码清单 12-28 所示。

代码清单 12-28　data-h2.sql 脚本示例代码

```
insert into `health_monitor` VALUES ('1', 'monitor1', 'INITIALIZED','account1', 100,
    'orderNumber1', 'allergy1','injection1', 'surgery1',
    'symptomDescription1','bodyPart1', 'timeDuration1','CREATED',
    'planId1', 'doctor1','tasks', 'description1'
);
```

接下来需要提供具体的 Mapper 接口。先回顾 HealthMonitorMapper 接口的定义，如代码清单 12-29 所示。

代码清单 12-29　HealthMonitorMapper 接口定义示例代码

```
@Repository
public interface HealthMonitorMapper extends JpaRepository<HealthMonitorPO, Long> {
    HealthMonitorPO findByMonitorId(String monitorId);
    List<String> findAllMonitorIds();
    @Query("select h from HealthMonitorPO h where h.account = ?1")
    HealthMonitorPO findByUserAccount(String account);
}
```

可以看到，这里存在一个方法名衍生查询 findByMonitorId。基于该方法，我们可以编写如代码清单 12-30 所示的测试用例。

代码清单 12-30　HealthMonitorRepositoryTests 测试用例示例代码

```
@ExtendWith(SpringExtension.class)
@DataJpaTest
public class HealthMonitorRepositoryTests {
    @Autowired
    private TestEntityManager entityManager;

    @Autowired
    private HealthMonitorMapper healthMonitorMapper;

    @Test
    public void testFindByMonitorId() throws Exception {
        HealthMonitorPO healthMonitorPO = buildHealthMonitorPO();
        this.entityManager.persist(healthMonitorPO);

        HealthMonitorPO target = this.healthMonitorMapper
            .findByMonitorId("monitorId");
        assertThat(target).isNotNull();
        assertThat(target.getMonitorId()).isEqualTo("monitorId");
    }
}
```

这里使用了 @DataJpaTest 来完成 HealthMonitorMapper 的注入，并通过 TestEntityManager 完成数据与环境之间的隔离。

2. 测试 Repository 层

验证了 Mapper 层的正确性，测试 Repository 层组件就变得比较简单了。回想一下 HealthMonitorRepositoryImpl 的代码实现过程，可以发现它同时依赖于 HealthMonitorMapper 和 HealthMonitorFactory，如代码清单 12-31 所示。

代码清单 12-31　HealthMonitorRepositoryImpl 类示例代码

```
public class HealthMonitorRepositoryImpl implements HealthMonitorRepository {
    private HealthMonitorMapper healthMonitorMapper;
    private HealthMonitorFactory healthMonitorFactory;
    ...
}
```

我们已经验证了 HealthMonitorMapper 组件的正确性，现在就可以通过 Mock 隔离对该组件的依赖关系，而专注于验证 HealthMonitorRepositoryImpl 中其他组件的正确性。为此，我们可以编写如代码清单 12-32 所示的测试用例。

代码清单 12-32　HealthMonitorRepositoryTests 测试用例示例代码

```
@ExtendWith(SpringExtension.class)
@SpringBootTest(webEnvironment = SpringBootTest.WebEnvironment.MOCK)
public class HealthMonitorRepositoryTests {
    @MockBean
    private HealthMonitorMapper healthMonitorMapper;

    @Autowired
    private HealthMonitorRepository healthMonitorRepository;

    @Test
    public void testFindByMonitorId() throws Exception {
        HealthMonitorPO healthMonitorPO = buildHealthMonitorPO();
        Mockito.when(healthMonitorMapper.findByMonitorId("monitorId"))
        .thenReturn(healthMonitorPO);

        HealthMonitor target = this.healthMonitorRepository
            .findByMonitorId("monitorId");
        assertThat(target).isNotNull();
        assertThat(target.getMonitorId()).isEqualTo("monitorId");
    }
}
```

12.3.4　测试接口

最后，我们一起来看一下如何对接口类 HealthMonitorController 进行测试。HealthMonitor-Controller 依赖命令服务 HealthMonitorCommandService 和查询服务 HealthMonitorQueryService 来完成对聚合对象 HealthMonitor 的相关操作。这里我们选择用户申请健康监控的 applyMonitor 方法及用户查询健康监控信息的 getHealthMonitorById 方法来编写测试用例，这两个方法具有代表性，对应编写的测试用例如代码清单 12-33 所示。

代码清单 12-33　HealthMonitorControllerTestsWithTestRestTemplate 测试用例示例代码

```
@ExtendWith(SpringExtension.class)
@SpringBootTest(webEnvironment = SpringBootTest.WebEnvironment.RANDOM_PORT)
public class HealthMonitorControllerTestsWithTestRestTemplate {
    @Autowired
    private TestRestTemplate testRestTemplate;

    @MockBean
    private HealthMonitorCommandService healthMonitorCommandService;

    @MockBean
    private HealthMonitorQueryService healthMonitorQueryService;

    @Test
    public void testApplyMonitor() throws Exception {
```

```
        ApplyMonitorDTO applyMonitorDTO = buildApplyMonitorDTO();

        String monitorId = testRestTemplate.postForObject("/monitors/application",
            applyMonitorDTO, String.class);
        assertThat(monitorId).isNotNull();
        System.out.print(monitorId);
    }

    @Test
    public void testGetHealthMonitorById() throws Exception {
        HealthMonitor healthMonitor = initHealthMonitor();
        String monitorId = "monitorId";
        given(this.healthMonitorQueryService.findByMonitorId(monitorId))
        .willReturn(healthMonitor);

        HealthMonitor actual = testRestTemplate.getForObject("/monitors/" +
            monitorId, HealthMonitor.class);
        assertThat(actual.getMonitorId().getMonitorId()).isEqualTo(monitorId);
    }
}
```

可以看到，这里使用了 testRestTemplate 来对 HealthMonitorController 执行测试。针对 HealthMonitorController 类的测试，我们还可以使用 @AutoConfigureMockMvc 注解和 MockMvc 工具类。相关内容已经在 12.2 节中做了介绍，这里不再具体展开讲解。

12.4 本章小结

作为整个案例实现的最后一部分内容，我们基于 HealthMonitor 案例系统详细讨论了 DDD 应用程序中的测试过程。对于 DDD 应用程序，测试是一个难点，也是经常被忽略的一套技术体系。当系统中存在多个限界上下文时，除了常见的针对单个服务的单元测试和集成测试之外，面对不同限界上下文之间进行交互和集成的场景，我们还需要引入端到端测试来确保服务定义和协议级别的正确性及稳定性。测试是一套独立的技术体系，需要开发人员充分重视且付诸实践。

DDD 实践方法

本章是作为全书最后一章，关注 DDD 实践方法。我们将对前面各章的案例实现过程进行总结和提炼，确保读者不仅知道怎么构建系统，还能够对相关的工程实践与架构设计等主题进行融合及其提炼，从而对团队及其开发人员进行指导。

DDD 的实现可以采用不同的架构风格，最基本的就是经典分层架构，这也是 HealthMonitor 案例系统所采用的架构风格。经典分层架构关注如何管理组件之间的依赖关系。而除了分层架构，常见的 DDD 架构风格还包括整洁架构和六边形架构。其中，前者同样是一种有效的分层架构模式，而后者则侧重于如何实现与外部系统之间的合理交互。同时，我们也可以采用结合了事件驱动与管道 – 过滤器机制的混合架构，从而更好地实现系统解耦。作为本章的重点，我们会逐一分析这些 DDD 架构风格。

DDD 的实施具备一定的前提和模式，而构建 DDD 应用程序也可以采用一套相对固化的方法体系。本章会对这些实施方式展开讨论。

本章最后讨论 DDD 与微服务架构之间的整合关系，我们会从微服务拆分和数据管理模式两方面展开详细的讲解。此外，本章还会讨论如何基于微服务架构完成对 HealthMonitor 案例系统的重构。

13.1　DDD 架构风格

作为一种高层次的设计方法，DDD 涉及系统的架构体系。常见的架构体系包括分布式、事件驱动、消息总线等结构，它们都适用于 DDD。但 DDD 在设计思想上有其独特的考虑，本节将针对领域驱动设计特有的架构风格展开讨论，包括分层架构、整洁架构、六边形架构，以及事件驱动与管道 – 过滤器机制的混合架构。

13.1.1　应用经典分层架构管理组件依赖关系

分层架构是最基本、最常见的系统架构风格，图 13-1 展示的就是一种通用的分层架构。

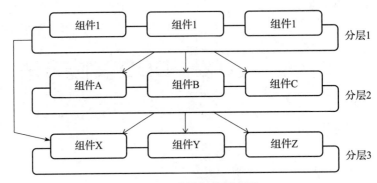

图 13-1　分层架构示意图

在图 13-1 中，每一层次之间通过接口的方式进行交互，我们既可以严格限制跨层调用，也可以支持部分功能的跨层交互，以提高分层的灵活性。在 Web 应用的开发过程中经典的三层结构以及在三层结构上衍生出来的各种多层结构就是这种架构风格的具体体现。

可以说，设计分层架构的前提是明确系统的核心组件，分层就是对这些核心组件的层次和调用关系的梳理。在领域驱动设计中，一般认为存在以下 4 种组件。

1）领域模型组件：代表整个 DDD 应用程序的核心，包含领域、子域、限界上下文等战略设计相关内容，也包含聚合、实体、值对象、领域事件等技术设计组件。

2）基础设施组件：范围比较广泛，既包括通用的工具类服务，也包括数据持久化等具体的技术实现方式。领域模型组件中的部分抽象接口需要通过基础设施提供的服务得以实现，所以基础设施组件对领域模型组件存在依赖。

3）应用组件：面向用户接口组件，是系统对领域模型组件的一种简单封装，通常作为一种外观或网关对外提供统一访问入口，在用户接口和领域模型之间起到衔接作用。因为基础设施组件是对领域模型组件部分抽象接口的具体实现，所以应用组件也会使用基础设施组件来完成业务操作。

4）用户接口组件：用户接口处于系统的顶层，直接面向前端应用，会调用应用组件提供的入口完成用户操作。

通过对前面各章的学习，我们明白对 DDD 相关组件的划分以及各个组件之间的依赖关系并不只有上述一种分层方式。无论是采用上述分层方式，还是采用其他的方式，都需要对以下两个关键问题进行阐述。

❑ 领域模型组件作为核心组件，与其他组件之间的依赖关系是怎么样的？

❑ 领域模型组件的抽象接口由谁去实现？

要通过这两个问题找到合理的组件划分和分层的方式，我们需要理解组件设计原则及其在领域驱动设计中的应用。

组件设计包含一系列原则，其中有 3 条原则与分层有直接的关系，分别是无环依赖原则、稳定依赖原则和稳定抽象原则。

- 无环依赖原则（Acyclic Dependencies Principle，ADP）：指在组件的依赖关系中不能出现环路，我们可以采用回调等手段打破循环依赖。
- 稳定依赖原则（Stable Dependencies Principle，SDP）：认为被依赖者应该比依赖者更稳定，也就是说，如果组件 B 不如组件 A 稳定的话，就不应该让组件 A 依赖组件 B。
- 稳定抽象原则（Stable Abstractions Principle，SAP）：一方面强调组件的抽象程度应该与其稳定程度保持一致，一个稳定的组件应该也是抽象的，这样其稳定性就不会无法扩展；另一方面表明一个不稳定的组件应该是具体的，因为它的不稳定性会使其内部代码更易于修改。

对于稳定抽象原则，我们需要理解稳定与抽象是相辅相成的，两者之间的关系可以参考图 13-2。

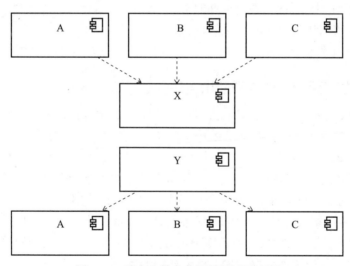

图 13-2　稳定和抽象之间的关系示意图

在图 13-2 中，组件 X 是一个稳定且抽象的组件，因为它被多个组件依赖。而组件 Y 则是不稳定的，意味着它不可能非常抽象。

另外，依赖倒置原则（Dependency Inversion Principle，DIP）认为，高层组件不应该依赖于底层组件，两者都应该依赖于抽象；抽象不应该依赖于细节，细节应该依赖于抽象。可以看到，依赖倒置原则同样体现了稳定与抽象之间的关系。

基于组件设计原则，我们可以明确，在 DDD 的 4 种组件中，领域模型组件作为系统的核心应是抽象且稳定的，也就是说，它应该位于系统分层的底端被其他组件依赖。用户接口组件直接面向用户，通常是最不稳定的，自然处于系统的顶层。而应用组件处于用户接口组件和领域模型组件之间，这点应该同样没有异议。那么接下来需要明确基础设施组件的定位，这就需要回答领域模型组件的抽象接口由谁去实现这一问题。

在领域模型组件中，为了建立完整的领域模型，势必会进行数据的管理。数据相关操作对领域模型而言只是一种持久化的抽象，不应该关联具体的实现方式。比如，我们可以用关系型数据库去实现某个数据操作。根据需要，我们同样可以采用各种 NoSQL 技术。显然，无论是关系型数据库操作还是 NoSQL 技术都不应该属于领域模型组件，通常我们会使用接口来抽象数据访问操作，然后通过依赖注入把实现这些数据访问接口的组件注入领域模型中。这些数据访问的具体实现就可以统一放在基础设施组件中，也就是说基础设施组件实现了领域模型组件中的抽象接口。

通过以上分析，我们可以把领域驱动设计中的 4 种组件分别列为 4 层，并梳理各个层次之间的关系，最终形成分层结构图，如图 13-3 所示。

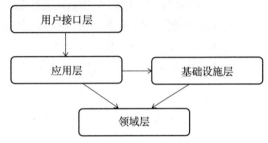

图 13-3 的表现形式与前面各个组件的描述是一致的，我们通过经典的分层架构管理了 DDD 中的组件依赖关系。

图 13-3　领域驱动设计的分层结构

13.1.2　应用整洁架构有效实现应用程序分层

理解了前面对经典分层架构的讲解，我们掌握接下来要介绍的 DDD 整洁架构就非常容易了。整洁架构是著名软件工程大师 Robert C.Martin 提出的一种架构设计方法，该架构认为系统应该只包含单向的依赖关系，这样才可以在逻辑上形成一种向上的抽象系统。

本质上，所谓的整洁架构也是对 DDD 的 4 种技术组件进行合理分层的一种架构模式。在进行架构设计时，整洁架构能指导开发人员设计出干净的应用层和领域模型层，确保其专注于业务逻辑，而不掺杂任何具体的技术实现，从而完成领域模型与技术实现之间的完全隔离。在整洁架构中，一个 DDD 应用程序可以分为 4 层：实体层、用例层、接口适配器层、框架与驱动器层。基于这种分层方式，整洁架构的整体结构如图 13-4 所示。

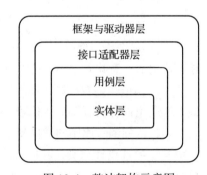

可以看到，位于架构中心部分的实体层是用来封装业务规则的。请注意它们封装了企业级的、最通用的规则。当外部环境变化的时候，这些实体是最稳定的。

相比实体层包含通用业务规则，用例层则包含了具体的应用业务逻辑，它实现了所有的用户用例。这些用例使得内层的实体能够依靠实体内定义的业务规

图 13-4　整洁架构示意图

则来完成系统的用户需求。

接口适配器层的作用就是进行数据的转换，它将面向用户用例和实体层操作的数据结构转换成面向数据库且能被消息通信等外部系统接收的数据模型。

最外层是由各种技术实现工具组成的框架与驱动器层，常见的组件包括数据库、Web框架、消息中间件等。我们把这些组件放在整个应用程序的最外层，它们对整个系统的架构不造成任何影响。

整洁架构的特性非常明确。首先，层次越靠内的组件依赖的内容越少，处于核心的实体层没有任何依赖。层次越靠内的组件与业务的关系越紧密，也就越不可能形成通用的组件。实体层封装了企业级的业务规则，准确地讲，它应该是一个面向业务的领域模型。而用例层是打通内部业务与外部资源的通道，提供了输出端口与输入端口，但它对外展现的其实是应用逻辑，或者说是用例。在接口适配器层中，我们可以通过网关、控制器与表示器等具体的适配器组件，打通应用业务逻辑与外层的框架和驱动器，从而实现访问外部资源的各种适配机制。

最终，我们看到整洁架构和分层架构本质上是一致的，不同的只是具体的分层方式而已。图 13-5 展示了两者的对应关系。

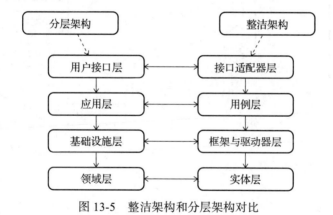

图 13-5　整洁架构和分层架构对比

13.1.3　应用六边形架构分离系统关注点

基于图 13-1，我们认为传统的分层架构可以根据是否跨层调用归为两类，即严格分层架构和松散分层架构，前者认为各个层次之间不应存在跨层调用，而后者对此没有严格限制。所以，DDD 分层架构实际上是一种松散分层架构，事实上并不存在严格意义上的分层，其中位于系统流程上游的用户接口层和应用层，以及位于系统流程下游的具备数据访问功能的基础设施层都依赖于抽象层。领域驱动设计思想认为不应该使用严格的分层架构来构建系统，六边形架构也就应运而生。

六边形架构由 Alistair Cockburn 提出，是一种具有许多优势的软件架构模式，引起了人们的关注。该架构允许应用程序由用户、程序、自动化测试或批处理脚本驱动，并实现了与数据库等外部媒介之间的隔离开发和测试。从设计初衷来讲，六角形架构允许隔离应用程序的核心业务并自动测试其行为，这是该架构在 DDD 领域中得到应用的主要原因。六边形架构的结构如图 13-6 所示，该图来自 Vaughn Vernon 的《实现领域驱动设计》。

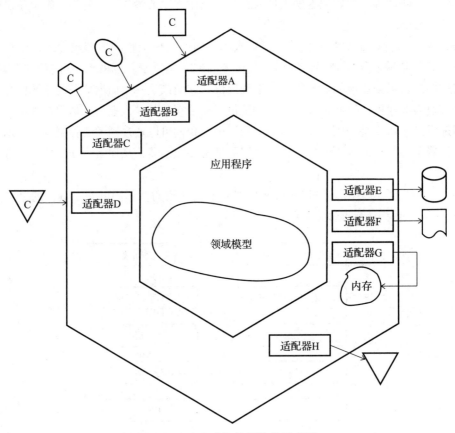

图 13-6　六边形架构的结构示意图

从图 13-6 中，我们看到六边形架构基于 3 条原则。

❑ 系统分层：六边形架构明确区分应用程序、领域和基础设施这 3 个层次。

❑ 依赖关系：依赖关系是从应用程序和基础设施再到领域模型。

❑ 组件边界：使用端口和适配器隔离各层组件，划分边界。

我们来对这 3 条原则逐一展开讨论。首先讨论六边形架构下的系统分层，即应用程序层、领域层和基础设施层，如图 13-7 所示。

最上面是应用程序层，这是 DDD 应用程序与用户或外部程序的交互层，通常包含一些系统交互类的代码，例如用户界面、REST API 等。领域层位于中间位置，隔离应用程序和基础设施，包含所有关注和实现业务逻辑的代码。最下面是基础设施层，它包含必要的基础结构类组件，例如与数据库交互的代码，或者依赖的其他应用程序的 REST API 调用代码。

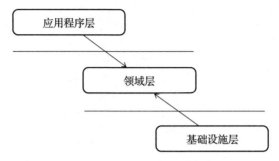

图 13-7　六边形架构的系统分层

就依赖关系而言，图 13-7 的 3 层架构中的领域模型层最为稳定和抽象，所以被应用程序层和基础设施层依赖，而应用程序层和基础设施层之间不应该存在任何依赖关系。这样做的好处是把应用程序、业务逻辑和基础架构的关注点分离开，确保每层组件的约束对其他各层组件的影响较小。

最后，我们来讨论组件边界。正如图 13-6 所示，在六边形架构中，我们通过引入适配器组件实现与数据库、文件系统、应用程序及其他各种外部组件之间的集成。

六边形架构这 3 条设计原则将直接影响系统的代码组织结构和实现过程。我们可以通过一个简单的案例来展示采用六边形架构时的开发过程。首先，从包结构命名上，我们采用如代码清单 13-1 所示的风格。

代码清单 13-1　基于六边形架构的包结构命名示例

```
com.hexagonal.project.application
com.hexagonal.project.domain.model
com.hexagonal.project.adapter.persistence
com.hexagonal.project.adapter.messaging
```

可以看到，这里的 project 是限界上下文的名称，application 和 domain.model 分别表示应用程序层和领域层，而 adapter.persistence 和 adapter.messaging 则是基础设施层组件，分别用于适配数据持久化媒介和消息通信。

这里以应用服务 ProjectApplicationService 为例，它的实现过程如代码清单 13-2 所示。

代码清单 13-2　ProjectApplicationService 类代码

```java
@Service("projectApplicationService")
public class ProjectApplicationService {
    @Autowired
    private ProjectRepository projectRepository;

    public String newProject(NewProjectCommand command) {
        ProjectId projectId = this.projectRepository().nextIdentity();
```

```
        ProjectPriority projectPriority = new ProjectPriority(command.
            getProjectBenefit(), command.getProjectCost(),command.getProjectRisk());

        Project project = new Project(projectId, command.getProjectName(),
            command.getProjectDescription(), projectPriority);
        this.projectRepository().saveProject(project);
        return projectId.id();
    }

    public void planProject(PlanProjectCommand command) {
        ProjectId projectId = new ProjectId(command.getProjectId());
        Project project = this.projectRepository().projectOfId(projectId);

        if (project == null) {
            throw new IllegalStateException("Unknown project id: "+ command.
                getProjectId());
        }

        PlanId planId = this.projectRepository().nextPlanIdentity();
        Date scheduledDate = DateUtil.parseDate(command.getDateScheduled());

        Plan plan = project.planProject(planId, scheduledDate);
        this.projectRepository().savePlan(plan);
    }

    private ProjectRepository projectRepository() {
        return this.projectRepository;
    }
}
```

可以看到，这里使用了 NewProjectCommand 和 PlanProjectCommand 这两个命令对象，并基于 ProjectRepository 资源库来提供数据访问功能。请注意 ProjectRepository 的接口定义位于 domain.model 包中，而它的实现类则位于 adapter.persistence 包中。

总而言之，六边形架构促使我们转换视角重新审视一个系统。系统由内而外围绕领域组件展开，而划分系统的内外部组件成为架构搭建的切入点。可以看到，领域组件位于六边形架构的最内层，应用程序也可以包含业务逻辑，与领域组件构成系统的内部基础架构。而外部组件通过各种适配器进行数据持久化、消息通信以及各种上下文集成。基于依赖注入和Mock 机制，适配器组件可以方便地进行模拟和替换。

13.1.4 应用事件驱动和管道 - 过滤器混合架构实现系统解耦

在第 9 章中，我们详细讨论了事件驱动架构和领域事件。事件驱动作为一种典型的架构风格，在领域驱动设计过程中用于实现上下文集成的解耦。事件驱动架构的抽象如图 13-8 所示，领域事件由事件源生成，并通过事件发布器进行发布，各种事件的订阅者可以根据需要进行订阅。事件订阅者根据自身需求可以直接处理该事件，自身不能处理的事件可以即时转发给其他订阅者，事件作为一种业务数据的载体，也可以将其存储起来，以便后续处理。

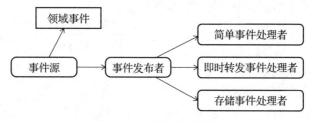

图 13-8　事件驱动架构

图 13-8 中事件源和事件的处理者都是领域模型中的具体对象，事件发布器作为一种基础设施通常会面临一定的个性化需求，而领域事件发布与处理流程的闭环可以借助各种具备发布 – 订阅机制的中间件来实现。

事件驱动架构的发布 – 订阅机制非常适合与其他风格的架构整合，从而构成复合型架构，最典型的就是与管道 – 过滤器整合形成 EDA+Pipeline（事件驱动 + 管道 – 过滤器）架构。其中，管道 – 过滤器结构主要包括过滤器和管道两种元素，如图 13-9 所示。

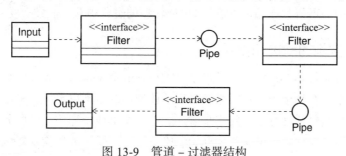

图 13-9　管道 – 过滤器结构

在管道 – 过滤器结构中，执行定制化功能的组件被称为过滤器，负责执行具体的业务逻辑。每个过滤器都会接收来自主流程的请求，并返回一个响应结果到主流程中。另外，管道用来获取来自过滤器的请求和响应，并把它们传递到后续的过滤器中，相当于一种通道。

图 13-10 展示的就是一个典型的管道 – 过滤器示例，我们看到事件发布器 UserPasswordPublisher 发布了一个 UserPasswordChanged 事件，而订阅该事件的 UserPasswordHandler 组件对该事件进行处理之后再次发送一个 UserPasswordChangeSucceed 事件，负责接收 UserPasswordChangeSucceed 的 UserPasswordChangeSucceedHandler 组件可以根据需要对该事件进行后续处理。整个过程中能够传播事件的组件实际上就是管道，而处理事件的

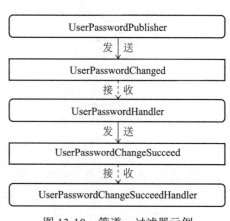

图 13-10　管道 – 过滤器示例

组件就是过滤器，通过管道和过滤器的组合形成基于事件的管道 – 过滤器结构。

结合领域驱动设计，管道中流转的数据就是领域事件，而过滤器可以是同一个限界上下文中的某个组件，也可以是跨限界上下文的组件，如图 13-11 所示。

如图 13-11 所示的架构是对 EDA+Pipeline 架构进行了更高层次的抽象，我们看到领域事件可以通过限界上下文进行交互和集成，特定的限界上下文同时充当了管道和过滤器的角色。

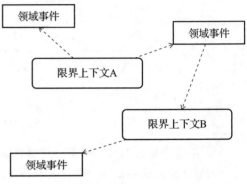

图 13-11　领域驱动设计下的 EDA+Pipeline 架构示意图

13.2　DDD 实施方式

前面分析了 DDD 的各种架构风格，总结一点：对很多业务场景而言，DDD 是一种改进机制，不同类型的项目和产品都可以从 DDD 转型的过程中获得收益。

13.2.1　DDD 实施的前提和模式

图 13-12 来自 Martin Fowler 发布的一篇名为 MicroservicePremium 的文章，揭示了生产率和复杂度的关系。在复杂度较小时系统采用单体架构的生产率更高，采用微服务架构反而可能降低生产率。当复杂度到了一定水平时，无论采用单体架构还是微服务架构都会降低系统的生产率。但单体架构系统的生产率开始急剧下降时，微服务架构则能缓解系统生产率下降的程度。

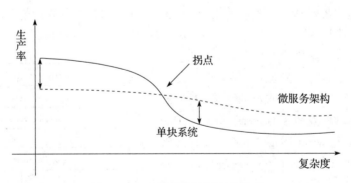

图 13-12　生产率和复杂度的关系

图 13-12 展示了复杂度和生产率的变化曲线存在拐点，只有在这个拐点出现的时候对系统进行拆分才是合适的方案。但是业界并没有给出对这个拐点进行具体量化的方法，也就是说，系统或代码库达到何种规模才适合开始对单体系统进行拆分并没有一定标准，需要各

个团队根据实际情况来调整。而图 13-12 所展示的关系对单体系统和 DDD 应用程序同样适用，因为实施 DDD 的过程需要考虑如何基于系统复杂度来拆分不同的限界上下文。

1. DDD 实施前提

除了业务的复杂度，我们还引入了其他因素来判断 DDD 的实施前提。图 13-13 展示了判断系统是否适合实施 DDD 的四大维度。

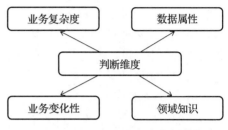

图 13-13　DDD 实施适合度的判断维度

在图 13-13 中，业务复杂度的判断依据可以是系统所包含的用例数。我们可以通过 UML 中的用例图等工具对系统中的用例进行分析并统计其数量。如果系统只有少量用例，且每个用例包含的业务逻辑并不复杂，那么我们就可以认为该系统的业务复杂度并不高。

判断数据属性的方式也比较明确，我们可以分析系统是否以数据为中心，核心操作是否可以通过对数据库 CRUD 来实现。

业务变化性是另一个实施 DDD 的前置条件，取决于我们能否预见系统功能在未来的变化频繁程度。通常，对新开发的系统而言，业务变化性是一个不得不考虑的问题。

最后，我们也需要对"是否对软件所要处理的领域有足够了解"这个问题做出评估。正如我们所讨论的，DDD 的实施需要业务专家和开发人员一起参与。因此，对领域知识的理解很大程度上决定了我们是否可以采用 DDD。

基于以上 4 个维度，我们可以明确，如果系统的业务复杂度不高，并且业务操作以数据为中心，那么系统本身并不具备复杂的业务逻辑，可以使用事务脚本等模式进行系统的设计和实现。顾名思义，事务脚本将每个用例设计为一个脚本，使用数据库编排来实现。假如我们有一个操作余额的业务场景，基本功能包括创建账户、支付、提现等，就可以使用事务脚本的模式，如图 13-14 所示。

但是如果系统在业务架构上存在潜在的较大变动，或者团队对该领域并不了解，图 13-14 展示的事务脚本模式则不合适，在这种情况下 DDD 有助于我们抽象问题和解决问题。

成功实施领域驱动设计，需要业务专家与开发人员坐在一起，使用通用语言准确传达业务规则，并将业务领域与设计模型、代码模型进行整合。该过程的难度一方面在于需要领域专家持续不断地介入，另一方面就在于开发人员对领域本身的思考方法。

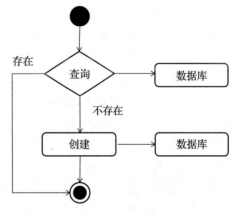

图 13-14　事务脚本示意图

2. DDD 实施模式

实施 DDD 存在固定的模式,最典型的实施模式就是将一个单体系统逐步转变为包含多个限界上下文的 DDD 应用程序。通常,我们根据业务的边界、逻辑的复杂度等方面情况将业务领域转化为一个个限界上下文。促使这种转变的主要原因可能是业务的快速变化和迭代的要求,或者是系统部署和运维的要求,而更为重要的原因则可能是对架构可扩展性的考虑。当然,针对不同团队和不同场景,转变方式可能存在差异。在那些对服务的可用性要求很高的场景中,可以先使用一些服务隔离手段来设法提高服务的整体可靠性,之后再拆分业务。而在一些场景下,对业务的分离可能是系统的最大痛点,那么快速、合理地拆分业务就是实施 DDD 的第一步。

当然,现实中也存在从无到有实施 DDD 的情况,尽管这种情况非常少见。对此,一般的做法是先构建一个单体系统,然后再设法改进,也就是从小系统到大系统。正如我们所说的 DDD 实施前提,小系统没有必要直接采用 DDD。但在系统架构的初始设计阶段,采用领域驱动的设计思想建立粗粒度的领域模型是一种最佳实践,有助于系统后续向微服务等其他架构快速转型。领域驱动设计也促使技术团队在设计阶段就考虑合适的团队分工和各个团队之间的独立性。

13.2.2 基于 DDD 构建应用程序的方法

请注意,构建 DDD 应用程序所需要做的不仅仅是实现代码。一个 DDD 应用程序的构建过程代表的是一种组织级别的活动,包括组织的人员架构、研发过程、技术体系和协作文化等多方面工作。同样,DDD 应用程序的运行时环境、错误处理机制和运维实践也是我们需要考虑的内容。在本节中,我们将针对如何构建 DDD 应用程序给出一套系统方法,如图 13-15 所示。

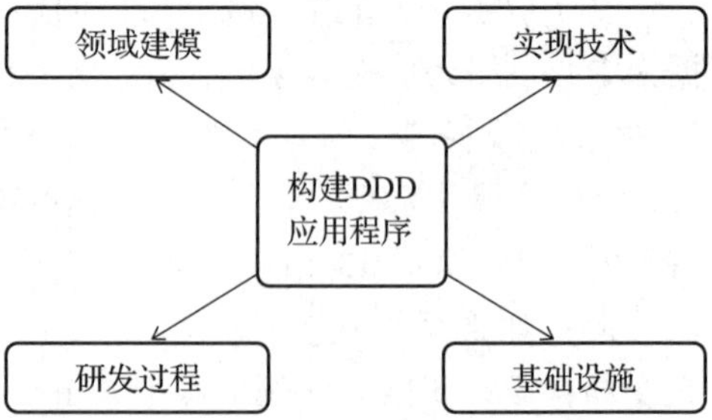

在图 13-15 中,我们把构建 DDD 应用程序所需要做的工作进行分解并找到切入点,包括领域建模、实现技术、基础设施和研发过程4 个方面。

图 13-15 DDD 应用程序构建方法

(1)领域建模

领域建模是实现 DDD 的第一步,因为 DDD 与传统应用程序的本质区别就在于领域的划分和模型的设计,以及 DDD 本身面向业务和组件化的特性。针对领域模型,我们首先需要明确子域的类别及其与业务之间的关系,从而明确业务的概念模型并设计统一的表现形式。同时,我们也需要借助限界上下文和领域事件等技术合理划分子域的边界,并剥离业务与数据,减少它们之间的耦合。领域建模最主要的工作是限界上下文的拆分、集成,以及领域模型对象的设计。限界上下文的拆分和集成需要考虑拆分的维度、策略,以及管理各个限界上下文之间的依赖关系、数据和边界。而领域模型对象的设计涉及聚合、实体、值对象、领域事件等多个 DDD 核心组件。

（2）实现技术

DDD 实现技术是构建 DDD 应用程序的重点。考虑到多个限界上下文，DDD 应用程序具有分布式架构的基本特征，因此网络通信、事件驱动、服务路由、负载均衡、配置管理等技术同样是实现 DDD 的基础。另外，我们也需要考虑一些 DDD 实现上的关键要素，包括服务治理、数据一致性和服务可靠性等。最后，通过技术选型，我们将明确构建 DDD 应用程序的具体实现工具和框架。

（3）基础设施

这里的基础设施指的是 DDD 应用程序的管理体系，包括 DDD 中各种领域模型对象的测试、部署，以及各个限界上下文的监控和安全性等主要内容。基础设施并不是我们讨论的重点，但这些内容仍然是 DDD 应用程序构建的整张蓝图的重要组成部分。

（4）研发过程

DDD 应用程序的构建过程还涉及业务结构、组织架构和研发文化等方面的内容。这些内容支持着开发团队的整体研发过程，讨论组织架构和软件开发的关系，构建跨职能团队，引入变化和敏捷思想有助于更好地落实 DDD。

13.3　整合 DDD 与微服务

当下，微服务架构是我们开发应用程序的主流架构。而在实施 DDD 的过程中，开发人员通常会将微服务架构与 DDD 整合在一起使用。我们已经在第 1 章中讨论过 DDD 与微服务架构的应用方法，本节将在此基础上进一步分析如何整合 DDD 和微服务架构。

13.3.1　微服务拆分模式

在微服务架构中，我们认为服务是业务能力的代表，需要围绕业务来组织。所以服务拆分的关键在于正确理解业务，需要识别单体系统内部的业务领域及其边界，并按边界进行拆分。

1. 面向新系统的服务拆分模式

服务拆分是有方法的。如果我们有机会从零开始构建一个新的业务系统，那么第一个要回答的问题是：服务应该按照什么维度进行拆分。让我们先从 AKF 扩展立方体开始说起，如图 13-16 所示。

AKF 扩展立方体是业界关于系统拆分原则的一种呈现形式，遵循这个原则进行拆分，系统可以实现高度的可扩展性。我们看到在 AKF 扩展立方体的 X 轴上，开发人员可以使用负载均衡等技术来实现水平复制。而在 Z 轴上，则可以使用类似数据分区的方式实现系统可扩展性。这里需要重点关注的是 Y 轴，它提示我们针对单体系统应该基于业务体系按服务功能进行拆分。这就回答了我们前面抛出的问题。

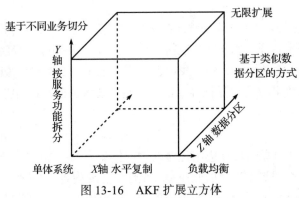

图 13-16 AKF 扩展立方体

一旦我们完成了服务的拆分，原本的单体系统就变成了多个独立的服务。那么，这些服务之间应该保持什么样的依赖关系呢？这是我们关于服务拆分要讨论的第二个问题。

服务之间存在依赖不可避免，但是过多的依赖势必会增加系统复杂度及代码维护的难度，最终成为团队开发的阻碍。在微服务架构中，我们通常从故障容忍度的角度来分析服务之间的依赖关系，包括弱依赖与强依赖两大类，如图 13-17 所示。

在图 13-17 中，一旦服务 B 无法提供功能，依赖它的服务 A 的整个业务流程也无法正常执行，那么服务 A 和服务 B 之间就是一种强依赖关系。也就是说，强依赖关系是服务正常运转的基本条件。而弱依赖则没有这样的限制，对于服务 C 所提供的诸如消息发送等服务，如果这些服务无法正常提供功能，核心业务流程同样可以正常运行。

我们对依赖关系进一步分析。通过对强依赖和弱依赖对应的服务调用进行区分，我们可以得到可靠调用和非可靠调用。对于可靠调用，必须通过系统级别的操作进行保障，使关键服务能够运行；对于非可靠调用，则可以简单地容忍失败或丢失行为，这样系统整体实现的复杂度就会降低。这种设计理念为我们实现服务降级提供了基础，如图 13-18 所示。

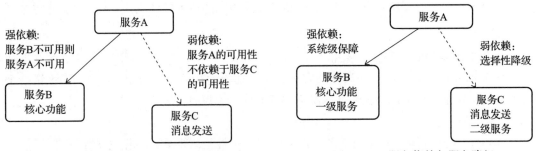

图 13-17 服务之间的强依赖和弱依赖关系   图 13-18 服务依赖与服务降级

通常，我们可以对图 13-18 中的服务 C 设置开关，其目的是在极端资源瓶颈出现的时候让业务系统丢弃一些诸如服务 C 的弱依赖服务，从而保全更关键的强依赖服务 B。我们会在本章后续内容中进一步讨论服务容错和降级机制。

2. 面向遗留系统的服务拆分模式

在介绍完服务拆分的系统方法之后，我们接下来要讨论的是具体的工程实践。在现实中，服务拆分的实施过程因场景而不同，其中面向遗留系统的服务拆分非常典型。这是一个从遗留系统中拆分出新服务，然后用新服务替换遗留系统的过程，如图 13-19 所示。

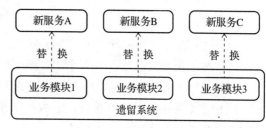

在图 13-19 中，遗留系统中的所有业务模块最终都被拆分后的新服务替代。那么，如何做到这一点呢？业界存在一些主流的架构模式，包括绞杀者模式与修缮者模式。

图 13-19　面向遗留系统的服务拆分过程

（1）绞杀者模式

"绞杀"是一个很形象的说法，我们通过该模式的具体实施过程来理解这一说法。在初始阶段，我们只有一个遗留系统，然后我们将新功能逐步以微服务的方式进行开发。这个过程势必会涉及一部分对遗留系统的改造，这样部分遗留系统的代码就会被迁移到新服务中。接下来，新服务的功能不断演进，遗留系统中的代码也越来越多地被拆分到新服务中，如图 13-20 所示。

图 13-20　绞杀者模式示意图

最终，随着时间的推移，新服务在代码迭代的同时慢慢具备了原有遗留系统的所有业务功能，从而使原有系统不再被使用，也就实现了对原有系统的绞杀。

显然，对于那些遗留代码复杂度很高，难以通过代码改造的方式直接重构的系统而言，绞杀者模式非常合适。

（2）修缮者模式

修缮者模式采用了另一种不同的实现策略，面向的场景也有所不同。从本质上讲，修缮者模式与绞杀者模式的核心区别在于前者是一种重构技术。在实施这一模式时，我们还需要对原有的遗留系统进行一定程度的改造，而不是像绞杀者模式一样完全替代。

在实施过程中，修缮者模式需要实现一个抽象层，然后基于这个抽象层来改造原有系统。抽象层的提取可以使用很多面向对象的设计模式。有了这个抽象层，我们就可以基于它提供另一种更加合理的实现方案，如图 13-21 所示。

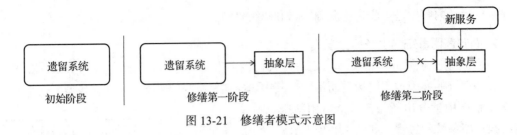

图 13-21　修缮者模式示意图

在图 13-21 中，我们开发了一个新服务，该服务同样实现了这个抽象层。这样，原有遗留系统中抽象出来的业务功能就可以被新服务替换了，从而起到修缮作用。这种修缮的过程可以持续进行，直到遗留系统中需要重构的代码全部完成抽象和替换。

无论是新系统还是遗留系统，这两种服务拆分的模式都可以和 DDD 整合在一起，从而完成各个限界上下文的构建和集成。

13.3.2　微服务数据管理模式

可以将数据与微服务架构之间的关系看作一种依赖关系，因为任何业务都需要使用某个数据容器作为持久化的机制或者数据处理的媒介，这里的数据容器不是单指关系型数据库，而是泛指包括消息队列、搜索引擎索引及各种 NoSQL 存储在内的数据媒介。在微服务架构中存在一种说法：我们需要将微服务用到的所有资源都嵌入该服务中，从而确保微服务的独立性。

1. 微服务中的数据管理策略

从数据管理角度出发，想要完整实现这种资源嵌入并不容易，因为长久以来，我们已经习惯了集中式的数据管理方式。集中式数据管理方式有其明显的优点，但是微服务架构推荐把数据也嵌入微服务内部，这样所有与数据相关的关系型数据库、NoSQL 存储、搜索引擎等将成为微服务自身的一部分，如图 13-22 所示。

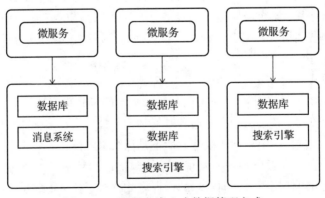

图 13-22　微服务嵌入式数据管理方式

关于微服务的数据管理策略，这里不得不再次强调 CQRS。CQRS 属于 DDD 应用领域的一种架构模式，我们在第 11 章中对其进行了详细介绍，并且通常在微服务架构中把它作为数据管理的手段。

CQRS 模式可以与领域事件结合起来使用，从而构建高度低耦合系统。图 13-23 展示了一种在互联网系统中非常常见的架构设计方法。具体来说，某一个微服务负责产生和维护数据，这些数据以事件为表现形式，通过消息通信系统发送到诸如 Elasticsearch 的搜索引擎中。而另一个微服务则专门负责查询搜索引擎中的数据并对其进一步处理。

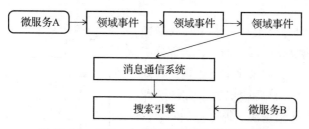

图 13-23　CQRS 与领域事件整合模型示意图

CQRS 模式实际上与数据去中心化是一种互补的关系。基于 CQRS 的基本结构和应用场景，我们发现把各个服务所依赖的数据统一存储到专门用于查询的资源库中也是一种最佳实践。

2. 微服务中的数据拆分实现方法

在具体实现过程中，设想我们现在拥有一个运行了一段时间的数据库实例，其内部包含了多个数据库，那么通常会存在跨表查询和跨库查询的场景。同时，如果我们使用了存储过程等特定的数据库实现技术，那么对数据的拆分操作也会变得不那么容易。这些场景构成了我们进行数据拆分的主要场景。

理解了数据拆分的主要场景，接下来讨论如何实施解决方案。这里我们基于主流的微服务架构，以单个数据库拆分的场景为例来展开讨论。数据拆分前和拆分后的对比效果如图 13-24 所示。

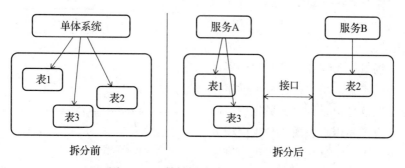

图 13-24　数据拆分前后对比示意图

可以看到，我们需要根据业务边界把单体系统拆分成多个微服务，然后基于服务边界进一步对数据库中的表进行拆分。最后，原本属于表之间的关联关系就变成了服务之间的接口对接关系。

要想拆分数据，首先需要拆分业务。根据业务模块的不同职责和内容，我们可以把单体系统中的代码拆分成不同的服务。例如在图 13-24 中，我们在物理上把单体系统拆分成了服务 A 和服务 B 这两个微服务。其中服务 A 和服务 B 分别独享了表 1 和表 2，但都需要访问表 3。为了对表 3 进行拆分，我们这时候就需要采用一定的数据冗余策略，如图 13-25所示。

可以看到，我们需要把针对表 3 的数据操作抽象成写操作和读操作两类。通常，这部分工作并不会很复杂，因为针对某个业务数据，写入的源头往往只有一个，只要明确这个数据源即可。万一写操作有多个数据源，那么把这些数据源相关的代码都放在服务 A 中即可。至于读操作，我们可以采用一定的数据同步机制确保服务 B 中的表 3 数据实时更新。

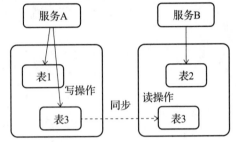

图 13-25　数据冗余示意图

最后，我们明确了表 3 的读写边界，就可以通过接口取消数据同步机制。这也是数据拆分的最后一个环节。

3. 微服务中的数据一致性问题

当我们完成对数据的拆分之后，接下来要面对的一个核心问题就是数据一致性问题。我们知道，在 DDD 中限界上下文关注各个上下文之间的交互，而聚合则是一个上下文中一组实体或值对象的组合。在聚合中，我们需要确保一个事务中只修改一个聚合实例，也就是说，不支持跨越多个聚合的 ACID 事务。尽管实际应用中大多数事务操作都可以发生在聚合结构内部，从而确保聚合中各个对象之间具有强一致性，但当需要跨越多个聚合时该如何处理事务呢？

图 13-26 给出了一个现实中的场景，试想系统中存在两个服务，一个是用户服务，另一个是健康服务。

针对这一场景，实现业务流程闭环管理涉及两个主要的步骤，用户执行一个健康任务并将任务完成信息记录到健康数据库，同时根据一定的规则为用户发放积分，而积分保存在用户服务中。也就是说，当用户触发完成健康任务这一操作之后，应用程序的数

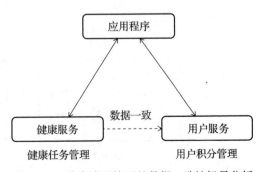

图 13-26　分布式环境下的数据一致性场景分析

据会跨越多个数据库，包括保存健康任务的健康数据库和保存积分信息的用户数据库。

根据图 13-26 所示的业务结构，我们一般会拆分成若干个微服务来处理整个业务流程。针对这些服务，我们首先关注的是服务的隔离性，通过引入统一协议和防腐层等组件对服务之间的影响程度进行管理。另外，我们也要引出一个重要概念，即数据一致性。

数据一致性可以分成两种，即强一致性和弱一致性。所谓弱一致性，就是数据在某个时刻可能非一致，但是到达某个时间点以后总能保持一致，即我们所说的最终一致性。而强一致性就是保证数据的一致性是实时的，数据在每一时刻都保持一致。在图 13-26 中，强一致性表现为在用户服务、健康服务等各个服务中的用户积分信息在任何时候都是一样的；而弱一致性则认为这些服务之间的数据可能存在一定时间范围内的不一致，我们只要确保数据最终能达到一致状态即可。当然，这里的"一定时间范围内"肯定是可控的。

在微服务架构中，我们推崇的是打破事务的边界，实现数据的弱一致性，或者说最终一致性。那么如何实现数据的最终一致性呢？业界有一些常用的实现策略，其中有代表性的包括可靠事件模式、补偿模式和 TCC 模式。

（1）可靠事件模式

从命名上看，该模式依赖于事件，可以认为它是事件驱动架构的一种具体应用。但为了更好地保证数据在不同服务之间的一致性，我们还需要引入一些特定的实现技巧。

针对事件驱动架构，我们首先想到的实现手段是借助消息中间件。在可靠事件模式中，当用户服务与其他服务的数据需要进行统一管理时，我们引入消息中间件来完成数据的传递。当涉及用户数据变更时，我们会发送一条消息到消息中间件。考虑到消息可能会丢失，作为消息的消费者，用户服务在处理完消息之后需要发送一条回执消息给消息中间件，如图 13-27 所示。

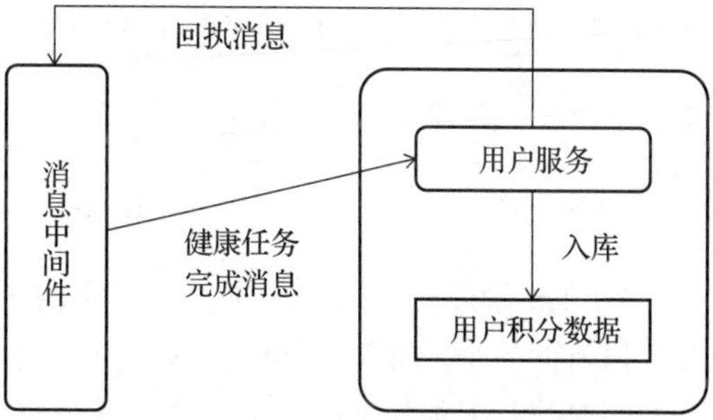

在整个流程中，显然需要确保消息发送和接收过程的可靠性，这也是"可靠事件"这一名称的由来。目前，诸如 RabbitMQ、Kafka 等主流的消息中间件都支持消息持久化操作，具备消息至少被投递一次的功能特性。

图 13-27　用户服务处理健康任务
消息并发送回执消息

（2）补偿模式

所谓补偿，是指对所有已生成的数据具备一种类似撤销的能力。在整个业务链路中，如果某一个环节出现了问题，那么我们就可以通过补偿机制恢复那些已经保存的数据。

对应案例来看，如果在用户服务中针对用户积分的处理过程发生了异常，为了保证数据一致性，就应该同时取消原先健康任务对应生成的数据。为了达到这种效果，健康服务和用户服务都需要提供额外的补偿操作入口，而系统中也应该存在一个独立的补偿服务来根据业务运行结果统一调用这些入口，如图 13-28 所示。

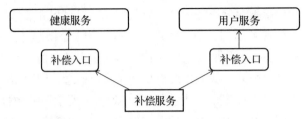

图 13-28 补偿操作入口以及补偿服务示意图

一旦发生异常，例如用户积分计算失败，那么补偿服务就会执行补偿过程，补偿服务可以从操作日志和业务状态中明确补偿的范围及对应的业务数据。

（3）TCC 模式

所谓的 TCC 实际上是 3 个操作的组合，即 Try、Confirm 和 Cancel：其中 Try 操作用于完成所有业务规则检查，对业务数据进行预先处理；Confirm 操作则用来执行具体的业务操作；而 Cancel 操作就是一种补偿操作，用于补偿 Try 阶段被占用的业务数据。

我们通过案例进一步理解 TCC 模式的设计思想。图 13-29 展示了基于 TCC 模式的用户操作流程。

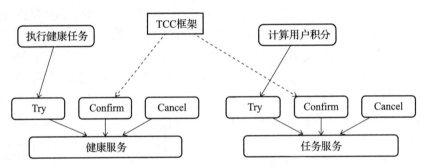

图 13-29 TCC 模式执行效果

1）Try 阶段。在该阶段中，系统会验证用户执行健康任务的前置条件，比方当天是否多次执行同一个任务等。同时，这一阶段会预留业务资源，如果某一个任务的执行过程需要考虑同时执行人数的上限，那么系统就会对人数进行累加，确保不会超过这个上限。

2）Confirm 阶段。在该阶段中，业务被真正执行，如果 Try 阶段一切正常，则执行健康任务。

3）Cancel 阶段。在该阶段中，Try 阶段预留的业务资源被释放。如果用户成功执行了健康任务，那么任务的执行人数就会减 1，从而确保有新的用户执行这一任务。

讲到这里，我们可以把 TCC 模式看作对补偿模式的一种优化。TCC 模式把对数据进行补偿这一过程进行了拆分，从而让开发人员更好地完成对补偿数据的管理，业务系统和补偿服务之间的分工更加明确。另外，正如图 13-29 所示，基于 TCC 模式，补偿服务通常被设计成一种平台化的框架，典型的就是阿里巴巴开源的 Seata TCC 框架。

数据一致性是一个重要且复杂的话题。无论采用哪一种模式，想要实现最终数据一致性，开发人员还需要准备一种最基础的处理机制，即人工干预机制。可以认为基于业务数据进行人工的补偿就是一种兜底方案，这也是使这些数据达成最终一致性所需要考虑的重点。

13.3.3　微服务与 HealthMonitor 案例系统

在第 4 章中，我们通过引入 Spring Cloud 框架介绍了实现限界上下文所使用的微服务基础技术组件，包括注册中心、服务网关和服务配置中心。接下来分析如何基于这些技术组件对 HealthMonitor 案例系统进行重构。

1. 基于微服务重构 HealthMonitor 案例系统

限界上下文集成本质上解决的是服务之间如何进行远程调用的问题。因此，重构 HealthMonitor 案例系统的第一步就是引入注册中心来简化上下文集成过程。

（1）在 HealthMonitor 案例系统中添加注册中心

首先，我们将引入 Spring Cloud 框架中的 Netflix Eureka 组件来对集成过程进行重构。基于 Eureka 构建注册中心涉及两部分内容，分别是创建独立的注册中心服务，以及完成各个微服务与注册中心之间的交互。

我们创建一个新的 Maven 工程并将其命名为 eureka-server。eureka-server 是一个 Spring Boot 项目，引入了 spring-cloud-starter-eureka-server 依赖，如代码清单 13-3 所示。

代码清单 13-3　spring-cloud-starter-eureka-server 依赖代码

```
<dependency>
    <groupId>org.springframework.cloud</groupId>
    <artifactId>spring-cloud-starter-netflix-eureka-server</artifactId>
</dependency>
```

引入 Maven 依赖之后就可以创建 Spring Boot 的启动类，我们把该启动类命名为 EurekaServerApplication，如代码清单 13-4 所示。

代码清单 13-4　EurekaServerApplication 类代码

```
@SpringBootApplication
@EnableEurekaServer
public class EurekaServerApplication {
public static void main(String[] args) {
        SpringApplication.run(EurekaServerApplication.class, args);
    }
}
```

请注意，我们在启动类上加了一个 @EnableEurekaServer 注解。在 Spring Cloud 中，包含 @EnableEurekaServer 注解的服务意味着它是一个 Eureka 服务器组件。同时，Eureka 为开发人员提供了一系列配置项。现在，我们尝试在 eureka-server 工程的 application.yml 文件中添加如代码清单 13-5 所示的配置信息。

代码清单 13-5　Eureka 服务中 application.yml 配置示例

```
server:
    port: 8761

eureka:
    client:
        registerWithEureka: false
        fetchRegistry: false
        serviceUrl:
            defaultZone: http://localhost:8761
```

在这些配置项中，我们看到 3 个以 eureka.client 开头的客户端配置项，分别是 register-WithEureka、fetchRegistry 和 serviceUrl。从配置项的命名上不难看出，registerWithEureka 用于指定是否把当前的客户端实例注册到 Eureka 服务器中，而 fetchRegistry 则指定是否从 Eureka 服务器上拉取服务注册信息。这两个配置项都默认是 true，但这里都将其设置为 false，因为在微服务体系中，包括 Eureka 服务本身在内的所有服务对注册中心来说都算作客户端，而 Eureka 服务显然不同于业务服务，我们不希望 Eureka 服务对自身进行注册。

在介绍完 Eureka 服务器端组件之后，我们来对 Eureka 的客户端组件进行详细讲解。对 Eureka 服务器而言，HealthMonitor 案例系统中的 4 个独立服务都是它的客户端，这里以 monitor-service 为例来演示如何完成服务的注册和发现。

我们知道 monitor-service 基于 Spring Boot 开发，因此把它注册到 Eureka 的操作主要是通过配置来完成的。在介绍配置内容之前，我们先确保在 Maven 工程中添加了对 Eureka 客户端组件 spring-cloud-starter-netflix-eureka-client 的依赖，如代码清单 13-6 所示。

代码清单 13-6　spring-cloud-starter-netflix-eureka-client 依赖代码

```
<dependency>
    <groupId>org.springframework.cloud</groupId>
    <artifactId>spring-cloud-starter-netflix-eureka-client</artifactId>
</dependency>
```

然后，我们来看 monitor-service 的 Bootstrap 类，即 MonitorApplication 类，如代码清单 13-7 所示。

代码清单 13-7　MonitorApplication 类代码

```
@SpringBootApplication
@EnableEurekaClient
public class MonitorApplication {
    public static void main(String[] args) {
        SpringApplication.run(MonitorApplication.class, args);
    }
}
```

这里引入了一个新的注解 @EnableEurekaClient，该注解表明当前服务就是一个 Eureka 客户端，这样该服务就可以自动注册到 Eureka 服务器。

接下来就是最重要的配置工作，monitor-service 中的配置内容如代码清单 13-8 所示。

代码清单 13-8　Monitor 限界上下文中 application.yml 的配置示例

```yaml
spring:
    application:
        name: monitorservice
server:
    port: 8081

eureka:
    client:
        registerWithEureka: true
        fetchRegistry: true
        serviceUrl:
            defaultZone: http:// localhost:8761/eureka/
```

显然，这里包含两段配置内容。其中，第一段指定了服务的名称和运行时端口。在上述示例中，monitor-service 服务的名称通过 spring.application.name=monitorservice 进行指定，也就是说，monitor-service 在注册中心中的名称为 monitorservice。在后续的示例中，我们会使用这一名称获取 monitor-service 在 Eureka 中的各项注册信息。

（2）在 HealthMonitor 案例系统中添加 API 网关

要想在微服务架构中引入 Spring Cloud Gateway，我们同样需要构建一个独立的 Spring Boot 应用程序，并在 Maven 中添加如代码清单 13-9 所示的依赖项。

代码清单 13-9　spring-cloud-starter-gateway 依赖代码

```xml
<dependency>
    <groupId>org.springframework.cloud</groupId>
    <artifactId>spring-cloud-starter-gateway</artifactId>
</dependency>
```

我们把这个独立的微服务命名为 gateway-server，然后在它的 Bootstrap 类 GatewayApplication 上添加 @EnableDiscoveryClient 注解，如代码清单 13-10 所示。

代码清单 13-10　GatewayApplication 类代码

```java
@SpringBootApplication
@EnableDiscoveryClient
public class GatewayApplication {
    public static void main(String[] args) {
        SpringApplication.run(GatewayApplication.class, args);
    }
}
```

接下来，我们同样通过配置项来设置 Spring Cloud Gateway 对 HTTP 请求的路由行为。我们来看一条完整配置的路由的基本结构，如代码清单 13-11 所示。

代码清单 13-11　Spring Cloud Gateway 路由配置示例

```
spring:
    cloud:
        gateway:
            routes:
            - id: testroute
                uri: lb://testservice
                predicates:
                - Path=/test/**
                filters:
                - PrefixPath=/prefix
```

在上述配置中有几个注意点。首先我们使用 id 配置项指定了这条路由信息的编号，这个例子中是 testroute。而 uri 配置项中的 lb 代表负载均衡 LoadBalance，也就是说，在访问 url 指定的服务名称时需要集成负载均衡机制。请注意 lb 配置项中所指定的服务名称同样需要与保存在 Eureka 中的服务名称完全一致。然后我们使用了谓词来对请求路径进行匹配，这里的 Path=/test/** 代表所有以 /test 开头的请求都将被路由到这条路径中。最后我们还定义了一个过滤器，这个过滤器的作用是为路径添加前缀 Prefix，这样当请求 /test/ 时，最后转发到目标服务的路径将会变为 /prefix/test/。

让我们回到 HealthMonitor 案例系统，Spring Cloud Gateway 网关服务中完整的路由配置信息如代码清单 13-12 所示。

代码清单 13-12　HealthMonitor 案例系统中路由配置示例

```
server:
    port: 5555

eureka:
    instance:
        preferIpAddress: true
    client:
        registerWithEureka: true
        fetchRegistry: true
        serviceUrl:
            defaultZone: http://localhost:8761/eureka/

spring:
    cloud:
        gateway:
            discovery:
                locator:
                    enabled: true
            routes:
```

```
        - id: monitorroute
          uri: lb://monitorservice
          predicates:
          - Path=/monitor/**
          filters:
          - RewritePath=/monitor/(?<path>.*), /$\{path}
        - id: planroute
          uri: lb://planservice
          predicates:
          - Path=/plan/**
          filters:
          - RewritePath=/plan/(?<path>.*), /$\{path}
        - id: taskroute
        ...
        - id: recordroute
        ...
```

在上述配置中，我们设置了 Eureka 服务的地址并通过 spring.cloud.gateway.discovery 配置项启用了服务发现机制，然后根据 Eureka 保存的服务名称和地址定义了 4 条路由规则——monitorroute、planroute、taskroute 和 recordroute，分别对应 monitor-service、plan-service、task-service 和 record-service 这 4 个微服务。这里通过在各个服务名称前面加上 lb:// 来实现客户端负载均衡。

我们同样对请求路径设置了谓词，并添加了一个对请求路径进行重写的过滤器。通常，每个微服务自身通过根路径 "/" 来暴露服务，而在以上配置中通过 Spring Cloud Gateway 暴露它们时，则分别在根路径上添加了 /monitor、/plan、/task 和 /record 前缀。这种重写过滤器实际和前面介绍的前缀过滤器有相同的效果。

（3）在 HealthMonitor 案例系统中添加配置中心

使用 Spring Cloud Config 构建配置中心的第一步是搭建配置服务器，有了配置服务器就可以分别使用本地文件系统及第三方仓库来实现具体的配置方案。而要想构建配置服务器，我们需要在 HealthMonitor 案例中创建一个新的独立服务 config-server 并导入两个组件，分别是 spring-cloud-config-server 和 spring-cloud-starter-config，其中前者包含了构建配置服务器的各种组件，相应的 Maven 依赖如代码清单 13-13 所示。

代码清单 13-13　Spring Cloud Config 依赖包

```
<dependency>
        <groupId>org.springframework.cloud</groupId>
        <artifactId>spring-cloud-config-server</artifactId>
</dependency>

<dependency>
        <groupId>org.springframework.cloud</groupId>
        <artifactId>spring-cloud-starter-config</artifactId>
</dependency>
```

接下来我们在新建的 config-server 工程中添加一个 Bootstrap 类，即 ConfigServerApplication
类，如代码清单 13-14 所示。

代码清单 13-14　ConfigServerApplication 类代码

```
@SpringCloudApplication
@EnableConfigServer
public class ConfigServerApplication {
    public static void main(String[] args) {
        SpringApplication.run(ConfigServerApplication.class, args);
    }
}
```

除了熟悉的 @SpringCloudApplication 注解之外，这里还添加了一个崭新的注解 @Enable-
ConfigServer。有了这个注解，配置服务器就可以将所存储的配置信息转化为 RESTful 风格
的接口数据供各个业务微服务在分布式环境下使用。

Spring Cloud Config 提供了多种配置仓库的实现方案，
最常见的就是基于本地文件系统的配置方案和基于 Git 的配
置方案，这里以本地文件系统的配置方案为例展开讨论。在
HealthMonitor 案例中，当我们使用本地配置文件方案构建配
置仓库时，一种典型的项目工程结构如图 13-30 所示。

我们在 src/main/resources 目录下创建了一个 healthmoni-
torconfig 文件夹，再在这个文件夹下分别创建了 monitorservice、
planservice、recordservice 和 taskservice 这 4 个 子 文 件 夹，
请注意这 4 个子文件夹的名称必须与各个服务的名称完全一
致。然后我们可以看到这 4 个子文件夹下面都放着以服务名
称命名的针对不同运行环境的 .yml 配置文件。

接下来，我们在 application.yml 文件中添加如代码清
单 13-15 所示的配置项，通过 searchLocations 指向各个配置
文件的路径。

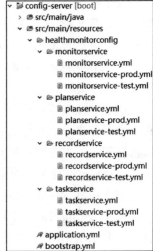

图 13-30　本地配置文件方案
下的项目工程结构

代码清单 13-15　配置中心 application.yml 的配置信息

```
server:
    port: 8888

spring:
    cloud:
        config:
            server:
                native:
                    searchLocations: classpath: healthmonitorconfig/
```

```
classpath: healthmonitorconfig/monitorservice,
classpath: healthmonitorconfig/planservice,
classpath: healthmonitorconfig/taskservice,
classpath: healthmonitorconfig/recordservice
```

现在我们在 healthmonitorconfig/monitorservice/monitorservice.yml 配置文件中添加如代码清单 13-16 所示的配置信息，显然这些配置信息用于设置 MySQL 数据库访问的各项参数。

代码清单 13-16　配置中心 monitorservice.yml 的配置信息

```
spring:
    jpa:
        database: MYSQL
    datasource:
        platform: mysql
        url: jdbc:mysql://127.0.0.1:3306/healthmonitor_monitor
        driver-class-name: com.mysql.jdbc.Driver
        username: root
        password: root
```

Spring Cloud Config 为我们提供了强大的集成入口，配置服务器可以将存放在本地文件系统中的配置信息自动转化为 RESTful 风格的接口数据。这样，当我们启动配置服务器，各个 Spring Cloud Config 客户端就能访问这些配置信息。

介绍完 Spring Cloud Config 服务器端组件之后，继续讨论客户端服务。要想获取配置服务器中的配置信息，我们首先需要初始化客户端，也就是将各个业务微服务与 Spring Cloud Config 服务器端进行集成。初始化客户端的第一步是引入 Spring Cloud Config 的客户端组件 spring-cloud-config-client，如代码清单 13-17 所示。

代码清单 13-17　spring-cloud-config-client 依赖代码

```
<dependency>
    <groupId>org.springframework.cloud</groupId>
    <artifactId>spring-cloud-config-client</artifactId>
</dependency>
```

然后我们需要在各个微服务的配置文件 application.yml 中指定配置服务器的访问地址。以 Monitor 限界上下文为例，它的配置信息如代码清单 13-18 所示。

代码清单 13-18　Monitor 限界上下文中 application.yml 的配置信息

```
spring:
    application:
        name: monitorservice
        profiles:
```

```
        active:
            prod

    cloud:
        config:
            enabled: true
            uri: http://localhost:8888
```

以上配置信息中有几个地方值得注意。首先，这个 Spring Boot 应用程序的名称 monitorservice 必须与上一小节中在配置服务器上创建的文件目录名称保持一致，如果两者不一致则会导致访问配置信息失败。其次，我们注意到 profiles 值为 prod，意味着我们会使用生产环境的配置信息，也就是会获取配置服务器上 monitorservice-prod.yml 配置文件中的内容。最后，我们需要指定配置服务器所在的地址，也就是这里的 http://localhost:8888。

一旦我们引入了 Spring Cloud Config 的客户端组件，就相当于在各个微服务中自动集成了访问配置服务器中 HTTP 端点的功能。也就是说，访问配置服务器的过程对各个微服务而言是透明的，即微服务不需要考虑如何从远程服务器中获取配置信息，而只需要考虑如何在 Spring Boot 应用程序中使用这些配置信息。

2. 微服务中的其他技术组件

对一个完整的微服务系统而言，仅仅引入注册中心、API 网关和配置中心等技术组件是不够的。一个完整的微服务架构通常需要服务治理、服务路由、服务容错、服务通信、服务网关、服务配置、服务安全和服务监控等核心技术体系，如图 13-31 所示。

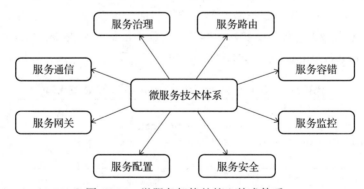

图 13-31　微服务架构的核心技术体系

图 13-31 中的很多技术体系实际上在分布式系统和微服务架构的设计及实现过程中都是通用的。而 DDD 应用程序通常涉及多个界界上下文之间的交互和集成，所以它本质上是一个分布式系统，也需要考虑服务容错、服务监控、服务安全等技术体系。

针对这些技术体系的实现框架和工具，我们同样可以选择 Spring Cloud 框架。Spring Cloud 为开发人员提供了一套完整的技术组件，如图 13-32 所示。

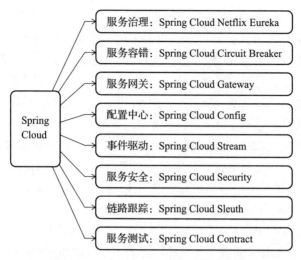

图 13-32　Spring Cloud 核心功能组件

在图 13-32 中，我们重点分析两个技术组件：链路跟踪和服务容错。首先，在 DDD 应用程序中，我们基于业务划分限界上下文并对外暴露 REST API 作为服务访问接口。在中大型系统中，可能需要很多个限界上下文协同才能完成一个业务功能。而随着业务的不断扩张，限界上下文之间的相互调用关系会越来越复杂，如图 13-33 所示。

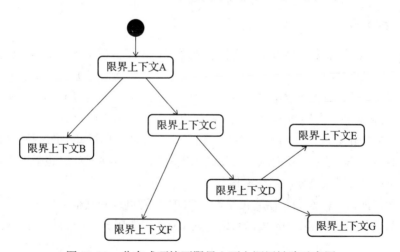

图 13-33　分布式环境下限界上下文调用链路示意图

在图 13-33 中，随着限界上下文的数量不断增加，整个调用链路的分析工作会变得越来越复杂。通过人工手段显然已经无法完成对这种服务调用链路的分析。这时候，我们就需要引入分布式服务跟踪机制，并借助一定的工具实现微服务架构下的服务监控。

另外，在图 13-33 中，每一个限界上下文之间的交互都可能发生调用失败等不可预见的错误。以位于调用链路底层的限界上下文 G 为例，引起不可用的原因有很多，包括服务器硬件等环境问题以及服务自身存在 Bug 等因素。而当访问限界上下文 G 得不到正常响应时，限界上下文 D 的常见处理方式是通过重试机制来进一步加大对限界上下文 G 的访问流量。限界上下文 D 所发起的同步调用会产生大量的等待线程来占用系统资源，这样限界上下文 D 也会变得不可用。基于同样的原理，因为限界上下文 C 依赖于限界上下文 D，所以限界上下文 D 的不可用也会导致限界上下文 C 的不可用。以此类推，最终位于整个调用链路顶部的限界上下文 A 也会变得不可用。这就是所谓的雪崩效应。

为了应对服务访问失败导致的雪崩效应，主流的做法就是提供服务访问的容错机制。容错机制的基本思想是冗余和重试，即发现一个服务实例出现问题时不妨试试其他服务实例。我们知道服务集群的建立已经满足冗余的条件，而围绕如何重试产生了几种常见的集群容错策略，包括 Failover、Failback、Failsafe 和 Failfast 等。

同时，针对服务不可用的情况，我们也可以引入隔离机制。所谓隔离，本质上是对系统中的服务进行分割，从而在系统发生故障时能限定其传播和影响范围，即发生故障后只有出问题的服务不可用，而其他服务仍然保证可用。业界也存在一些成熟的隔离实现方案，常见的包括线程隔离、进程隔离、集群隔离及读写隔离等。

除此之外，服务的限流和降级也是我们确保 DDD 应用程序可用的技术手段。在日常开发过程中，我们可以使用这些技术来提升访问 DDD 应用程序的可靠性。

13.4　本章小结

本章关注 DDD 的重要实践方法。我们首先详细讨论了分层架构、整洁架构以及六边形架构这 3 种架构风格的特点以及彼此的区别和联系。我们分别对它们进行简要总结：分层架构管理组件依赖关系，整洁架构有效实现应用程序分层，而六边形架构则分离系统关注点。

DDD 的实施具备一定的前提和模式，而构建 DDD 应用程序也可以采用一套相对固化的方法体系。从理论到实践，再从实践上升到理论，这是我们推动 DDD 真正落地的路径。在具体实施 DDD 的过程中，我们除了需要考虑领域建模和实现技术，也需要根据具体的场景实现完整的基础设施及高效的组织架构。

最后，我们探讨了一个设计融合的话题：DDD 是否可以和其他架构配合使用？答案是肯定的。本章结合 HealthMonitor 案例系统，对 DDD 和微服务架构的整合过程进行了详细的分析。